PRINCIPES

DES SCIENCES

MATHÉMATIQUES.

DE L'IMPRIMERIE DE L. HAUSSMANN,
rue de la Harpe, N.º 86.

PRINCIPES

DES SCIENCES

MATHÉMATIQUES,

Contenant des Élémens d'Arithmétique, d'Algèbre, de Géométrie et de Mécanique.

Suivis d'une Notice historique sur quinze Mathématiciens nommés dans cet ouvrage.

Par M. de FORTIA d'URBAN,

Chevalier de la Légion d'Honneur, Membre de l'Académie celtique, et de celles de Marseille, Toulouse, Montpellier, Avignon, Cortone, Francfort-sur-le-Mein, etc.

Avec trois planches gravées en taille-douce.

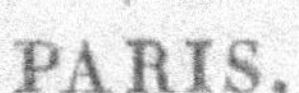

PARIS,

D'HAUTEL, Libraire-Éditeur, rue du Dragon, n°. 13, près la Cour du Dragon.

1811.

DES SCIENCES

MATHÉMATIQUES.

AVERTISSEMENT.

ART. 1. Cet ouvrage sera divisé en plusieurs parties : pour éviter de confondre les unes avec les autres, je leur donnerai constamment les noms de *livres*, *chapitres* et *paragraphes*; chaque livre contiendra plusieurs chapitres, et chaque chapitre plusieurs paragraphes.

J'appellerai en général *articles* toutes les parties de cet ouvrage qui composeront tout au plus un seul paragraphe; et afin de rappeler aisément les articles dont il faudra se souvenir pour bien comprendre ce que je dirai, je numéroterai chacun d'eux par des chiffres qui se suivront.

Ainsi, lorsque pour prouver ce qui sera l'objet de mon discours dans un article, je voudrai recourir à ce qui aura été déjà expliqué dans quelqu'un des articles précédens, je citerai les numéros de ce dernier entre deux parenthèses. Par exemple (*art.* 10) signifie que l'article 10 a besoin d'être relu par

A

ceux qui n'ont pas présent à l'esprit ce qui en fait le contenu.

L'ordre général de cet ouvrage étant ainsi expliqué, je vais m'occuper de l'ortographe que j'y ai suivie.

De l'Ortographe suivie dans cet ouvrage.

Art. 2. L'*Ortographe* est l'art d'écrire comme on parle; et cet art est fort imparfait dans notre langue. Les lettres n'y ont pas une valeur déterminée, et se prononcent de plusieurs manières différentes; en sorte que peu de personnes l'écrivent selon les règles.

Ces règles sont contenues dans un Dictionnaire, où tous les mots français sont rangés par ordre alfabétique, et qui ayant été publié par un corps littéraire consacré spécialement à ce travail sous le nom d'*Académie française*, a toute l'autenticité possible.

Mais l'académie a été elle-même esclave de l'usage; elle ne s'est pas déterminée à adopter telle ou telle ortographe, en conséquence d'un sistème général qu'elle aurait cru devoir préférer après un mûr examen; elle a seulement choisi parmi les diverses manières d'écrire, celle qui lui a paru la plus raisonnable, ou d'un usage plus constant.

Il est résulté de cette espèce de faiblesse de

la part de l'Académie, que les auteurs qui n'ont pas voulu se soumettre à elle, soit par ignorance, soit par des raisons qu'ils ont cru suffisantes pour autoriser leur résistance, ont osé inventer ou adopter de nouveaux sistèmes qu'ils ont quelquefois réussi à faire préférer aux décisions de l'Académie.

Cette société toujours indulgente a souvent agréé ces innovations; et dans chaque nouvelle édition de son Dictionnaire, elle a fait entrer les corrections ou les changemens qui en dérivaient. Les auteurs ne s'en sont cru que plus autorisés à continuer, et c'est ce qui arrivera toujours jusqu'à ce qu'un sistéme fixe et invariable ait réglé le son de chaque lettre de manière qu'elle ne puisse plus tromper personne.

J'ai donc adopté l'ortographe de Voltaire qui écrit *paraître* et non *paroître*, *je connais* et non *je connois*, et ainsi des autres.

Je me suis permis encore quelques autres innovations; la principale est de supprimer en certains cas la lettre *y* dont voici l'origine.

Les Grecs, dont la langue est fort antérieure à celle des Romains que nous avons parlée avant la nôtre, avaient un *iôta* pour la lettre *i*, et un *upsilon* pour la lettre *u*; ainsi leur *i* n'était pas le même que leur *u* auquel nous donnons le nom d'*i grec*. Mais *upsilon* signifie *petit u*, et ils employaient cette expression , parce qu'ils avaient une diphtongue *ou* qu'ils désignaient par une seule lettre. Cette diphtongue était leur grand *u*, différent du petit *u* et de l'*i*.

Les Romains n'avaient pas ces trois sons et n'en ont encore que deux, savoir *i* et *ou*; ils ne peuvent exprimer le son *u*, et c'est ce qui donne aux Italiens une prononciation qui les rend quelquefois ridicules pour nous. On voit par là qu'ils n'avaient pas le grand et le petit *u* des Grecs; *u* se prononçait par eux comme notre *ou*. Ils appelèrent donc l'*upsilon* ou petit *u*, *i* grec qu'ils écrivirent *y*, et cette désignation était claire pour eux.

Quant à nous qui avons comme les Grecs le grand et le petit *u*, nous n'avons nul besoin de cet *y* ou *i* grec, au moins pris à la manière des Romains, dans les mots tirés du grec, comme *mystère*, *physique*, etc.; et j'ai cru devoir écrire *mistère*, *phisique*, etc.

Cette innovation m'a paru d'autant plus nécessaire, que la lettre *y* a une véritable utilité dans notre ortographe, celle de tenir lieu de deux *i* dont l'un s'unit à la sillabe précédente et l'autre à la suivante, comme dans *royaume*, *employer*, *payer*, qui se prononcent *roi-iaume*, *emploi-ier*, *pai-ier*. L'*i* prétendu grec est donc employé à un usage purement français, et n'a conséquemment pas une valeur décidée, si on continue de lui conserver un usage latin. Je la lui ai donnée en la remplaçant par l'*i* lorsqu'elle en avait la prononciation. Son nom, sous ce point de vue, devrait être non pas *i* grec, mais *i* double.

J'écris aussi *carré* et non *quarré*, ainsi que l'a proposé l'Académie française elle-même, dans la dernière édition de son Dictionnaire.

Dans les noms propres grecs, je distingue ceux qui sont terminés par *os* de ceux qui finissent par *es*. Je termine les premiers par *e* muet, et les seconds par *es*. J'écris ainsi Hérodote pour *Hérodotos*, et Socrates comme en grec. C'est M. Larcher, savant helléniste, qui a donné l'exemple de cette innovation que j'ai adoptée. J'ai cru ne pouvoir me tromper en suivant un aussi bon guide. Il serait à désirer que l'on pût adopter complètement l'ortographe des Grecs pour leurs noms propres.

Ces observations préliminaires m'ont paru nécessaires avant d'entrer en matière. Il est tems enfin de faire connaître le but de cet ouvrage.

Des Mesures.

Art. 3. L'art de mesurer avec précision a de très-grandes difficultés, surtout lorsqu'il s'agit de distances un peu étendues, et à plus forte raison lorsque l'on veut déterminer l'éloignement des corps célestes, tels que la lune et le soleil. Mais en s'attachant à bien suivre la marche de l'esprit humain dans les petites comme dans les grandes opérations, et en ne négligeant aucune des idées intermédiaires, au risque de paraître d'abord un peu minutieux, on les comprendra facilement.

Tel est l'objet de ce traité où je m'attacherai principalement à faire connaître l'esprit et les principes de chaque opération, sans m'assujétir à en donner tous les détails. Je m'occuperai d'abord ici des mesures arithmétiques, algébriques et géométriques en général, ces trois sciences fournissant tous les moyens connus jusqu'à présent pour déterminer les grandeurs. Dans un traité qui servira de suite à celui-ci, j'en ferai l'application à la terre, à la lune, et au soleil successivement, de même qu'à tous les corps célestes. C'est ainsi que passant du simple au composé, il me sera plus facile de parvenir au but important que je me propose.

Sans doute c'est une entreprise hardie que de porter le compas, pour ainsi dire, sur une masse aussi disproportionnée à notre corps, que l'est la terre; à peine le voyageur le plus infatigable en peut-il visiter une très-

petite partie : aussi ce n'est point par lui-
même seulement que l'homme parvient à
connaître le globe qu'il habite; c'est en réunissant les observations des siècles et des
générations, qu'il peut exécuter ce vaste
projet.

Si la mesure de la terre exige de tels travaux, que doit-on penser des obstacles que
rencontrera celui qui voudra mesurer les astres, placés à une distance si prodigieuse de
lui, et à fixer la grandeur et l'éloignement
de la lune, du soleil et des étoiles fixes? L'esprit humain est cependant porté naturellement à cette audace, et l'histoire des sciences
nous le prouve en nous rendant compte des
efforts dirigés vers ce but, par les premiers
hommes qui ont voulu réfléchir et qui ont
étudié la nature.

L'art de mesurer la terre s'est trouvé lié,
dès l'origine des sociétés, à celui de séparer
et de distinguer les propriétés. Il a surtout
été nécessaire en Egipte, où les possessions
les plus précieuses se trouvant ensevelies pendant quelque tems sous les eaux fécondantes
du Nil, ne pouvaient être retrouvées après la
retraite du fleuve, que par les lois de l'arpentage. Aussi nous assure-t-on que la géométrie est née en Egipte; et cela est d'autant
plus vraisemblable, que les Egiptiens ont été

les maîtres des Grecs et des Romains qui
sont les nôtres, et qu'il paraît même démontré que les Egiptiens nous avaient civilisés
avant eux.

La mesure des astres ou l'*astronomie* n'é-
tait pas moins nécessaire aux navigateurs qui,
voulant parcourir le globe sur la mer, n'a-
vaient d'autre guide que les étoiles; elle l'é-
tait aussi aux agriculteurs qui, intéressés à
connaître le cours des saisons, ont appris de
bonne heure à observer que le retour de la
lune, et surtout du soleil, à des époques déterminées, devait être étudié avec le plus
grand soin.

C'est ainsi que les intérêts généraux de la
société ont secondé les efforts des philosophes spéculateurs, et il serait à désirer que
les gouvernemens n'eussent de rivalité que
pour de semblables objets; alors, au lieu de
se diviser et de se combattre par des motifs
d'ambition ou de vanité, ils emploieraient
les grands moyens dont ils peuvent disposer,
pour le bonheur et l'instruction des hommes.

Cette vérité est tellement sentie, que les
grands souverains et les grands administra-
teurs ont reconnu dans tous les tems, qu'au
milieu des guerres qui les occupaient, ils
devaient respecter ceux qui s'étaient livrés
à des travaux purement scientifiques. Mar-

cellus pleura la mort d'Archimèdes qui l'avait combattu, et le général romain reconnut qu'il ne pouvait être l'ennemi du géomètre grec.

Oublions donc quelques instans les petits intérêts qui nous agitent sur ce globe pendant notre vie passagère, et ne pensons ici qu'à ces vérités éternelles qui, passant d'une génération à l'autre, servent à honorer et à perfectionner l'espèce humaine, et peuvent seules nous rendre indépendans de ces grandes catastrophes phisiques et morales dont nous sommes le jouet et la victime.

C'est ainsi que notre vie ne se trouvera plus restreinte au court intervalle qui semble la borner; elle s'étendra par ce moyen aux siècles les plus reculés; et si nous parvenons à découvrir une seule vérité qui ajoute un seul grain à la masse des connaissances humaines, notre existence n'aura pas été perdue pour l'humanité.

Peut-être ce préambule était nécessaire pour sauver les détails un peu arides dans lesquels je vais entrer en m'occupant d'abord des sciences connues sous le nom de *mathématiques*, qui, fesant toutes les abstractions possibles, se réduisent à observer tous les êtres phisiques comme susceptibles de grandeur et d'étendue.

Des Sciences Mathématiques.

Art. 4. Lorsque l'homme veut prendre connaissance d'un objet quelconque, il y réussit en le décomposant et le recomposant, c'est-à-dire, en le dépouillant successivement de chacune des qualités qui forment l'état sous lequel il se présente à nos sens, et en les lui rendant l'une après l'autre, pour examiner la part que chacune a eue dans sa formation.

Tout être que nos sens peuvent apercevoir s'appelle un *corps*, et chacun de nos sens y distingue ce qui lui est relatif. Notre vue en aperçoit la forme, notre tact en mesure l'étendue, notre ouïe en discerne le son, notre odorat en reconnaît l'odeur, et ainsi des autres : et quand nous voulons le définir, nous détaillons l'effet qu'il a produit sur chacun de ces sens.

Quels que soient ces effets, on ne peut les comparer entr'eux qu'en les mesurant. L'art de mesurer est donc la première de toutes les sciences mathématiques, et c'est pour cela que je m'occuperai, en premier lieu, des *nombres* et de l'*arithmétique*.

LIVRE PREMIER.

Des Nombres et de l'Arithmétique.

Art. 5. Pour mesurer quelque quantité que ce soit, la première chose à faire est évidemment de choisir une *unité* à laquelle puissent être comparées toutes les quantités de la même espèce. Les autres n'en seront plus que des assemblages, et formeront ainsi ce que l'on appelle des *nombres*.

Il faut donc donner d'abord des noms à tous les nombres, et ces noms doivent former un sistème tel que l'on puisse en créer de nouveaux d'une manière analogue à ceux qui ont déjà été nommés, afin que l'assemblage que l'on voudra désigner, quelque considérable qu'il soit, puisse facilement être indiqué.

Pour cela, on a d'abord nommé dix nombres, qui, représentant les dix doigts de la main, servent d'échelle pour distinguer tous les autres. L'unité est désignée par le mot *un*; ajoutant une autre unité, on forme le nombre *deux*; une unité de plus donne le nombre *trois*; et c'est ainsi que l'on a formé les nombres *quatre, cinq, six, sept, huit, neuf, dix*.

Rien n'empêche d'ajouter encore une unité

au nombre dix; le résultat pourra de même être augmenté d'une unité, et ainsi de suite jusqu'à l'infini. Mais si l'on continue de donner un nouveau nom à chacun de ces nombres, la mémoire ne les conservera point, à moins qu'un enchaînement facile à concevoir ne fasse sentir la relation qu'ils ont entr'eux.

Pour y réussir, je regarde le nombre dix comme une nouvelle unité, que j'appelle *dixaine*. Il suffira de donner ensuite un nom à chaque dixaine; et pour exprimer les nombres qui sont depuis une dixaine jusqu'à l'autre, j'ajouterai au nom de chaque dixaine, celui des neuf premiers nombres.

Les noms qui ont été donnés aux dixaines sont *dix*, *vingt*, *trente*, *quarante*, *cinquante*, *soixante*, *soixante et dix* ou *septante*, *quatre-vingt* ou *huitante*, *quatre-vingt-dix* ou *nonante*; et pour exprimer tous les nombres qui se trouvent depuis une dixaine jusqu'à l'autre, on prononce les noms des neuf premiers nombres après celui de la première de ces deux dixaines. Ainsi, depuis trente jusqu'à quarante, se trouvent les nombres *trente-un*, *trente-deux*, *trente-trois*, *trente-quatre*, *trente-cinq*, *trente-six*, *trente-sept*, *trente-huit* et *trente-neuf*.

Il faut observer qu'au lieu de *dix-un*, *dix-deux*, *dix-trois*, *dix-quatre*, *dix-cinq* et *dix-six*, on a coutume de dire *onze*, *douze*, *treize*, *quatorze*, *quinze* et *seize*, respectivement. Par conséquent, au lieu de dire *soixante et dix-un*, *soixante et dix-deux*, etc., *quatre-vingt-dix-un*, *quatre-vingt-dix-deux*, etc., il faudra dire *soixante et onze*, *soixante et douze*, etc., *quatre-vingt-onze*, *quatre-vingt-douze*, etc.

Il est clair que cette manière de désigner les nombres suffira pour tous ceux qui sont compris depuis un jusqu'à quatre-vingt-dix-neuf.

De même qu'à l'assemblage de dix unités, j'ai donné le nom de dix, et que du nombre *dix* j'ai formé une unité appelée dixaine, je nomme *cent* l'assemblage de dix dixaines, et du nombre cent je forme une unité que je nomme *centaine*.

Le nom de cent est encore employé pour exprimer les neuf centaines; on se contente de le faire précéder par celui des neuf premiers nombres. Ainsi la seconde centaine se nomme *deux cent*, la troisième *trois cent*, et les autres sont *quatre cent*, *cinq cent*, *six cent*, *sept cent*, *huit cent*, *neuf cent*.

Pour exprimer tous les nombres qui sont depuis une centaine jusqu'à l'autre, on ajoute successivement au nom de chaque centaine celui de tous les nombres compris depuis un jusqu'à quatre-vingt-dix-neuf; en sorte que les noms des neuf centaines suffiront pour exprimer tous les nombres depuis quatre-vingt-dix-neuf jusqu'à neuf cent quatre-vingt-dix-neuf.

De dix centaines, on forme encore une nouvelle unité appelée *mille*; et au lieu de ne compter que neuf mille, comme on a compté neuf cent, on en compte neuf cent quatre-vingt-dix-neuf, que l'on exprime en fesant précéder ce mot de mille par celui de tous les nombres compris depuis un jusqu'à neuf cent quatre-vingt-dix-neuf.

Pour exprimer tous les nombres compris entre ces nouvelles unités, on ajoute successivement au nom de chacune, ceux de tous les nombres compris depuis un jusqu'à neuf cent quatre-vingt-dix-neuf. Elles suffiront donc pour compter jusqu'à neuf cent quatre-vingt-dix-neuf mille neuf cent quatre-vingt-dix-neuf.

Ajoutant une unité à ce dernier nombre, je trouve dix centaines de mille, ou mille fois mille, que j'appelle un *million*. Je forme encore neuf cent quatre-vingt-dix-neuf millions, que j'exprime comme les mille, en fesant précéder successivement le mot de million par ceux de tous les nombres compris depuis un jusqu'à neuf cent quatre-vingt-dix-neuf.

Pour exprimer tous les nombres compris entre ces nouvelles unités, j'ajoute successivement au nom de chacune, ceux de tous les nombres compris depuis un jusqu'à neuf cent quatre-vingt-dix-neuf mille neuf cent quatre-vingt-dix-neuf; et je pourrai compter ainsi jusqu'à neuf cent quatre-vingt-dix-neuf millions, neuf cent quatre-vingt-dix-neuf mille, neuf cent quatre-vingt-dix-neuf.

Dix centaines de millions, ou mille millions, valent un *billion*, auquel on donne ordinairement le nom de *milliard*.

Mille billions font un *trillion*, mille trillions un *quatrillion*, mille quatrillions un *quintillion*; et l'on aura de même des *sextillions*, des *septillions*, des *octillions*, des *nonillions* et des *décillions*. Ce dernier nombre est si prodigieux, relativement à tous les comptes que nous avons à faire, qu'il suffit à tous nos calculs.

On voit que chacune de ces nouvelles unités vaut dix centaines de celles qui la précèdent immédiatement; et l'on comprend que, pour les exprimer, il faudra se servir de leur nom devant lequel on prononcera successivement ceux de tous les nombres, depuis un jusqu'à neuf cent quatre-vingt-dix-neuf.

Pour exprimer tous les nombres qui seront entre deux unités consécutives, on fera suivre successivement le nom de la première par ceux de tous les nombres que l'on savait compter avant de former cette nouvelle unité qui est ici la seconde.

On voit que, par le moyen de cette méthode, en introduisant un seul nouveau nom, on forme tout de suite une grande quantité de nombres. On est donc parvenu au but de cette science appelée la *numération*, qui était de remplir cet objet sans trop fatiguer la mémoire.

Art. 6. Les expressions des nombres ne fatiguent point la mémoire, il est vrai; mais elles sont fort longues et fort ennuyeuses à écrire sur le papier. On a remédié à cet inconvénient, en n'écrivant qu'un seul signe à la place de chaque mot qui entre dans l'expression d'un nombre. Ainsi, au lieu d'écrire un, on écrit 1; à deux, on a substitué 2; à trois, 3; à quatre, 4; à cinq, 5; à six, 6; à sept, 7; à huit, 8; à neuf, 9.

Ces signes sont ce que l'on appelle des *chiffres*, et le sistème de notation qui en résulte, a été adapté à celui de leur dénomination par des observations analogues, ainsi qu'on va le voir.

Les neuf premiers nombres, ayant ainsi

été désignés chacun par un chiffre, on aurait pu inventer encore de nouveaux chiffres pour représenter les dixaines, les centaines, les mille, etc. Mais comme il n'y a que neuf dixaines, neuf centaines, neuf mille, neuf dixaines de mille, etc., il a paru beaucoup plus simple d'employer les mêmes chiffres à représenter ces unités; et la place à laquelle ils se trouveront, fera aisément reconnaître celle que chaque chiffre indique.

Si, par exemple, j'ai deux cent soixante neuf à écrire, il y a deux centaines, six dixaines et neuf unités; j'écrirai donc 269.

Lorsque j'aurai un grand nombre à écrire, tel que cinquante-un millions cinq cent douze mille cent douze, il ne me sera pas moins facile de l'écrire; car je n'aurai qu'à remarquer d'abord que cinquante-un millions valent cinq dixaines de millions et un million; j'écrirai donc 51 : de même cinq cent douze mille ou cinq cent dix deux mille valent cinq centaines de mille, une dixaine de mille et deux mille; et j'ajouterai à la suite des chiffres déjà trouvés 51, les chiffres 512, ce qui fera 51 512 : enfin cent douze ou cent dix deux valent une centaine, une dixaine et deux unités, et par conséquent le nombre entier sera représenté par 51512112.

Je répète donc qu'il est bien facile de

trouver les chiffres propres à représenter un grand nombre ; mais cette expression , renfermant quelquefois beaucoup de chiffres , présente un peu confusément à l'esprit , le nombre dont elle est le signe. Il ne sera donc pas inutile de séparer par un petit intervalle les centaines, dixaines et unités , des centaines , dixaines et unités de mille , et celles-ci des centaines , dixaines , et unités de million, en cette sorte 51 512 112. Par ce moyen je m'apercevrai tout de suite que le nombre 112 représente des unités, le nombre 512 des mille , et le nombre 51 des millions.

Mais il est aisé de s'apercevoir que cette méthode est sujette à un grand inconvénient : c'est que la place seule d'un chiffre marquant l'espèce d'unités qu'il désigne , on ne sait comment représenter , par exemple , cinq dixaines, ou cinq centaines , lorsqu'elles seront seules , le chiffre 5 , à cause de sa place , ne pouvant désigner , lorsqu'il est seul , que cinq unités simples.

C'est pour remédier à cet inconvénient, que l'on emploie le chiffre o qu'on appelle *zéro*, en le mettant à la place des unités qui manquent dans l'expression d'un nombre. Ainsi, pour écrire dix, nombre qui renferme une dixaine et point d'unités, j'écrirai 10. Pour écrire trois cent neuf , où il y a trois centaines , point de dixaines et neuf unités , j'écrirai 309. Enfin pour écrire le nombre cinquante deux millions vingt , j'observerai que cinquante deux millions valent cinq dixaines de million et deux millions , et j'écrirai 52 ; après les millions viennent les mille dont il n'y a ni centaines ni dixaines, ni unités. Je placerai donc trois zéros à la droite des chiffres 52 , en laissant un intervalle entre deux, en cette sorte 52 000. Enfin je trouve vingt unités , ou point de centaines , deux dixaines , et point d'unités : ainsi l'expression entière du nombre cinquante deux millions vingt est 52 000 020. On verra de même que celle de trente millions cent mille vingt sera 30 100 020.

Je distinguerai le chiffre 0 des autres chiffres 1 , 2 , 3 , etc. , en donnant à ceux-ci le nom de *significatifs.*

J'appellerai aussi *expressions numériques* les expressions des nombres par le moyen des chiffres , tandis que celles dont on se sert pour les prononcer , seront les *expressions vocales.*

Il sera facile de déterminer la suite des expressions numériques de tous les nombres d'après le sistème qui vient d'être développé. Les neuf premiers nombres sont représentés par les signes 1 , 2 , 3 , 4 , 5 , 6 , 7 ,

8, 9. Les dixaines le sont par ces mêmes signes à la droite desquels on écrit 0, en sorte qu'elles sont 10, 20, 30, 40, 50, 60, 70, 80, 90. Pour désigner les nombres intermédiaires, on substitue successivement à 0, les chiffres 1, 2, 3, 4, etc., et c'est ainsi que l'on écrit, par exemple 31, 32, 33, 34, etc., pour désigner les nombres trente-un, trente-deux, trente-trois, trente-quatre, etc.

Les centaines sont représentées avec deux zéros ainsi qu'il suit : 100, 200, 300, 400, etc.; les mille, avec trois zéros 1000, 2000, 3000, etc. ; et les chiffres des nombres intermédiaires sont substitués aux zéros pour signifier ces nombres.

Les millions ont six zéros à leur droite, les billions ou milliards neuf, les trillions douze, les quatrillions quinze, et ainsi de suite jusqu'aux décillions qui en auront trente-trois.

On vient de voir comment les expressions numériques ont été substituées aux expressions vocales; il s'agit actuellement de ramener les expressions numériques aux expressions vocales : c'est ce qui fera l'objet de l'article suivant.

Art. 7. Puisque je me propose un objet contraire à celui que je viens d'avoir, il est évident que je dois prendre une route opposée à celle que j'ai suivie.

Je remarque d'abord qu'ayant séparé par un petit intervalle les chiffres qui représentent les centaines, dixaines et unités , de ceux qui désignent les mille , leurs dixaines et leurs centaines , et ainsi de suite pour les millions , etc. les trois derniers chiffres des expressions numériques compteront de simples unités , les trois précédens vers la gauche, des mille , les trois précédens , des millions, et ainsi des autres.

Je donne à ces portions de trois chiffres le nom de *tranches.*

J'observe à présent que le dernier chiffre de chacune de ces divisions ou tranches , représentera toujours des unités, si ce sont les trois derniers : ou des mille si ce sont les trois précédens vers la gauche , ou des millions , etc. Le chiffre précédent qui sera placé au milieu des trois ou de la tranche , représentera les dixaines , et enfin le premier chiffre vers la gauche , des centaines.

On pourra donc exprimer les trois chiffres à quelque place qu'ils soient , comme s'ils représentaient de simples unités, des dixaines et des centaines ; et à cette expression on n'ajoutera rien pour les trois derniers chiffres ; mais pour les trois précédens, on ajoutera le nom de mille, et pour les autres celui de million, de billion, de trillion, etc. suivant la place qu'ils occuperont.

On voit par là que pour énoncer un nombre écrit il faudra partager son expression en tranches de trois chiffres chacune : la première sera composée de simples unités ; la seconde désignera des mille, la troisième des millions, la quatrième des billions, et ainsi de suite jusqu'à la douzième qui désignera les décillions, et rien n'empêchera comme je l'ai déjà observé, d'ajouter encore de nouvelles tranches auxquelles on donnera des noms analogues.

Cela posé, si je me propose de trouver l'expression vocale du nombre 60 009 812 007, j'observerai qu'il y a trois intervalles, et que par conséquent les chiffres qui précèdent le premier, comptent des billions. J'y trouve six dixaines ou soixante, ce qui fera soixante billions. Je trouve ensuite neuf unités qui désignent neuf millions, et le commencement de l'expression cherchée sera conséquemment soixante billions neuf millions. Je continue et je trouve huit centaines, une dixaine et deux unités : j'ajoute donc huit cent dix deux ou huit cent douze mille à l'expression déjà trouvée, ce qui fait soixante billions neuf millions huit cent douze mille ; enfin je trouve 7 unités ou *sept*, et l'expression entière sera soixante billions neuf millions huit cent douze mille sept.

De même si je cherche l'expression du nombre 3 400 508 910, j'observe qu'il y a dans ce nombre des unités, des mille, des millions et des billions. Le premier chiffre 3 vaudra donc trois billions : les trois chiffres suivans ne représentent que quatre centaines, ce qui vaudra quatre cent millions : je vois ensuite cinq centaines et huit unités, qui valent cinq cent huit mille : enfin je trouve neuf centaines et une dixaine, ou neuf cent dix ; l'expression totale du nombre 3 400 508 910, sera donc trois billions, quatre cent millions, cinq cent huit mille, neuf cent dix.

C'est de la même manière que l'on se convaincra que le nombre 655 602 600 doit se prononcer six cent cinquante-cinq millions, six cent deux mille, six cens.

On comprend par ce qui a été dit dans l'article précédent, que si, entre deux intervalles, on trouvait trois zéros, cela marquerait qu'il n'y a ni centaines, ni dixaines, ni unités, et qu'il ne faut conséquemment point exprimer le nom de l'unité qui y est représentée. Si, par exemple, dans le nombre 60 009 812 007, précédemment énoncé, il

y avait un zéro à la place du 9, en cette
sorte, 60 000 812 007, les trois zéros de la
tranche des millions marqueraient qu'il n'y
a point de millions, et que par conséquent
il ne faut point en énoncer; en sorte que
l'expression de ce nombre deviendrait seulement soixante billions huit cent douze mille
sept; de même 2 000 001 se prononcera deux
millions un.

Art. 8. Si l'on veut réfléchir un peu attentivement sur les expressions numériques, on
remarquera sans peine que les chiffres qui
sont à la dernière place vers la droite, représentent des unités simples; ceux qui précédent vers la gauche, des dixaines; ceux qui
se trouvent immédiatement avant ceux-ci,
des centaines, etc. Or, dix unités simples
valent une dixaine; dix dixaines, une centaine; dix centaines, un mille, etc.; par conséquent les chiffres qui occuperont l'avant-
dernière place, représenteront des espèces
d'unités dix fois plus grandes que celles représentées par ceux qui se trouvent à sa
droite. Il en sera de même, par rapport à
ceux-ci, pour ceux qui les précèdent; et, en
général un chiffre quelconque représentera
toujours des espèces d'unités dix fois plus
grandes que celles représentées par le chiffre
qui suit immédiatement à droite.

On voit aisément que cette gradation était absolument arbitraire, et que si l'on avait voulu, par exemple, former seulement de neuf unités une nouvelle espèce de nombres, et de neuf de ces nouveaux nombres, une troisième espèce de nombres, etc., on aurait eu de nouvelles expressions numériques, qui, de même que celles dont on se sert ordinairement, auraient pu représenter tous les nombres possibles.

On appelle en général *numération*, la méthode par laquelle on représente les nombres par des expressions numériques. Je réserve à parler plus au long, de ces numérations, dans un Traité particulier. Je ne considérerai les nombres dans celui-ci, que sous la forme qui leur est donnée par la numération ordinaire. Cette numération de laquelle je viens de donner les règles, est le principe et la base de toutes les opérations de l'arithmétique desquelles nous allons nous occuper.

CHAPITRE PREMIER.

Des opérations de l'Arithmétique.

Art. 9. De la numération, on passe immédiatement à l'*Addition*, qui, au lieu d'augmenter les nombres d'une seule unité successivement, comme la numération, enseigne à ajouter tout de suite plusieurs nombres composés chacun de plusieurs unités.

A cette opération, la plus simple de toutes, succèdent, 1.º la *Multiplication*, qui enseigne à ajouter ensemble plusieurs nombres égaux par une méthode abrégée; 2.º la *Puissanciation*, qui multiplie les nombres égaux les uns par les autres; 3.º la *Puissanciation au second ordre*, qui puissancie les nombres égaux; et ainsi de suite, comme je l'ai expliqué plus au long dans le Traité d'Arithmétique que j'ai déjà publié, et dont celui-ci n'est qu'un simple abrégé.

Ces opérations sont appelées *directes*, et chacune engendre les opérations inverses qui en dérivent. L'Addition forme la *Soustraction*, qui enseigne à retrancher les nombres les uns des autres, au lieu de les ajouter; la Multiplication est le principe de la *Division*; la Puissanciation, de l'*extraction des racines* et de la *recherche des exposans*; et ainsi des autres.

La Soustraction fait connaître les nombres *négatifs*, la Division engendre les *fractions*, l'extraction des racines les *radicaux*, la recherche des exposans, les quantités *logarithmiques*, etc.

On fait sur les nombres négatifs, les frac-

tions, les radicaux et les quantités logarithmiques, les mêmes opérations que sur les
nombres *entiers*, ainsi appelés pour les distinguer des fractions; mais on sent qu'il y a
quelques difficultés de plus. Ce sera donc
sur les nombres entiers qu'il sera plus facile
d'opérer, et c'est pour cela que je m'en occuperai d'abord dans l'article suivant.

Des quatre premières Opérations de l'Arith-métique sur les Nombres entiers.

Art. 10. Après avoir cherché, dans le commencement de ce Livre, des méthodes pour
exprimer les nombres, il reste à faire usage
de ces méthodes pour exécuter sur eux toutes
sortes d'opérations.

J'observe d'abord que les nombres étant
des assemblages d'unités, il est clair qu'à un
nombre quelconque je pourrai ajouter plusieurs unités, c'est-à-dire que tous les nombres sont susceptibles d'augmentation.

L'opération par laquelle j'exécuterai cette
augmentation, a reçu le nom d'Addition
(*art.* 9), et le résultat de l'addition de deux
nombres est la *somme* de ces deux nombres,

Ajouter un nombre à un autre, c'est ajouter à celui-ci, successivement, toutes les unités
qui ont servi à composer celui-là.

Par exemple, si je veux ajouter le nombre 4 au nombre 5, je n'ai qu'à ajouter l'unité quatre fois de suite au nombre 5, en disant : 5 et 1 font 6 ; et 1 font 7 ; et 1 font 8 ; et 1 font 9. 9 sera donc la somme de 4 et de 5.

Je trouverai de même la somme de tous les nombres désignés par un seul chiffre, ou des nombres *simples* ; et afin de l'avoir toujours sous les ieux, j'en dresserai la table suivante.

0	1	2	3	4	5	6	7	8	9
1	2	3	4	5	6	7	8	9	10
2	3	4	5	6	7	8	9	10	11
3	4	5	6	7	8	9	10	11	12
4	5	6	7	8	9	10	11	12	13
5	6	7	8	9	10	11	12	13	14
6	7	8	9	10	11	12	13	14	15
7	8	9	10	11	12	13	14	15	16
8	9	10	11	12	13	14	15	16	17
9	10	11	12	13	14	15	16	17	18

Pour former cette table, on voit que j'ai écrit successivement 0 et les neuf premiers nombres. Au-dessous j'ai écrit la somme de chacun des nombres ajoutés avec l'unité : au-dessous de ces sommes sont celles de chaque nombre, avec 2, 3, 4, 5, 6, etc.

Il y a dans cette table deux espèces de bandes : les unes vont de gauche à droite, et je les nomme *horizontales*; et les autres vont de haut en bas : j'appelle celles-ci *verticales*.

On voit que la première bande verticale renferme toujours le nombre qui, ajouté avec la première bande horizontale, a produit celle qui est à côté de lui; par exemple 3, ajouté successivement à tous les nombres de la première bande horizontale, a formé la bande horizontale qui commence par 3.

Ainsi, pour connaître la somme de deux nombres quelconques 8 et 9, on cherchera la bande horizontale qui commence par 9, et la somme de 9 avec 8 sera le nombre de cette bande qui est au-dessous du 8 de la première bande horizontale; savoir, 17.

Art. 11. L'usage de la table de l'article précédent étant bien connu, il sera aisé d'ajouter ensemble deux grands nombres.

En effet, la somme de ces deux nombres sera la même que celle de leurs parties semblables, et, en prenant successivement chacune de ces petites sommes, il suffira d'en faire un seul nombre qui sera la somme totale.

Or, tous les nombres sont composés d'u-

nités simples, de dixaines, de centaines, de
mille, etc., et il n'y a jamais plus de neuf
unités, de neuf dixaines, de neuf centaines,
de neuf unités de mille, etc. La table de
l'article précédent suffira donc pour avoir
la somme des unités, celle des dixaines, celle
des centaines, etc.; et ces sommes seront les
unités, dixaines, centaines, etc., d'un nouveau nombre qui sera la somme des deux
autres.

Pour faire cette opération plus commodément, j'écrirai les deux nombres l'un sous
l'autre, de manière que les unités simples
de l'un soient écrites sous les unités simples
de l'autre, les dixaines sous les dixaines, etc.,
et je tirerai une barre au-dessous pour séparer les deux nombres de leur somme; puis
j'écrirai la somme des unités simples sous la
barre, au-dessous des unités simples; la
somme des dixaines au-dessous des dixaines, etc.; et j'aurai les unités simples, dixaines, centaines, etc., d'un nouveau nombre
qui sera la somme cherchée.

Si, par exemple, je veux avoir la somme
des nombres 363 et 4332, je les   363
écrirai de la manière dont je viens   4332
de le dire; et prenant d'abord la   ‾‾‾‾
somme des unités simples par le moyen de
la table, je dirai 3 et 2 font 5, que j'écris

sous la barre au-dessous de 3 et de 2 ; de même 6 et 3 font 9, que j'écris au-dessous de 6 et de 3 ; 3 et 3 font 6 ; 4 et rien font 4 ; la somme cherchée sera donc 4695.

Mais il pourrait arriver que la somme des unités simples, ou des dixaines, ou etc. dût être représentée par deux chiffres. Par exemple, si chacun des nombres à ajouter ensemble, contient 8 dixaines, la somme sera 16, qui, étant représenté par deux chiffres, ne pourra pas s'écrire au-dessous des dixaines. Une réflexion toute simple donne le moyen de sortir de cet embarras : c'est que, puisqu'il n'y a que neuf dixaines, ce nombre de 16 dixaines doit renfermer autre chose que des dixaines ; en effet il renferme une dixaine de dixaines, qui vaut une centaine, et qui doit conséquemment être ajoutée avec les centaines.

En général, toutes les fois qu'une somme ne pourra être représentée que par deux chiffres, il n'y aura que le dernier de ces deux chiffres qui représente des unités de l'espèce de celles qu'on a ajoutées, et le premier en représentera des dixaines qui ne sont autre chose que des unités de l'espèce précédente, et qui devront par conséquent être ajoutées avec ces unités.

Si donc on veut avoir la somme des deux

nombres 6 296 et 7 389, on les écrira l'un sous l'autre de la manière dont je l'ai déjà dit, et comme on voit ici ; et ajoutant d'abord ensemble les unités, on dira 5 et 9 font 15, c'est-à-dire 5 unités que l'on écrira au dessous et 1 dixaine que l'on ajoutera avec les autres dixaines, en disant 1 de retenu et 9 font 10, et 8 font 18, c'est-à-dire 8 dixaines à écrire et 1 centaine à retenir ; ainsi 1 de retenu et 2 font 3, et 3 font 6, qu'on écrira au dessous : enfin 6 et 7 font 13 ; on écrira 3, et comme il n'y a point de dixaines de mille avec lesquelles on puisse ajouter l'unité qui reste à retenir, on l'écrira tout simplement à côté de 3 à la place des dixaines de mille, et la somme cherchée sera 13 685.

$$\begin{array}{r} 6\ 296 \\ 7\ 389 \\ \hline 13\ 685 \end{array}$$

Art. 12. Si au lieu d'ajouter deux nombres ensemble, on voulait en ajouter trois, la méthode serait toujours la même. Je suppose, par exemple, qu'on veuille ajouter ensemble les nombres 3 480, 289 et 333. On les écrira d'abord les uns sous les autres, comme à l'ordinaire. On dira ensuite : 0 et 9 font 9, et 3 font 12. Je mets un point à gauche et en haut du 3 afin de marquer l'unité retenue, et j'écris 2 sous la barre, je retiens 1 qui ajouté avec 8 fait 9, et 8 font 17. Je

$$\begin{array}{r} 3\ 48\ 0 \\ 2\cdot 8\ 9 \\ \cdot 3\cdot 3\cdot 3 \\ \hline 4\ 1\ 0\ 2 \end{array}$$

mets encore un point à côté du 8 sur la gauche, pour me faire souvenir qu'il y a une unité à ajouter avec la colonne précédente. Je compte ensuite seulement 7 qui ajouté avec 3 me donne 10, c'est-à-dire un second point à écrire, o à poser, et 1 à retenir. Celui-là et celui qui est désigné par le premier point, font 2; et 4 font 6; et 2 font 8; et 3 font 11 : j'écris le point, je pose 1, et je retiens 1 qui, ajouté avec 3, fait 4, et la somme cherchée sera 4 102.

L'utilité de ces points consiste à soulager la mémoire en évitant l'addition des nombres un peu grands, et à donner un moyen de vérification facile, quel que soit le nombre des colonnes, sans obliger de recommencer tout le calcul par la première à droite.

L'opération serait la même si l'on avait plus de trois nombres à ajouter ensemble. Si, par exemple, on voulait ajouter les uns aux autres les nombres 3 302, 492, 23 099, 541 929, 613, 59, il faudrait d'abord les écrire les uns sous les autres.
Je dis ensuite 2 et 2 font 4, et 9 font 13; je pose un point; 3 et 9 font 12; autre point à poser; 2 et 3 font 5, et 9 font 14; je pose 4 et je retiens 3. 3 et o font 3, et 9 font 12;

$$\begin{array}{r} 3\ 3\ 0\ 2 \\ 4\cdot9\ 2 \\ 23\ \ 0\cdot9\cdot9 \\ 541\ \cdot9\ 2\cdot9 \\ \cdot6\ \ 1\ 3 \\ 5\cdot9 \\ \hline 569\ \ 4\ 9\ 4 \end{array}$$

je pose un point; 2 et 9 font 11 ; je pose encore un point ; 1 et 2 font 3 , et 1 font 4 , et
5 font 9 ; je pose 9 et je retiens 2. 2 et 3 font
5 , et 4 font 9, et 9 font 18 ; je pose un point ;
8 et 6 font 14 ; je pose 4 et je retiens 2. 2 et
3 font 5 , et 3 font 8 , et 1 font 9 , que je
pose. 2 et 4 font 6 , que je pose aussi. Enfin
5 et rien font 5 ; et la somme cherchée sera
569 494.

S'il y avait une grande quantité de nombres, l'opération ne serait plus difficile qu'en
ce qu'elle serait plus longue ; c'est ce que
l'on a cherché à empêcher dans les cas où
les nombres que l'on avait à ajouter ensemble , suivaient un certain rapport.

Je ne m'occuperai à présent que du rapport le plus simple qui puisse régner entre
eux ; les autres seront l'objet du troisième
chapitre de ce livre.

Ce rapport le plus simple est évidemment
celui d'égalité.

Lorsque j'aurai un nombre à ajouter à
lui-même , j'appellerai cela le *répéter* deux
fois Si à la somme , j'ajoute encore ce même
nombre , je le répéterai trois fois ; et ainsi de
suite.

Répéter un nombre deux, trois, etc. *fois*,
c'est le *multiplier* par 2 , par 3 , etc. , et l'o-
pération par laquelle j'exécute cette répé-

tition, est la *multiplication* ; le nombre répété est le *multiplicande* ; le nombre de fois
que je répète est le *multiplicateur* ; enfin le
résultat de la multiplication est le produit
des deux nombres que j'aurai multipliés l'un
par l'autre, et qui s'appellent indifférem-
ment *facteurs.*

Avant de pousser ces recherches plus loin,
j'observe que dans tout ce paragraphe, je me
suis occupé de trouver la méthode pour connaître la somme de deux nombres.

Si je connaissais déjà la somme et l'un
des deux nombres ajoutés, il est évident que
pour trouver l'autre, il faudrait retrancher
de la somme celui qui est déjà connu.

L'opération par le moyen de laquelle on
retranche un nombre d'un autre, se nomme
la *soustraction* ; et ce qui reste après que
l'on a retranché ou soustrait le plus petit
nombre du plus grand, est la *différence*
de ces deux nombres.

Comme cette opération est l'inverse de
l'addition, elle se fera d'après les mêmes
principes, et il sera par conséquent plus
aisé de l'exécuter que de faire la multiplication. Je traiterai donc de la soustraction dans
les trois articles suivans, et de la multiplication dans ceux qui viendront ensuite.

Art. 13. Les raisonnemens que je ferai

pour la soustraction, sont entièrement semblables à ceux que j'ai faits pour l'addition,
et je ne ferai guère que répéter ici ce que
j'ai dit dans les articles précédens.

Un nombre étant l'assemblage de plusieurs
unités, pour retrancher un nombre d'un autre, il faudra retrancher successivement de
celui-ci les unités qui ont servi à composer
celui là. Par exemple, si l'on veut retrancher
le nombre 4 du nombre 5, on n'aura qu'à
retrancher l'unité 4 fois de suite du nombre 5, et l'on aura la différence cherchée.
On dira donc: 5 moins 1, fait 4; moins 1,
fait 3; moins 1, fait 2; moins 1, fait 1; auquel
on s'arrêtera, parce qu'ayant retranché l'u-
nité 4 fois de suite du nombre 5, le nombre
1 est la différence de 4 et 5.

Comme on ne peut partager en plusieurs
parties, par le moyen des chiffres, les nombres qui ne sont représentés que par un seul
chiffre, il est évident que la soustraction
de ces nombres ne pourra être faite que par
l'opération qui vient d'être indiquée.

Mais comme il serait fort ennuyeux de répéter souvent cette opération qui est longue,
on aura besoin d'une table, et la même table
qui a servi pour l'addition (*art.* 10), servira
encore pour la soustraction.

En effet, puisque chaque bande horizontale est la somme de son premier nombre vers la gauche, avec chacun des nombres de la plus haute bande horizontale, il est évident que pour retrancher un nombre quelconque, il n'y aura qu'à le chercher dans la première bande verticale vers la gauche; et quand on l'aura trouvé, chercher dans la bande horizontale dont il est le premier nombre, un nombre égal à celui dont on veut le retrancher. Le chiffre de la plus haute bande horizontale qui sera dans la même bande verticale que ce nombre, exprimera la différence demandée.

Par exemple, si je veux retrancher 8 de 9, je cherche dans la table la bande horizontale qui commence par 8; c'est la neuvième, dans laquelle le nombre 9 a 1 pour premier nombre de sa bande verticale. C'est donc 1 qui sera la différence cherchée.

L'usage de cette table étant bien connu, on retranchera sans peine l'un de l'autre deux nombres représentés par plusieurs chiffres.

Art. 14. Pour découvrir la différence de deux nombres représentés par plusieurs chiffres, j'observe que cette différence étant égale à celles de leurs parties, il suffira de prendre successivement la différence des parties semblables de chaque nombre : et de toutes ces différences partielles , faire un seul nombre qui sera la différence totale.

Dans la numération que je suis convenu d'employer , les nombres sont composés d'unités , de dixaines, de centaines, etc. , on pourra donc retrancher , les unes après les autres, les unités des unités , les dixaines des dixaines , les centaines des centaines , etc. , de chaque nombre , et l'on trouvera successivement les unités simples , dixaines, centaines, etc. d'un nouveau nombre qui sera la différence des deux premiers.

Chacune de ces différences partielles sera facile à trouver , puisqu'il n'y a jamais, tout au plus , que neuf unités , neuf dixaines , neuf centaines , etc. , et que , par le moyen de la table , je puis facilement trouver la différence de deux nombres qui ne sont représentés que par un chiffre.

Pour faire cette opération plus commodément , l'on écrira les deux nombres l'un sous l'autre , en sorte que les unités du plus petit soient écrites sous les unités du plus grand , les dixaines sous les dixaines , etc. , et l'on tirera une barre au-dessous , pour séparer les deux nombres de leur différence ; puis on écrira la différence des unités sous la barre au dessous des unités , la différence des dixaines au dessous des dixaines , etc. , et

l'on aura les unités, dixaines, centaines, etc.,
d'un nouveau nombre qui sera la différence
que l'on cherchait.

Si, par exemple, on veut avoir la différence des nombres 243 et 695, on écrira le
plus petit sous le plus grand de la manière
dont je le réprésente : et prenant $\quad$ 695
d'abord la différence des unités $\quad$ 243
simples par le moyen de la table, $\quad$ 452
on dira : 5 moins 3 donne 2, qu'on écrira
sous la barre et au dessous de 5 et de 3. De
même 9 moins 4 donne 5 qu'on écrira au
dessous de 9 et de 4. Enfin 6 moins 2 donne
4. La différence cherchée sera donc 452.

Mais quoique le nombre inférieur soit
plus petit que le nombre supérieur, il pourrait fort bien arriver que les unités, les
dixaines, les centaines, etc., du nombre supérieur, ne fussent pas, chacune en particulier, plus grandes que les unités, dixaines,
centaines, etc., du nombre inférieur.

Au lieu donc que, dans l'addition, on a
retranché de la somme partielle, l'unité qui
valait une dixaine de celles que l'on ajoutait
ensemble, il faudra ajouter au nombre dont
on retranche, une unité qui vaudra une
dixaine de celles qu'on en retranche, et faire
la soustraction comme à l'ordinaire ; puis,
afin que la différence ne soit pas trop grande
d'une unité, ajouter aussi cette unité au chif-

fre inférieur qui se trouvera à la gauche de celui qu'on vient de soustraire.

Si, par exemple, on veut retrancher 7 989 de 8 706, on écrira le plus petit sous le plus grand, de la manière dont je l'ai déjà dit, comme on voit ici : et retranchant d'abord les unes des autres les unités, on s'aperce-

$$\begin{array}{r} 8\ 706 \\ 7\ 989 \\ \hline 717 \end{array}$$

vra que le chiffre inférieur est plus grand que le chiffre supérieur. On ajoutera donc une dixaine à celui-ci, ce qui fera 16 ; et l'on en retranchera 9. La table fait voir que 16 moins 9 fait 7 : on écrira donc 7 au dessous ; puis, comme on a augmenté d'une dixaine le nombre supérieur, il faudra aussi augmenter le nombre inférieur d'une dixaine, et au lieu de soustraire 8, on soustraira 9. Le chiffre inférieur est encore plus grand que le chiffre supérieur ; ajoutant donc une dixaine à celui-ci, on dira 10 moins 9 fait 1, qu'on écrira au-dessous. Il faudra ensuite augmenter encore d'une unité le chiffre inférieur ; ce qui donnera 10 qui se trouve aussi plus grand que le nombre supérieur 7. J'ajoute donc à celui-ci une dixaine, ce qui donne 17. 17 moins 10, fait 7 que j'écris au dessous. Enfin il faut encore ajouter l'unité au chiffre inférieur 7, ce qui donnera 8 égal au chiffre supérieur. Leur différence sera donc mille ; et comme o ne sert qu'à faire valoir les chiffres qui sont à sa gauche , et qu'il n'y en aurait point dans la différence , on n'écrira rien au dessous de 8 et de 7 , et la différence cherchée sera 717.

On trouvera de même que la différence entre 2003 et 1999, est 4.

Art. 15. Si , au lieu de retrancher un nombre d'un autre , on voulait en retrancher un de deux autres , il est clair qu'il faudrait commencer par ajouter ensemble ces deux derniers, et , de la somme, retrancher ensuite le premier.

Je suppose , par exemple , que l'on veut retrancher le nombre 998 de 451 et 592. Pour cela j'ajoute d'abord les nombres 451 et 592 par les règles exposées à l'article 11, ce qui me donne 1043 ; et retranchant ensuite 998 de 1043 , je trouve 45 qui sera la différence cherchée.

De même , si au lieu de retrancher un nombre de deux autres , je voulais retrancher deux nombres d'un troisième , je prendrais d'abord la somme des deux premiers , que je soustrairais ensuite du troisième.

Enfin, si l'on voulait soustraire plusieurs nombres de plusieurs autres , on voit qu'il n'y aurait toujours qu'à prendre la somme des nombres à ajouter , puis celle des nombres à retrancher, et chercher ensuite la différence de ces deux sommes.

On voit par-là que la soustraction de plusieurs nombres se réduit toujours à celle de deux nombres, et ne renferme pas plus de difficultés, quant à la théorie. Je vais à présent m'occuper de la Multiplication.

Art. 16. J'ai déjà dit (*art.* 12), que le produit d'une Multiplication était égal au multiplicateur répété autant de fois qu'il y a d'unités au multiplicande.

Ainsi, pour multiplier, par exemple, 3 par 4, je n'aurai qu'à ajouter 3 quatre fois de suite à lui-même, et la somme totale sera le produit demandé. Je dis donc : 3 et 3 font 6, et 3 font 9, et 3 font 12. Je m'arrête, parce que j'ai répété 3 quatre fois, et je vois que 12 est le produit de 3 par 4.

Comme on ne peut partager en plusieurs parties, par le moyen des chiffres, les nombres qui ne sont représentés que par un seul chiffre, ou les nombres simples, on ne peut pas non plus trouver de méthode plus facile pour en faire la Multiplication. Cependant il serait ennuyeux de répéter souvent cette longue opération ; et pour en éviter l'embarras, il sera plus court de chercher d'abord tous ces produits, et d'en dresser une table semblable à celle de l'Addition.

On voit que la marche de cette nouvelle opération est la même que celle de l'Addition ; celle-ci est le principe de toutes les opérations de l'Arithmétique; et quand on l'a bien comprise, il est on ne peut pas plus aisé de comprendre les autres.

Pour former la table de Multiplication, il faut écrire successivement 1 et les huit autres nombres représentés par un seul chiffre. Au-dessous, on écrira la somme de chacun de ces nombres ajoutés avec lui-même. Au-dessous de ces sommes, seront écrites celles de chaque nombre avec la somme qui lui correspond. Au-dessous de ces nouvelles sommes, seront écrites les sommes de chacune d'elles avec le nombre qui a servi à les former; et ainsi de suite, comme on voit dans la figure ci-après.

1	2	3	4	5	6	7	8	9
2	4	6	8	10	12	14	16	18
3	6	9	12	15	18	21	24	27
4	8	12	16	20	24	28	32	36
5	10	15	20	25	30	35	40	45
6	12	18	24	30	36	42	48	54
7	14	21	28	35	42	49	56	63
8	16	24	32	40	48	56	64	72
9	18	27	36	45	54	63	72	81

Cette table a ses bandes horizontales et verticales comme celle de l'Addition.

On voit que la première bande verticale renferme toujours le nombre qui, multiplié successivement par tous ceux qui composent la première bande horizontale, a produit celle qui est à côté de lui. Par exemple, 3 multiplié successivement par tous les nombres de la première bande horizontale, a produit la bande horizontale qui commence par 3.

Ainsi, pour multiplier l'un par l'autre deux nombres quelconques, 8 et 9, on cherchera la bande horizontale qui commence par 9; et le produit de 9 par 8 sera le nombre de cette bande qui est au-dessous du 8 de la première bande horizontale; savoir, 72.

L'usage que l'on doit faire de cette table étant bien connu, on multipliera facilement l'un par l'autre deux nombres représentés par plusieurs chiffres : c'est ce dont je m'occuperai dans l'article suivant.

Art. 17. Il sera facile de trouver une méthode plus courte que l'Addition pour multiplier l'un par l'autre deux nombres représentés par plusieurs chiffres, si l'on observe que le produit de deux facteurs étant égal au produit de chacune des parties du multiplicande par chacune des parties du multiplicateur, il suffira de multiplier successivement toutes les parties de celui-là, par chacune des parties de celui-ci ; et la somme de tous ces produits partiels sera le produit total.

Or, il n'entre jamais dans l'expression d'un nombre, tout au plus que neuf unités, neuf dixaines, neuf centaines, etc. ; et je connais les produits des nombres désignés par un seul chiffre.

Je multiplierai donc facilement, l'un par l'autre, deux nombres représentés par plusieurs chiffres, en multipliant d'abord les unités, puis les dixaines, puis les centaines, etc. , du multiplicande, par les unités, puis les dixaines, puis les centaines, etc.. du multiplicateur.

Pour faire cette opération plus commodément, on écrira les deux nombres , l'un sous l'autre, de manière que les unités simples de l'un soient écrites sous les unités simples de l'autre ; les dixaines sous les dixaines ; etc.: et l'on tirera une barre au dessous pour séparer les deux nombres de leur produit. Sous la barre , on écrira le produit du multiplicande par les unités du multiplicateur, en mettant les unités de ce produit sous les unités des facteurs, les dixaines sous les dixaines, les centaines sous les centaines, etc. On prendra ensuite le produit du multiplicande par les dixaines du multiplicateur , et

comme le multiplicateur est dix fois plus
grand qu'une unité, le produit devra être
dix fois plus grand que si l'on avait multiplié
par des unités : c'est-à-dire que ses unités
devront être ajoutées avec les dixaines du premier produit, ses dixaines avec les centaines, etc.; et l'on aura soin de placer les unités de ce nouveau produit sous les dixaines du
premier, les dixaines sous les centaines, et
ainsi de suite. Par la même raison, le produit du multiplicande par les centaines du
multiplicateur, qui sont dix fois plus grandes que les dixaines, devra être écrit sous le
produit des dixaines, de manière que les
unités soient sous les dixaines du second
produit, les dixaines sous les centaines, et
ainsi de suite. Il en sera de même du produit
des mille, etc. Enfin on ajoutera ensemble
tous ces produits, et la somme sera le produit total.

Si, par exemple, on veut avoir le produit
des nombres 483 et 45, on les écrira comme
je viens de le dire et de la manière dont je
le représente ici; et prenant d'a-
bord le produit du multiplicande
par les unités du multiplicateur,
on dira 5 fois 3 font 15, comme
l'apprend la table. J'écris donc
5 unités au dessous des unités et je retiens

$$\begin{array}{r} 483 \\ 45 \\ \hline 2\,415 \\ 19\,32 \\ \hline 21\,735 \end{array}$$

une dixaine comme dans l'addition. Je passe aux dixaines en disant : 5 fois 8 font 40 , et 1 de retenu font 41 : je pose donc 1 et je retiens 4. 5 fois 4 font 20 , et 4 font 24 que j'écris au dessous. Je passe au produit des dixaines , et je dis 4 fois 3 font 12 : j'écris 2 au dessous des dixaines du premier produit , et je retiens 1. 4 fois 8 font 32 , et 1 de retenu font 33 : j'écris 3 et je retiens 3. 4 fois 4 font 16 , et 3 font 19 , que j'écris au dessous. Ajoutant ensuite ensemble ces deux produits , je trouve 21 735.

Supposons encore que l'on veut multiplier 3 092 par 49 020. Je multiplie d'abord par 0 , ce qui me donne quatre zéros que j'écris au produit. Je cherche ensuite le produit du multiplicande par 2 , et je trouve 61 84 que j'écris au dessous en reculant d'une place vers la gauche. Je trouve encore quatre zéros que j'écris en reculant encore d'une place. Je multiplie ensuite par 9 , ce qui me donne 27 828 , que j'écris de même : et enfin par 4 , je trouve le dernier produit partiel 123 68. Faisant ensuite l'addition , j'obtiens enfin pour le produit total 151 569 840.

$$
\begin{array}{r}
3\ 092 \\
49\ 020 \\
\hline
0\ 000 \\
61\ 84 \\
000\ 0 \\
27\ 828 \\
123\ 68 \\
\hline
151\ 569\ 840
\end{array}
$$

Art. 18. Si, après avoir multiplié deux
nombres l'un par l'autre, on veut encore les
multiplier par un troisième, il est clair que
l'on pourra faire la Multiplication à l'ordinaire, en prenant le produit déjà trouvé,
pour multiplicande, et le troisième facteur
pour multiplicateur.

S'il y avait une plus grande quantité de
nombres à multiplier les uns par les autres,
l'opération ne serait plus difficile qu'en ce
qu'elle serait plus longue, et qu'on aurait
plus de chiffres à écrire.

Art. 19. Les raisonnemens que j'aurai à
faire pour exécuter la Division, sont les mêmes
que ceux que j'ai employés pour la Multiplication, et je ne ferai guère que répéter ici ce
que j'ai dit dans les trois articles précédens.

Le quotient est précisément le nombre de
fois que le diviseur est contenu dans le dividende; il est donc évident que si l'on retranche le diviseur du dividende, autant de
fois qu'il le faudra pour qu'il ne reste plus
rien, le nombre de fois que le diviseur aura
été retranché, sera le quotient de la Division.
Par exemple, si l'on veut diviser 12 par 4,
on retranchera 4 de 12 : il restera 8; j'en retranche encore 4 : il restera 4, dont 4 pourra
encore être retranché une fois, sans qu'il reste
plus rien au dividende. Ainsi, 12 est *divisible*

par 4 ; et comme on peut en retrancher 4 trois fois, il est évident que le quotient de la Division de 12 par 4 est 3.

Lorsque le quotient et le diviseur sont représentés, chacun seulement par un chiffre, le produit ne peut être représenté tout au plus que par deux chiffres. En effet, 9 multiplié par 9 ne fait que 81 ; et 100, le plus petit nombre représenté par trois chiffres, est le produit de 10 par 10, c'est-à-dire de deux nombres représentés chacun par deux chiffres.

La table de Multiplication, qui donne le produit de tous les nombres représentés par un seul chiffre, suffira donc pour trouver le quotient d'une division dont le dividende ne sera représenté que par deux chiffres, et le diviseur par un seul.

Puisque chaque bande horizontale renferme tous les produits de son premier nombre vers la gauche, par chacun des nombres de la plus haute bande horizontale, il est évident que, pour diviser un nombre par un autre, il faudra chercher le diviseur dans la première bande verticale vers la gauche ; et quand on l'aura trouvé, chercher dans la bande horizontale, dont il est le premier nombre, un nombre égal au dividende. Le chiffre de la plus haute bande horizontale,

C

qui sera dans la même bande verticale que le dividende, représentera le quotient que l'on cherche.

Par exemple, si je veux diviser 72 par 8, je cherche dans la table la bande horizontale qui commence par 8. C'est la huitième, dans laquelle le nombre 72 a 9 pour premier nombre de sa bande verticale. C'est donc 9 qui sera le quotient demandé.

Il faut observer que tous les nombres, depuis un jusqu'à cent, ne sont pas des produits exacts d'un nombre par un autre, puisque la table qui renferme tous ces produits, lorsque les deux facteurs ne sont représentés que par un seul chiffre, ne contient que 81 nombres, dont plusieurs sont répétés 2, 3 et même 4 fois. Il y en aura par conséquent beaucoup qui ne seront pas des produits tels que je viens de le dire, savoir : 7, 11, 13, 17, 19, 22, 23, etc. Il y en aura de plus qui, étant produits de deux nombres, ne le seront pas d'un troisième. Par exemple, 24 pourra être divisé par 4, mais non par 5.

Lorsqu'on aura ces nombres à diviser par un nombre d'un seul chiffre, il faudra chercher celui des produits qui approchera le plus de ce faux produit dans la table horizontale qui commencera par le diviseur, pourvu qu'il soit plus petit, et retrancher ensuite le vrai produit du faux ; ce qui restera, après cette soustraction, sera le reste de la Division.

Si, par exemple, je veux diviser 25 par 7, je cherche dans la table la bande horizontale qui commence par 7. C'est la septième, où le nombre 25 ne se trouve point ; mais j'y vois 21 plus petit que 25, et qui en approche le plus parmi ceux qui sont plus petits que 25. Or, 21 a 3 pour premier nombre de sa bande verticale, et retranché de 25, laisse 4 pour reste ; donc 25 divisé par 7, donne 3 pour quotient, et 4 pour reste.

L'usage de cette table étant bien connu, on divisera facilement un nombre représenté par plus de deux chiffres, par un nombre simple, comme on le verra dans l'article suivant.

Art. 20. Il est clair que, pour diviser un nombre composé de parties, il suffit de diviser successivement chacune de ces parties.

Or, un nombre désigné par plus de deux chiffres, renferme des unités, des dixaines, des centaines, etc. : et les unités, dixaines, centaines, etc., ne sont jamais exprimées, chacune en particulier, par plus d'un chiffr.

Ainsi, puisqu'on a appris dans l'article précédent à trouver le quotient d'une Division dont le dividende était représenté par deux chiffres, et le diviseur par un seul, il sera facile de trouver le quotient d'une Division dont le dividende sera désigné par plus de deux chiffres, et le diviseur par un seul.

Pour y réussir, il faudra diviser par le diviseur toutes les parties du dividende, en commençant la Division par celle des chiffres de la gauche.

Supposons, par exemple, que le dividende est composé de trois chiffres : d'unités, de dixaines et de centaines; on commencera par diviser la partie des centaines qui pourra être partagée en autant de parties égales que le diviseur a d'unités ; ensuite on réduira le reste des centaines en dixaines, et les ayant ajoutées avec les dixaines du dividende, on partagera encore la partie des dixaines qui pourra être divisée, en autant de parties égales que le diviseur a d'unités. Enfin on réduira le reste des dixaines en unités pour les ajouter avec les unités du dividende, et diviser tout par le diviseur.

Soit proposé de diviser 7 263 par 9. On écrira le diviseur à la droite du dividende, et les ayant séparés par un crochet, on tirera sous le diviseur une barre au dessous de laquelle seront écrits les chiffres du quotient à mesure qu'on les trouvera.

Le dividende et le diviseur étant ainsi disposés, on commencera par diviser les mille dont le nombre est 7. Mais comme ce nombre ne peut être divisé par 9, on le joindra au chiffre suivant qui est celui des centaines, et l'on aura 72 centaines à diviser par 9. Comme 9 y est contenu 8 fois, on écrira 8 au quotient dans une place qui sera celle des centaines. Pour avoir le reste de cette première division, on multipliera le diviseur 9 par le quotient 8, et ayant écrit leur produit 72 au dessous de 72 qu'on vient de diviser, on retranchera l'un de l'autre ; comme il ne restera rien, on écrira au dessous un zéro qui marquera que la division de 72 centaines par 9, donne exactement 8 centaines pour quotient sans aucun reste. On abaissera ensuite à la droite du zéro, les 6 dixaines du dividende, pour les diviser aussi par 9, et comme cela n'est pas possible, on écrira au quotient un zéro à la place des dixaines pour désigner que le quotient ne contient point de dixaines ; et le 6 qu'on vient d'abaisser et qui n'a pu être divisé, restera pour la division suivante. On abaissera enfin les trois unités du dividende à la droite des 6 dixaines qu'on a de reste, ce qui fera 63 unités qu'on divisera par 9,

7 263	9
7 2	807
063	
63	
0	

et comme on trouvera que 9 y est contenu
7 fois, on écrira 7 au quotient, et la division
sera faite relativement au quotient, puisqu'on
aura trouvé tous les chiffres qui le composent ; mais il faudra encore déterminer le
reste de la divison ; pour cela on multipliera
le diviseur 9 par le dernier quotient 7 , et le
produit 63 étant écrit au-dessous de 63 et
retranché ensuite de ce nombre , on n'aura
rien pour reste de la division. Le dividende
7 263 étant divisé par le diviseur 9 , donne
exactement 807 pour quotient.

Il s'agit actuellement de trouver le moyen
d'exécuter la division lorsque le dividende
et le diviseur à la fois contiennent plus de deux
chiffres.

Art. 21. L'opération par laquelle on divise
un nombre qu'expriment plusieurs chiffres ,
par un autre nombre que représentent aussi
plusieurs chiffres , peut se faire de la même
manière que celle dont le diviseur n'a qu'un
chiffre. On divisera par le diviseur chaque partie du dividende qui pourra être partagée en
autant de parties égales que le diviseur contiendra d'unités : puis ayant écrit au quotient
le nombre de fois que chaque partie du dividende contiendra le diviseur , on multipliera
le diviseur par les chiffres du quotient à mesure qu'on les trouvera , et l'on écrira les

produits sous les parties du dividende qu'on divisera actuellement : ensuite on retranchera ces produits des parties du dividende, et l'on écrira les restes pour les diviser conjointement avec les parties suivantes du dividende. L'application de cette règle à un exemple, la fera mieux comprendre.

Soit proposé de diviser 457 111 200 par 897. Le dividende et le diviseur étant écrits de la manière que je l'ai déjà dit, et les trois chiffres du diviseur fesant un nombre plus grand que les trois premiers

```
457 111 200 | 897
4485        |----------
------        509 600
8 611
8 073
------
538 2
538 2
------
  000
```

chiffres de la gauche du dividende, on prendra un chiffre de plus dans le dividende, c'est-à-dire que l'on prendra d'abord 4571, pour le diviser par 897, sans faire attention au reste du nombre 457 111 200, que l'on divisera ensuite avec ce qui restera de la division de 4 571. Comme on prendra dans le dividende un chiffre de plus qu'il n'y en a dans le diviseur, les 8 centaines du diviseur répondront au 45 centaines du dividende. Ainsi l'on cherchera combien de fois 8, ou plutôt 9, parce que 89 approche plus de 90 que de 80, est contenu dans 45. Comme on trouvera qu'il y est contenu 5 fois, on écrira au quotient ce premier chiffre 5. Pour avoir le reste de cette première division, on multipliera le diviseur 897, par le quotient 5: et ayant écrit les chiffres de leur produit 4 485, à mesure qu'on les aura trouvés, sous les chiffres correspondans 4 571 du dividende, on retranchera ce produit de ce dividende partiel, et l'on aura le premier reste 86, qu'on écrira au-dessous. On abaissera ensuite le chiffre suivant 1 à la droite du reste 86, ce qui fera 861. On se proposera donc de diviser 861 par 897, et comme cela ne se peut pas, on écrira au quotient un zéro qui signifiera que ce quotient ne contient point de dixaines de mille. Le nombre 861 n'ayant pu être divisé par 897, est resté tout entier pour être divisé conjointement avec le chiffre suivant 1. On l'abaissera donc à la droite de 861, ce qui donnera 8611, que l'on divisera par 897. Comme il y a un chiffre de plus au nouveau dividende 8 611 qu'au diviseur 897, le chiffre 8, ou plutôt 9 du diviseur, répondra aux deux chiffres 86, et y sera contenu 9 fois avec un reste. On prendra donc 9 pour le nombre de fois que 8 611 contiendra 897, et l'on écrira au quotient ce nombre 9 à la droite des chiffres 50. Pour avoir le reste de cette division, on multipliera le di-

viseur 897 par le nouveau quotient partiel 9,
et les chiffres du produit 8 073, étant écrits
sous le dividende partiel 8 611, à mesure
qu'on les aura trouvés, on retranchera ce
produit, du dividende qui sera au-dessus,
et il restera 538 pour la division suivante.
On abaissera le 2 du dividende, à la droite
de ce reste, ce qui fera 5 382, qu'il faudra
diviser par 897. Comme le nouveau dividende 5 382 a un chiffre de plus que le diviseur 897, ce sera 53 ou plutôt 54 à cause du
8 qui suit, qu'il faudra diviser par 9. Il y
est contenu 6 fois, et par conséquent il faut
mettre 6 au quotient. Pour savoir si cette
division ne donne pas de reste, on multipliera
le diviseur 897 par le dernier quotient 6 que
l'on vient de trouver, et l'on écrira les chiffres du produit 5 382; puis on retranchera
ce produit du dividende, et comme il ne
restera rien, on sera assuré que le dividende
4 571 112 est exactement divisé par 897, e
que 5 096 est le quotient de cette division.
Pour la continuer, suivant les règles précédemment expliquées, il faudra abaisser successivement les deux zéros du dividende : mais comme
chacun de ces zéros abaissé à la droite du reste
o, étant divisé par 897, donnera o pour quotient, il faudra placer deux zéros à la droite
du quotient que l'on vient de trouver. Ainsi

le quotient total de la division de 457 111 200 par 897 , sera 509 600.

Il y a plusieurs remarques à faire sur la division : ce sera le sujet de l'article suivant , le dernier de ce long paragraphe.

Art. 22. Dans les articles précédens , on a vu que chaque division particelle laissait souvent un reste qui ne pouvait être divisé avec les unités de l'espèce que l'on divisait alors. Il ne peut pas se faire que la division totale en laisse un ; car alors il faudrait diviser l'unité en plusieurs parties, ce qui est impossible , puisqu'elle est indivisible.

En effet l'unité en arithmétique n'est autre chose qu'une mesure simple et indivisible à laquelle on peut rapporter tous les nombres qui en sont composés.

On distingue deux espèces de quantités.

Les unes sont composées de parties qui ne peuvent plus être divisées en parties semblables ; un amas de grains, par exemple , est un assemblage de grains, et le grain ne peut plus être divisé en d'autres grains; de même une armée est un assemblage d'hommes , et l'homme ne contient pas plusieurs hommes.

Il y a d'autres quantités dont les parties ne sont pas si bien déterminées. Une distance peut être divisée en parties : en *toises*, par exemple ; mais la toise pourra aussi être divisée en parties qu'on appellera *piés* , et un *pié* sera une distance moins grande qu'une toise , mais ce sera une distance de même qu'une toise.

Je nomme cette dernière espèce de quantités , des quantités *continues* ; les autres seront des nombres proprement dits.

Il est important d'observer que , même pour les nombres , l'indivisibilité de l'unité n'est que relative , c'est-à-dire qu'un homme, par exemple , est indivisible par rapport à l'usage qu'on en peut faire dans une armée; mais il deviendrait divisible si on le considérait par rapport à son poids ou à quelque autre qualité semblable. Il en serait de même de toutes les autres unités.

Puisqu'il y a donc un grand nombre de quantités continues , ces quantités pourront n'être pas exactement divisibles par les nombres que l'on aura pour diviseur; et les restes seront des parties de l'unité qui aura été choisie parmi les quantités continues, afin de faire sur elles les opérations de l'Arithmétique.

Ces parties se nomment des *fractions* ; il est utile d'en connaître les propriétés , puisqu'il existe des quantités continues , telles que le tems, l'étendue , etc. Elles feront l'objet du chapitre suivant.   C 6

CHAPITRE II.

Des Fractions.

Art. 23. Toute fraction est composée de deux nombres que l'on désigne par un nom commun en les appelant ses deux termes ; l'un qui marque combien la fraction contient de parties de l'unité, et qui, par cette raison, se nomme *numérateur* ; l'autre qui fait connaître combien de fois chacune de ces parties égales est contenue dans l'unité ; et on l'appelle *dénominateur* parce qu'en effet pour former le nom de ces parties, on ne fait qu'ajouter la terminaison *ième* au nombre exprimé par le dénominateur.

Ainsi quatre *septièmes* sont une fraction ; le numérateur 4 désigne combien elle contient de parties de l'unité ; le dénominateur 7 fait voir que chacune d'elles est 7 fois exactement dans l'unité, et c'est d'après lui qu'on les appelle des septièmes. Lorsque cependant le dénominateur est 2, ou 3, ou 4, les parties qu'il indique ont des noms particuliers, et s'appellent *moitiés* ou *demis*, *tiers*, *quarts*.

Art. 24. Pour représenter une fraction d'une manière abrégée, on écrit le dénominateur sous le numérateur, en les séparant par un trait : ainsi pour représenter trois quarts, cinq septièmes, neuf trente deuxièmes, etc., on écrit $\frac{3}{4}$, $\frac{5}{7}$, $\frac{9}{32}$, etc.

Art. 25. Le numérateur d'une fraction peut être considéré comme un dividende, et son dénominateur comme le diviseur ; le trait qui les sépare signifie alors *divisé par* ; par exemple $\frac{4}{5}$ et quatre divisé par cinq sont la même chose. En effet la première expression signifie qu'il faut prendre 4 fois la cinquième partie d'une unité ; et la seconde qu'il faut prendre la cinquième partie de 4, ou 4 fois la cinquième partie d'une unité.

Ainsi $\frac{4}{5}$ est une division indiquée, qui ne peut s'effectuer, le quotient ne pouvant être exprimé en nombres entiers.

Art. 26. Si le numérateur égalait ou surpassait le dénominateur, alors la fraction ne serait réellement qu'un entier ou nombre fractionnaire, sous la forme d'une fraction : et en effectuant la division, le quotient serait du moins en partie, composé de nombres entiers. Ainsi $\frac{10}{6}$, $\frac{30}{29}$ sont des nombres entiers ou *fractionnaires* sous la forme de fractions, et qui se réduisent en fesant la division indiquée, le premier à 5, le second à $1\frac{1}{29}$.

Art. 27. On peut toujours donner à un entier la forme d'une fraction avec un dénominateur quelconque, en prenant pour numérateur le produit de ce dénominateur par l'entier. Par exemple, pour convertir 5 en sixièmes, je multiplie 5 par 6; je donne au produit 30 le dénominateur 6, et j'ai $\frac{30}{6}$ pour la valeur de 5 sous une autre forme. En effet la sixième partie de 30, ou de 6 fois 5, est évidemment 5.

§ i. *Des Opérations par les Fractions.*

Art. 28. De ce que l'on a dit (*art.* 25), il résulte que l'on peut diviser ou multiplier par un même nombre les termes d'une fraction, sans changer sa valeur. En effet si par exemple, dans la fraction $\frac{3}{4}$, on multiplie 3 et 4 par 7, on rend le nombre de ses parties sept fois plus grand; mais aussi chacune d'elles est sept fois plus petite, puisqu'elle n'est plus qu'un vingt-huitième au lieu d'un quart. $\frac{21}{28}$ et $\frac{3}{4}$ ont donc la même valeur. Par la même raison, $\frac{1}{2}$, $\frac{2}{4}$, $\frac{4}{8}$, $\frac{16}{32}$, etc., ne sont que des expressions différentes d'une même fraction, d'un même quotient.

Art. 29. Pour réduire plusieurs fractions au même dénominateur, multipliez les deux termes de chacune d'elles par le produit des dénominateurs de toutes les autres; vous aurez de nouvelles fractions, dont l'expression sera différente, mais dont la valeur sera toujours la même (*art.* 28), et ces nouvelles fractions auront toutes le même dénominateur, puisqu'il sera pour chacune d'elles le produit de toutes les dénominations des fractions primitives.

Ainsi, pour réduire au même dénominateur $\frac{3}{4}$ et $\frac{5}{7}$, multipliez, dans la première, 3 et 4 par 7, et dans la seconde, 5 et 7 par 4; vous aurez pour résultat, $\frac{21}{28}$ et $\frac{20}{28}$, fractions égales aux deux premières, et qui ont toutes deux pour dénominateur le produit de 4 par 7. De même pour opérer cette réduction sur les quatre fractions $\frac{2}{3}$, $\frac{4}{5}$, $\frac{6}{7}$, $\frac{8}{9}$, multipliez les deux termes de la première par 5 multiplié par 7, multiplié par 9, c'est-à-dire par 315; multipliez de même les deux termes de la seconde par 3 multiplié par 7, multiplié par 9; puis les deux termes de la troisième par 3 multiplié par 5, multiplié par 9; enfin les deux termes de la quatrième par 3 multiplié par 5, multiplié par 7; vous aurez les quatre nouvelles fractions $\frac{630}{945}$, $\frac{756}{945}$, $\frac{810}{945}$, $\frac{840}{945}$, qui toutes ont acquis un dénominateur semblable, sans avoir changé de valeur.

Ces quatre fractions ne sont pas réduites à leur plus simple expression, et la réduction qu'elles peuvent subir est le sujet d'une

seconde règle préliminaire : par le moyen de
ces deux règles, les fractions étant réduites
à des expressions simples et uniformes, on
fera aisément sur ces quantités l'Addition,
la Soustraction, la Multiplication et la Division. Ces détails m'entraîneraient trop loin
ici : on les trouvera dans les nouveaux élémens d'arithmétique, d'algèbre et de géométrie, par Chompré; Paris, 1785, et dans
beaucoup d'autres livres. Les problèmes 2,
3, 4, etc. de l'article 32, appartiennent à
celui-ci.

§ II. *Des nombres complexes.*

Art. 30. Pour exprimer plus commodément les Divisions des mesures les plus usifées, on a réuni des unités de même espèce
pour en former une seule unité sous un autre
nom, quoique désignant toujours des objets
de la même nature. De dix unités abstraites,
on a fait une unité de dixaines; de vingt
unités de sous une unité de livres; de six
unités de piés une unité de toises, etc. Sous
ce point de vue, l'unité abstraite, le sou, le
pié, en conservant la dénomination et la
forme d'entiers, sont cependant des fractions
de la dixaine, de la livre, de la toise, etc.
On a seulement supprimé les dénominateurs

10, 20, 6, et changé le nom des parties de la fraction.

Art. 31. Un nombre *complexe* est un nombre composé d'un entier et de parties d'unité, mais tel que les parties qui accompagnent l'entier, au lieu d'être sous la forme et la dénomination de fractions ordinaires, se trouvent sous la forme et la dénomination d'entiers. 4 liv. 6 s. 8 den. est un nombre complexe; 4 liv. $\frac{1}{3}$, qui désigne la même quantité, est un nombre fractionnaire.

Art. 32. En rendant aux fractions d'un nombre complexe leur dénominateur, puis réduisant l'entier et les fractions au même dénominateur, on peut soumettre les nombres complexes aux règles données pour le calcul des fractions ordinaires. Par exemple, 4 liv. 6 s. 8 den. égale 4 liv. $\frac{6}{20}$, et $\frac{8}{12}$ de $\frac{1}{20}$, ou, en réduisant, $\frac{1}{3}$ fraction ordinaire.

Mais la forme des nombres complexes les rend susceptibles d'un calcul plus expéditif, qui leur est particulier. On en trouvera les règles page 44 de l'ouvrage que je viens de citer. Je ne les répéterai point ici, et j'en donnerai seulement pour exemple la Multiplication et les Divisions suivantes. Il suffira pour les comprendre de se rappeler des règles de la Multiplication et de la Division

des nombres abstraits, telles que je les ai
données ci-dessus. Je proposerai pour ces
exemples des *Problêmes*, c'est-à-dire des
questions curieuses qui tiennent à d'autres
sciences, mais que je considère ici sous leur
point de vue arithmétique.

PROBLÊME 1. Une lunaison est de 27 jours
7 heures 43 minutes. Combien valent 12 lu-
naisons? On sait que le jour est censé valoir
exactement 24 heures, et l'heure 60 minutes.
La lunaison est plus petite que nos mois dont
le moindre est de 28 jours.

		6. 1.	3o. 10. 2. 1.
On voit que j'ai pris	27^j	7^h	$43'$
d'abord le produit de	12		
27 par 12 à l'ordinaire.	54i		
J'ai écrit ensuite au des-	273		
sus des 7 heures, 6 et	..	12h	
1, que j'ai considérés	..	6	
successivement dans 7,	..	2	
parce que 6 divise exac-	..	..	24'
tement 24, et que 1 di-	..	..	12
vise 6. C'est ce que l'on	327	20	36

exprime en disant que 6 est partie *aliquote*
de 24, et 1 de 6.

J'ai divisé de même 43' en 3o, 10, 2 et 1.
On pourrait diviser autrement ce nombre,
savoir : en 20, 20, 2, et 1, et cela rendrait

l'opération un peu plus facile, parce que la répétition de 20 y réduirait les Multiplications partielles à trois, ainsi qu'il suit :

On voit que le résultat est le même, en sorte que ces deux opérations serviront de preuve l'une à l'autre.

La Division n'offre pas de moindres difficultés que la Multiplication. Je les ai déjà expliquées (*art.* 19, 20,

```
              6. 1.    20.20.2.1.
        27ʲ   7ʰ    43ʳ
        12
        ─────────────────
        324ʲ
        3
        ..    12ʰ
        ..     4
        ..     4
        ..    ..    24ʳ
        ..    ..    12
        ─────────────────
        327ʲ  20ʰ   36ʳ
```

21); on a vu que celle des nombres simples se fesait par le moyen de la table de Multiplication, et celle des nombres composés par le moyen de celle des nombres simples. Je n'entrerai pas ici dans le détail des règles de la Division des nombres complexes. Je donnerai seulement l'exemple de plusieurs Divisions composées, et celui de quelques Divisions complexes.

Problème 2. Diviser 159 657 par 1432 ?

Je me contenterai d'indiquer ici cette opération qui appartient au calcul des fractions ordinaires, ainsi que les suivantes. J'en ai donné les règles ci-dessus.

Le quotient de cette Division est donc 111, et le reste 705, ensorte que le quotient exact est 111 $\frac{705}{1432}$.

$$\begin{array}{r|l} 159\,657 & 1\,432 \\ \hline 16\,45 & 111 \\ 2\,137 & \\ 705 & \end{array}$$

PROBLÈME 3. Diviser 278 829 par 5668 ?

Le quotient est donc 49 $\frac{1097}{5668}$.

$$\begin{array}{r|l} 278\,829 & 5\,668 \\ \hline 52\,109 & 49 \\ 1\,097 & \end{array}$$

PROBLÈME 4. Autre Division.

On voit que le quotient est 2865 $\frac{435}{2280}$. Divisant les deux termes de la fraction par 5, il vient $\frac{87}{456}$, dont les deux termes peuvent encore être divisés par 3, ce qui la réduit à $\frac{29}{152}$. Le quotient est donc 2865 $\frac{29}{152}$.

$$\begin{array}{r|l} 6\,532\,635 & 2\,280 \\ \hline 1\,972\,6 & 2\,865 \\ 148\,63 & \\ 11\,835 & \\ \cdot\cdot\,435 & \end{array}$$

PROBLÈME 5. Diviser 34 271 156 par 86 324 ?

Le reste de cette Division est une fraction susceptible de réduction. En effet, $\frac{528}{86324}$, en divisant les deux termes par 2, devient $\frac{264}{43162}$; divisant encore par 2, il vient $\frac{132}{21581}$. Ainsi le quotient de cette Division est 397 $\frac{132}{21581}$.

$$\begin{array}{r|l} 34\,271\,156 & 86\,324 \\ \hline 8\,373\,95 & 397\ \frac{528}{86324} \\ 604\,796 & \\ \cdot\cdot\,0\,528 & \end{array}$$

On aurait pu faire la réduction sur le dividende et le diviseur, ce qui aurait abrégé l'opération, ainsi qu'il suit :

Et comme on parviendra au même résultat, l'exactitude de l'opération sera complétement démontrée.

$$
\begin{array}{r|l}
34\ 271\ 156 & 86\ 324 \\ \hline
17\ 135\ 578 & 43\ 162 \\ \hline
8\ 567\ 789 & 21\ 581 \\
2\ 093\ 48 & 397\ \frac{112}{21\ 581} \\
151\ 199 & \\
..\ 132 &
\end{array}
$$

PROBLÈME 6. La distance de la terre au soleil est de 34 357 480 lieues, et celle de la lune à la terre, est de 86 324 lieues. Combien l'une de ces distances est-elle contenue de fois dans l'autre ?

On voit que la réponse à cette question dépend de la Division du premier nombre par le second, qui exige l'opération suivante :

Ainsi la distance de la lune à la terre est contenue 398 fois et $\frac{112}{21\ 581}$ dans celle de la terre au soleil.

$$
\begin{array}{r|l}
34\ 357\ 480 & 86\ 324 \\
8\ 460\ 28 & 398\ \frac{128}{86\ 324} \\
691\ 120 & \\
..\ 0\ 528 &
\end{array}
$$

PROBLÈME 7. Le diamètre de la terre est de 782 lieues géographiques, et celui de Saturne est de 28 194 lieues ; combien ce dernier contient-il de fois le premier ?

Le quotient est $36\frac{21}{191}$, en sorte que si l'on fesait le diamètre de la terre de dix parties, celui de Saturne en contiendrait $360\frac{210}{191}$, c'est-à-dire près de 361.

$$\begin{array}{r|l} 28\,191 & 782 \\ \hline 4\,734 & 36\frac{42}{782} \\ 42 & \end{array}$$

PROBLÊME 8. La révolution de la terre autour du soleil est de 365 jours 5 heures 49 minutes qui composent l'année solaire ; celle de la lune autour de la terre, ou le mois lunaire, est de 27 jours 7 heures 43 minutes. Combien y a-t-il de mois lunaires dans l'année solaire ?

Pour répondre à cette question, il faut diviser la première de ces quantités par la seconde ; et comme le quotient doit être un nombre de fois, il faut réduire ces quantités à la moindre espèce : le quotient sera un nombre *abstrait*, c'est-à-dire un nombre de fois.

$$\begin{array}{llll|llll}
365\text{j} & 5^\text{h} & 49' & & 27\text{j} & 7^\text{h} & 43' & \times\ 10 \\
3652\text{j} & 10^\text{h} & 10' & & 273\text{j} & 5^\text{h} & 10' & \times\ 6 \\
21914\text{j} & & 13^\text{h} & & 1639\text{j} & & 7^\text{h} & \times\ 2 \\
43829\text{j} & & 2^\text{h} & & 3278\text{j} & & 14^\text{h} & \times\ 2 \\
87658\text{j} & & 4^\text{h} & & 6557\text{j} & & 4^\text{h} & \times\ 6 \\
525949 & & & & 39343 & & & \\
132519 & & & & \multicolumn{3}{l}{13\ \frac{14}{39}\ \frac{490}{141}} & \\
14490 & & & & & & &
\end{array}$$

Le quotient est donc $13\frac{14}{39}\frac{490}{141}$, c'est-à-dire à peu près $13\frac{14}{191}$ ou $13\frac{1}{7}$.

§ 3. *Des Fractions décimales.*

Art. 33. Je dois dire encore un mot ici des fractions décimales qui facilitent beaucoup les calculs. On se dispense d'écrire le *dénominateur* de ces sortes de fractions, c'est-à-dire le diviseur, et l'on y supplée par une virgule. C'est la place de cette virgule, mise après les nombres entiers, qui fait connaître l'espèce des décimales. Ainsi 863,24 signifie 863 entiers et 64 centièmes. Pour multiplier ces deux nombres par 14 252, on ne fait point attention à la virgule ; et fesant l'opération à l'ordinaire, on trouvera le produit 1 230 289 648. Mettant ensuite la virgule avant les deux derniers chiffres comme dans le *multiplicande*, on trouvera le produit 12 302 896, 48, c'est-à-dire plus de 12 millions.

$$
\begin{array}{r}
86\ 324 \\
14\ 252 \\
\hline
172\ 648 \\
4\ 316\ 20 \\
17\ 264\ 8 \\
345\ 296 \\
863\ 24 \\
\hline
1\ 230\ 289\ 648 \\
16 \\
\hline
7\ 381\ 737\ 888 \\
12\ 302\ 896\ 48 \\
\hline
19\ 684\ 634\ 368
\end{array}
$$

Le produit de ce nombre par 16, sera 196 846 343 , 68 ou près de 197 millions.

On pourra passer ensuite à la multiplication complexe où le multiplicande et le multiplicateur contiennent des décimales.

Mais la règle est la même et ces détails nous mèneraient trop loin ici où ils ne sont pas nécessaires, se trouvant dans une infinité de livres. Je me contenterai de placer ici quelques observations sur l'usage des fractions décimales.

Art. 34. Ces fractions donnent un moyen pour comparer tout de suite une fraction à une autre. Si, par exemple, on voulait savoir quelle différence il y a entre la fraction décimale o, 242264 et la fraction ordinaire $\frac{969}{4000}$, en ajoutant six zéros au numérateur de cette dernière fraction, et l'on ferait la division.

$$969\ 000\ 000\ \big|\ \frac{4\ 000}{242\ 250}$$

qui donnerait la fraction o, 242 250 dont la différence avec la fraction proposée est o, ooo 014 ou $\frac{14}{1\ 000\ 000}$ ou $\frac{7}{500\ 000}$ et à peu près $\frac{1}{71\ 428}$ ou plutôt $\frac{1}{71\ 429}$ différence bien peu considérable.

On peut encore avoir à réduire en fractions décimales les autres fractions, comme dans le problême suivant :

L'année tropique est de 365 jours, 242 2640 ; combien cela fait-il en heures, secondes, minutes, tierces et quartes ?

Cette fraction équivaut à $\dfrac{242\ 264}{1\ 000\ 000}=$
$\dfrac{60\ 566}{250\ 000}=\dfrac{30\ 283}{115\ 000}$ jours, ou à $\dfrac{30\ 283\times24}{125\ 000}=$
$\dfrac{30\ 283\times3}{15\ 625}=\dfrac{90\ 849}{15\ 625}$ heures $=5^h\dfrac{12\ 724}{15\ 625}$. Cette
dernière fraction équivaut à $\dfrac{12\ 724\times12}{3\ 125}=$
$\dfrac{152\ 688}{3\ 125}$ minutes. Afin d'éviter ces divisions,
on peut laisser la fraction sous sa première
forme, et multiplier o, 242 264 par 24, ce
qui donnera 5,814 336 ou 5ʰ,814 336 ; multipliant ce dernier nombre par 60, on aura
48′,86016 ; multipliant encore ce dernier
nombre par 60, on aura 51″,6096 ; une
troisième multiplication par 60 donnera
36‴,576. On aura de la même manière
34ⁱᵛ,56. Enfin on aura 33ᵛ,6 ou 33ᵛ36ᵛⁱ.
Ainsi l'année tropique exprimée en fractions
ordinaires sera de 365j 5ʰ 48′ 51″ 36‴ 34ⁱᵛ
33ᵛ 36ᵛⁱ : et si l'on se borne aux quartes 365j
5ʰ 48′ 51″ 36‴ 35ⁱᵛ ou plutôt 365j 5ʰ 48′
51″ 36‴.

De même si l'on veut savoir ce que valent
en fractions ordinaires 13 secondes décimales, on observera que dans le calcul décimal du tems, le jour vaut 10h, l'heure 100′,
et la minute 100 secondes. Ainsi 13 secondes
décimales valent oj,0001 3. Multipliant par
24, l'unité devient des heures ordinaires, et

l'on a $0^h,00312$. Multipliant par 60, il vient des minutes, c'est-à-dire $0',1872$; la seconde multiplication par 60 donnera $11'',232$; la troisième $11''$ $13''',92$; la quatrième $11''$ $13'''$ $55^{iv},2$; et la cinquième $11''$ $13'''$ $55^{iv}, 12^{v}$ pour valeur exacte de la fraction décimale. Ainsi 13 secondes décimales valent, à très-peu près, $11''$ $14'''$ ordinaires.

La révolution sidérale de la lune est de $27^j,3216610716$; pour l'exprimer à la manière ordinaire, il faut d'abord multiplier la fraction décimale par 24 pour déterminer les heures, ce qui donnera $7^h,7198657184$. Multipliant à présent par 60, il vient $43'$, 191943104; puis de même $11'',51658624$; ensuite $30''',9951744$; $59^{iv},710464$; $42^{v}, 62784$; $37^{vi},6704$; $40^{vii},224$; $13^{viii},44$; $26^{ix},4$; 24^{x}. Cette révolution exprimée en nombres ordinaires sera donc de 27^j 7^h $43'$ $11''$ $30'''$ 59^{iv} 42^{v} 37^{vi} 40^{vii} 13^{viii} 26^{ix} 24^{x} et à peu près de 27^j 7^h $43'$ $11''$ $30'''$ 59^{iv} 43^{v}. Voyez l'observation placée après le chapitre suivant.

CHAPITRE III.

Des Rapports, des Proportions et des Progressions.

Art. 35. Chaque opération est l'origine

d'un *rapport*. On appelle rapport *arithmé-tique*, celui qui considère les nombres par leur différence; *géométrique*, par leur quotient ou le résultat de leur division; *exponenciel* par leur racine dont l'extraction le compose. Ainsi 3 moins 1 formé un rapport arithmétique dont la différence est 2, et ce rapport s'écrit 3—1; 12 divisé par 6 est un rapport géométrique dont le quotient ou la *raison* est 2, et il s'écrit 12 : 6. Enfin 144 *raciné* par 12 est un rapport exponenciel dont l'exposant est 2, et s'écrit 144 .·. 12. Deux rapports arithmétiques sont égaux lorsque leur différence est la même, et ils forment ainsi ce que l'on appelle une *proportion arithmétique*; par exemple le rapport arithmétique de 3 à 5 étant le même que celui de 7 à 9, puisque la différence est toujours 2, les quatre nombres 3, 5, 7, 9 forment une proportion arithmétique.

Les rapports géométriques 4 : 2 et 12 : 6 donnant tous deux le quotient 2, sont égaux; ainsi les nombres 4, 2, 12, 6, sont en proportion géométrique.

Les rapports exponenciels 4 .·. 2 et 144 .·. 12 donnant l'un et l'autre l'exposant 2, sont égaux; en sorte que les nombres 4, 2, 144, 12 forment une proportion exponencielle.

Il résulte de ces définitions un moyen de

connaître le quatrième terme d'une proportion dont les trois premiers sont connus.

Dans la proportion arithmétique, la différence des deux premiers termes étant connue, puisque les deux premiers termes le sont, il suffira de retrancher cette différence du troisième terme aussi connu, pour déterminer le quatrième. Si, par exemple, les trois premiers termes sont, 15, 7, 13, la différence des deux premiers termes est 8 ; retranchant 8 de 13, il restera 5 ; la proportion complète sera donc 15, 7, 13, 5 que l'on écrit 15 . 7 : 13 . 5.

Dans la proportion géométrique, le quotient du premier terme divisé par le second, étant connu, puisque les deux premiers termes le sont ; on divisera le troisième terme par ce quotient, et le quatrième sera déterminé. Si, par exemple, les trois premiers termes sont 27, 3, 18, le quotient de 27 divisé par 3 est 9 ; divisant donc 18 par 9, on aura 2, et la proportion complète sera 27, 3, 18, 2, que l'on écrit 27 : 3 :: 18 : 2.

Dans la proportion exponencielle, l'exposant du premier terme *raciné* par le second étant connu, puisque les deux premiers termes le sont, on *racinera* le troisième par cet exposant, et le quatrième sera déterminé. Si, par exemple, les trois premiers termes sont

27 , 3 , 64 , on racinera 27 par 3 , l'exposant sera 3. Prenant donc la racine cubique de 64 , on aura 4 , et la proportion complète sera 27 ·.· 3 ::: 64 ·.· 4.

Celle de ces proportions dont on fait le plus communément usage , est la proportion géométrique de laquelle je m'occuperai ici avant de parler des progressions. Les proportions géométriques dérivent de l'égalité des rapports , il en résulte que deux quantités sont en même raison que leurs parties semblables.

§ 1. *Des Proportions géométriques.*

Art. 36. La proportion géométrique , lorsque l'on veut en chercher le quatrième terme , exige une division , ce qui conduit souvent à des fractions. Afin d'éviter la division par une fraction , opération qui est quelquefois pénible , au lieu de commencer par chercher le quotient du premier terme divisé par le second , afin de diviser ensuite le troisième par ce quotient , on multiplie le second par le troisième , et l'on divise le produit par le premier , ce qui revient absolument au même. Ainsi dans l'exemple proposé où les trois nombres donnés étaient 27 , 3 , 18 , on multiplie 3 par 18 , ce qui donne

54 ; divisant ensuite 54 par 27, il vient 2,
comme on l'avait déjà trouvé.

C'est d'après ce principe que la proportion dont les trois premiers termes sont 22,
7, 20 522 880, donnera le quatrième terme
par le calcul suivant dont je place ici le
tableau détaillé, afin de familiariser le lecteur avec les procédés que je n'ai guère fait
qu'indiquer dans le premier chapitre de ce
livre, pour la multiplication et la division.

$$
\begin{array}{l}
\quad 20\ 522\ 880 \\
\underline{\hphantom{143\ 660\ 160}\ 7} \\
143\ 660\ 160\,|\,22 \\
11\ \ 6\quad\ \ \overline{\ 6\ 530\ 007\frac{6}{22}} \\
\ \ \ 66 \\
\ \ \ \ 0\ 160 \\
\ \ \ \ \ \ 6
\end{array}
$$

Ce quatrième terme est donc 6 537 007 $\frac{6}{22}$.
La fraction peut être réduite à $\frac{1}{11}$.

Si les trois premiers termes étaient 113,
355, 20 522 880, le calcul serait :

$$
\begin{array}{r}
20\ 522\ 880 \\
355 \\
\hline
102\ 614\ 400 \\
1\,026\ 144\ 00 \\
6\ 156\ 864\ 0 \\
\hline
7\ 285\ 622\ 400
\end{array}
$$

```
7 285 622 400 | 113
. 5o5          ─────────────────
.53 6            64 474 534 58/113.
 .8 42
  . 512
   .6o 4
    .3 9o
     . 51o
      .58
```

et l'on aura pour quatrième terme 64 474
534 $\frac{58}{113}$.

Si au contraire les trois premiers termes
étaient 355, 113, 20 522 880, le calcul
serait   20 522 880

```
        1 13
    ─────────────
    61 568 64o
   2o5 228 8
  2 o52 288
  ───────────────
  2 319 o85 44o | 355 ( divisé par 5. )
   463 817 o88   ───────────────
    37 8          71
     2 31        ─────────────
      187          6 532 635 1/71.
       45 o
        2 48
         358
          .3
```

ce qui donnerait pour troisième terme 6 532

635 $\frac{1}{74}$. On voit que la multiplication par 355 n'a pas été faite comme dans l'exemple précédent, et que j'y ai épargné d'écrire deux zéros. Le principe de cette abréviation n'a besoin que d'être indiqué.

Si l'on veut connaître le rapport de la masse de la terre à celle de la lune, on y parviendra par une règle de trois dont les deux premiers termes seront les cubes des deux diamètres qui sont exprimés en lieues, ainsi qu'on le verra dans la suite $(6\,532\,635\,)^3$, et $\left(\frac{782}{25}\right)^3 \times (57\,008)^3$. On voit qu'au lieu d'écrire $6\,532\,635 \times 6\,532\,635 \times 6\,532\,635$ j'écris $(6\,532\,635\,)^3$; cette désignation est usitée pour toutes les puissances. Le signe $\times$ signifie *multiplié par*.

Le rapport demandé sera donc celui de $6\,532\,635^3 \times 25^3$, à $782^3 \times 57\,008^3$, ou de $(6\,532\,635 \times 25)^3$ à $(782 \times 57\,00\,8)^3$ ou de $163\,315\,875^3$ à $44\,580\,256^3$.

Je retranche les cinq derniers chiffres, comme n'ayant pas besoin d'une plus grande précision, et je trouve en élevant au cube, c'est-à-dire, en multipliant deux fois de suite par eux-mêmes les nombres 446 et 1633, leurs cubes $88\,716\,536$ et $4\,354\,703\,137$. Retranchant encore les cinq derniers chiffres de ces deux nombres, il ne me reste plus qu'à diviser 43547 par 887, ce qui me donne pour

quotient $49\frac{84}{887}$. Ainsi la terre est 49 fois
plus grosse que la lune.

Autre Problème. On sait qu'un degré de
la circonférence du globe terrestre est de
57008 toises, et que la distance du soleil à
la terre est de 34 357 480 lieues de 25 au
degré. On demande quelle est la distance de
la terre au soleil en toises? C'est ce que l'on
trouvera par la proportion suivante:

$$25 : 57\,008 : : 34\,357\,480 : \ldots, \text{ou en divi-}$$
$$\text{sant par 5,}$$

$$5 : 57\,008 : : 6\ 871\,496 :$$
$$57\,008$$
$$\overline{54\,971\,968}$$
$$48\ 100\ 472$$
$$343\ 574\ 80$$
$$\overline{391\ 730\ 243\ 968}$$
$$78\ 346\ 048\ 793\ \tfrac{1}{5}.$$

Ainsi la distance de la terre au soleil, exprimée en toises est de 78 346 048 793 $\frac{1}{5}$
ou plus de 78 billions.

Si l'on voulait évaluer le diamètre du soleil,
en le supposant proportionnel à celui de la
terre, eu égard à leur distance à la lune,
on pourrait faire la proportion suivante:

La distance du soleil à la lune est de 34

217 156 lieues lorsqu'il en est le plus près ; la distance moyenne de la lune à la terre est de 86 324 lieues ; enfin le diamètre de la terre est de 2864 lieues ; le quatrième terme de cette proportion dépendra donc du calcul suivant :

$$34\ 271\ 156 : 86324 :: 2864 : ., \text{ ou en divisant par } 4,$$

$$8\ 567\ 789 : 21\ 581 :: 2864 :$$

$$
\begin{array}{r}
2\ 864 \\
\hline
86\ 324 \\
1\ 294\ 86 \\
17\ 264\ 8 \\
43\ 162 \\
\hline
\end{array}
$$

$$61\ 807\ 984 \ \big|\ 8\ 567\ 589$$
$$1\ 833\ 461 \ \big|\ 7\ \tfrac{1\ 811\ 461}{8\ 567\ 789}$$

Ce quatrième terme est donc à peu près 7 $\frac{18}{26}$ ou 7 $\frac{9}{43}$. Si l'on veut une fraction plus simple on pourra se contenter d'une moindre approximation et le quatrième terme sera 7 $\frac{18}{24}$ ou 7 $\frac{3}{14}$ ou 7 $\frac{1}{3}$.

On voit que ce quatrième terme ne donne aucun résultat satisfaisant. Mais le si le premier terme de cette proportion en devenait le troisième, on aurait :

$$86324 : 2864 :: 34\,271\,156 : .. , \text{ou, en divi-}$$
$$\text{sant par } 4,$$

$$21\,581 : 716 :: 34\,271\,156 :$$

$$
\begin{array}{r}
716 \\
\hline
205\,626\,936 \\
342\,711\,56 \\
23\,989\,809\,2 \\
\hline
\end{array}
$$

$$
\begin{array}{r|l}
24\,538\,147\,696 & 21\,581 \\
2\,957\,1 & \overline{1\,137\,025 \frac{11\,171}{21\,581}} \\
.\;799\,04 & \\
.\;151\,617 & \\
.\;0\,550\,69 & \\
0\,119\,076 & \\
11\,171 & \\
\end{array}
$$

Ainsi, dans cette proportion, le diamètre
du soleil devrait avoir $1\,137\,025\frac{1}{2}$ lieues
ce qui serait beaucoup trop fort, comme on
le verra dans la suite, lorsqu'il sera question de cette mesure. Je ne dois m'occuper ici que des rapports et des proportions
pris abstractivement.

§. 2. *Des Progressions.*

Art. 37. Lorsque plusieurs rapports arithmétiques égaux sont écrits de suite, on ne répète pas le nombre qui se trouve être le second
du premier rapport et le premier du second

rapport, et ces nombres écrits ainsi sans répétition, forment une *progression arithmétique*. C'est par cette raison que les nombres 10, 8, 6, 4, 2 sont en progression arithmétique, dont la différence constante est 2.

Les nombres 32, 16, 8, 4, 2 sont en *progression géométrique*, parce que chacun d'eux, divisé par celui qui le suit, donne le quotient 2.

Les nombres 256, 16, 4, 2, sont en *progression exponencielle*, parce que chacun d'eux, raciné par celui qui le suit, donne l'exposant 2.

Tels sont les principes généraux de l'arithmétique. Je vais passer à l'*algèbre* qui a été nommée avec raison l'arithmétique universelle.

OBSERVATION.

Sur les Puissances et les Racines.

Après le chapitre 2 où j'ai parlé des fractions, il aurait peut-être été bien fait de placer un chapitre sur les puissances et les racines, tels qu'on le trouvera dans mon Traité d'arithmétique, seconde édition.

On y parlera d'abord des carrés dont le Père Prestet a donné une table fort étendue. Par exemple, le carré de 446 est 198 916, et celui de 1633 est 2 666 689.

Lorsque les nombres sont fort grands, tels que 44 680 256 et 163 315 875, on se contentera de prendre les premiers chiffres en supposant que les derniers sont des zéros, et le calcul en sera plus simple ; à la vérité, les résultats ne seront qu'approchés. Par exemple, si l'on retranche les cinq derniers chiffres des deux nombres précédens, on aura 446 et 1633 dont les carrés viennent d'être donnés. Si l'on retranche seulement quatre chiffres, on aura 4468 et 16332 dont les carrés seront plus compliqués, mais plus exacts.

Prestet a publié aussi la table des nombres cubes. Je me contenterai de donner ici pour exemple 446, dont le cube est 88 716 536, et 1633 dont le cube est 4 354 703 137.

LIVRE SECOND.
De l'Algèbre.

Art. 38. L'Algèbre est une science qui donne les moyens de ramener à des règles générales la solution de toutes les questions que l'on peut proposer sur les quantités.

Comme ces règles, pour être générales, ne doivent pas dépendre des valeurs particulières des quantités que l'on considère, mais seulement de la nature de chaque question, on emploie, pour les représenter, des signes généraux qui, n'ayant aucune relation plus particulière avec un nombre qu'avec tout autre, ne représentent que ce que l'on convient de leur faire représenter. De plus, ces signes, qui sont les lettres de l'alfabet, restant toujours les mêmes dans la suite d'un calcul, offrent, dans les résultats des opérations, des traces de la route que l'on a tenue pour arriver à ces résultats. Dans l'Arithmétique, si le résultat d'une opération est 12, rien n'indique si 12 est le produit de 3 par 4, ou la somme de 5 et de 7, et ainsi des autres; en algèbre, au contraire, lorsque l'on est convenu de représenter 3 par a, 4 par b, les signes a et b se retrouvant dans leur produit, dans leur somme, etc., on voit dans ces résultats quelles étaient les quantités sur lesquelles on a opéré.

On voit que le principe général de l'Algèbre est que l'on y représente par des lettres les quantités que l'Arithmétique désigne par des nombres. C'est ainsi que l'Algèbre généralise les résultats de l'Arithmétique. Par exemple, la progression arithmétique est représentée généralement par a, $a+b$, $a+2b$, $a+3b$, $a+4b$, etc.; la progression géométrique par a, ab, ab^2, ab^3, ab^4, etc.; la progression exponencielle par a, $a \cdot\cdot b$, $a \cdot\cdot b^2$, $a \cdot\cdot b^3$, $a \cdot\cdot b^4$, etc.; et ainsi des autres. Les notions et les règles que je vais exposer, développeront davantage cette légère idée que je donne de l'Algèbre.

Art. 39. Pour abréger, nous emploierons à l'avenir les signes suivans:

Le signe $+$ se prononce *plus*, et désigne l'Addition; ainsi, $3 + 12$, $a + b$, signifient 3 ajouté à 12, a ajouté à b, et se prononcent 3 plus 12, a plus b. Ce signe indique le résultat de l'addition de deux nombres quelconques, ou l'addition de deux nombres.

Une quantité qui n'est précédée d'aucun signe, est censée l'être du signe $+$; ainsi, a, ab, sont la même chose que $+a$, $+ab$.

Le signe $-$, devant une quantité, se prononce *moins*, et désigne la Soustraction. Ainsi, $12 - 3$, $a - b$, se prononcent 12 moins 3, a moins b; et $a - b$ est en général la différence de deux nombres.

Le signe $\pm$ signifie *plus ou moins*; ainsi, $a \pm b$ se prononce a plus ou moins b. Le signe $\mp$ signifiera *moins ou plus*; $a \mp b$ se prononce a moins ou plus b.

Le signe $\times$ se prononce *multiplié par*, et désigne la Multiplication. 12×3, $a \times b$, se prononcent 12 multiplié par 3, a multiplié par b, et $a \times b$ est le signe du produit de deux nombres. Souvent, au lieu du signe $\times$, on emploie un point. $a \times b$ est la même chose que $a.b.$; quelquefois on supprime entièrement l'un et l'autre de ces deux signes, et l'on écrit tout simplement ab.

Pour indiquer la Division, on écrit le dividende au dessus d'une barre, au dessous de laquelle on place le diviseur; ainsi $\frac{a}{b}$ signifie a divisé par b, et se prononce ainsi. On voit que ce signe est analogue à celui qui a été donné pour les fractions (*art.* 24), et que je lui conserve ici la même valeur que dans l'Arithmétique.

La puissanciation s'indique par deux points ; en sorte que $a \cdot\cdot b$ signifie a puissancié par b. on écrit ordinairement a^b.

L'extraction des racines est désignée par $\cdot\cdot\cdot$, et $a \cdot\cdot\cdot b$ veut dire a raciné par b, ou la racine b de a.

Enfin la recherche des exposans a pour signe $::$, et $a :: b$ désigne a exponencié par b, ou l'exposant b de la racine dont la puissance est a.

Ces signes se mêlent les uns avec les autres ; et, par exemple, on écrit $(a+b)\times(p+q)$, pour signifier que la somme de a et b doit être multipliée par celle de p et q. On conçoit aisément que les parenthèses peuvent être employées à cet usage.

Le signe $=$ indique l'égalité. Ainsi $12+3 = 15$, $a = b$, se prononcent $12+3$ égalent 15, a égale b.

Les signes $>$ et $<$ signifient, le premier, *plus grand que*, le second, *plus petit que*. $a > b$ se prononce a plus grand que b, ou a est plus grand que b. On voit qu'en général ce signe est un petit angle dont la pointe est du côté de la plus petite quantité.

Une explication trop détaillée de tous ces signes et de quelques autres, nous mènerait trop loin, et ce n'est pas un cours de mathématiques qu'il s'agit de faire ici. Je n'ai voulu que donner une idée des élémens de cette belle science, en m'attachant surtout aux principes dont j'aurai besoin dans la suite. Ceux de l'algèbre demandent encore quelques développemens que je vais donner ici.

Art. 40. On appelle ordinairement *termes* les parties d'une quantité algébrique, comprises entre les signes $+$ et $-$. La quantité $+a-b+c-dr$ est donc composée de quatre termes, savoir $+a$, $-b$, $+c$, $-dr$. Cette définition du mot *terme* en algèbre n'est pas rigoureuse; il s'emploie souvent avec d'autres acceptions ou pour des quantités séparées par d'autres signes que $+$ et $-$.

Art. 41. Un terme est *positif*, s'il est précédé du signe $+$, *négatif* s'il est précédé du signe $-$.

Art. 42. Une quantité est *monome*, *binome*, *trinome*, etc., selon qu'elle est composée d'un seul terme, ou de deux, de trois, etc., termes et *polinome* si le nombre de ses termes est indéfini.

Art. 43. Un nombre qui précède les lettres d'un terme, est le *coëfficient* de ce terme. Dans le binome $-2a+3bd$, 2 est le coëfficient du premier terme et 3 le second.

Plus généralement, on appelle *coëfficient* d'une lettre quelconque, toute quantité qui la multiplie. Ainsi dans l'expression $3ab$, $3a$ est le coëfficient de b, et $3b$ celui de a.

Art. 44. Lorsque le coëfficient d'un terme est l'unité, on ne l'écrit point. Ainsi $a = 1a$, $bc = 1bc$.

CHAPITRE PREMIER.
Des Opérations algébriques.

Art. 45. On fait en algèbre sur les quantités considérées généralement, et représentées par des lettres, les mêmes opérations qu'en arithmétique sur les nombres; mais avec cette différence, qu'elles ne sont souvent qu'indiquées par les signes $+$, $-$, etc.

Art. 46. Avant de parler de ces opérations, j'observerai 1°. que pour plus de clarté, on dispose ordinairement les termes et les lettres de chaque terme dans l'ordre alfabétique.

Art. 47. 2°. Que lorsqu'une quantité contient plusieurs termes *semblables*, c'est-à-dire composés des mêmes lettres, il faut les réduire à un seul, ou les effacer s'ils se détruisent. Cette règle renferme trois cas.

I. Les termes semblables précédés tous du signe $+$ ou tous du signe $-$, se réduisent à un seul, précédé de ce signe et d'un coëfficient égal à la somme des coëfficiens de tous ces termes. Ainsi au lieu de $aa + 2ac + 3ac$, on écrira $aa + 5ac$; au lieu de $bb - 3bc - bc + bcd$, on écrira $bb - 4bc + bcd$.

II. Cette réduction faite, s'il reste deux termes semblables, ils seront précédés, l'un du signe $+$, l'autre du signe $-$; on les réduira à un seul, précédé de la différence des deux coëfficiens, et du signe du plus grand de ces coëfficiens. Par exemple la quantité $3ac + 2acc - ac$ se réduit à $2ac + 2acc$. De même la quantité $bd - 2bd + bdd - 3bdd$ se réduit à $- bd - 2bdd$.

III. Quand des termes semblables, précédés l'un du signe $+$, l'autre du signe $-$, ont des coëfficiens égaux, on efface entièrement ces termes. Ainsi la quantité $aa + 2ab - 2ab + bb$ se réduit à celle-ci, $aa + bb$.

Par ces différentes réductions, dont la raison est évidente, la quantité $ad - alf + 2adf - 2adf - ad$ devient seulement $-adf$.

§. 1. *De l'addition et de la soustraction algébriques.*

Art. 48. Pour ajouter les quantités algébriques, on écrit leurs termes à la suite les uns des autres, avec leurs signes tels qu'ils sont, et l'on fait les réductions nécessaires.

Ainsi pour ajouter a et b, on écrit $a + b$, et non pas ab, puisque a et b sont la même chose que $+ a + b$, et que ce serait réduire deux termes différens à un seul.

Pour ajouter $ab + c$ et $a - c$, on écrit $ab +$

$c + a - c$, et en réduisant, $ab + a$, que l'on écrira plus régulièrement $a + ab$. La somme de $- b$ et de a est $a - b$. Enfin la somme des quantités $ab - ad + 3bd$, $ad - bd$, $ab - ad + dd$, est $ab - ad + 3bd + ad - bd + ab - ad + dd$ en réduisant, $2ab - ad + 2bd + dd$.

Art. 49. La réduction est la seule opération réelle dans l'addition algébrique, qui n'est absolument qu'indiquée; en sorte que l'addition est beaucoup plus facile en algèbre qu'en arithmétique; et l'on verra qu'il en est de même en général des opérations de l'algèbre élémentaire.

Art. 50. Pour opérer la soustraction sur les quantités algébriques, changez, dans la quantité à soustraire, les signes $+$ en $-$, et les signes $-$ en $+$; écrivez ensuite cette quantité après celle dont vous voulez la soustraire, et réduisez.

Ainsi pour retrancher de $ab + abb - dd$ la quantité $ad - bc + dd$, vous écrirez $ab + abb - dd - ab + bc - dd$, et réduisant, vous aurez pour différence $abb + bc - 2dd$.

On change $-$ en $+$ dans la quantité à soustraire $-$: en effet s'il s'agit de retrancher, par exemple, $b - d$ de a, et que l'on écrive d'abord $a - b$, comme ce n'est pas b tout entier, mais $b - d$, qu'il faut soustraire, il est évident qu'on retranche de trop toute la quantité d, il faut donc, pour l'exactitude de la soustraction, ajouter d à $a - b$, et écrire $a - b + d$.

Dans les nombres, pour soustraire $8 - 3$ de 12, on réduirait d'abord $8 - 3$ à 5 qu'on retrancherait de 12, et l'on aurait 7 pour reste; mais on pourrait, comme en algèbre, écrire $12 - 8 + 3$, ce qui donnerait également 7; et c'est ce dernier parti qu'on prend nécessairement en algèbre, la réduction préliminaire qui se fait sur les nombres, ne pouvant se faire sur les lettres, à moins que les termes ne soient semblables.

§. 2. *De la multiplication algébrique.*

Art. 51. Le but de la multiplication est le même en arithmétique et en algèbre. Multiplier a par b, c'est prendre la quantité représentée par a autant de fois qu'il y a d'unités dans la quantité représentée par b (*art.* 16).

Art. 52. Mais la multiplication des lettres ne fait que s'indiquer; pour multiplier, par exemple, a par b, ab par cd, on écrit seulement ab, $abcd$. En général pour multiplier plusieurs monomes les uns par les autres, la règle, pour les lettres, est de les écrire

de suite, sans les séparer par aucun signe.
Ainsi $a \times cd \times rs = acdrs$.

Art. 53. Lors donc que nous rencontrerons une quantité composée de plusieurs lettres de suite sans aucun signe, nous conclurons que cette quantité est un produit dont chacune de ces lettres est un facteur; abc, par exemple, $= a \times b \times c$; c'est un produit, dont a, b, c, sont les facteurs.

Art. 54. Quel que soit l'ordre des lettres, la valeur des produits est toujours la même. (*Art.* 16).

Art. 55. Si les monomes à multiplier sont précédés de coëfficiens, il faut d'abord prendre le produit de ces coëfficiens, suivant les règles de l'arithmétique. Ainsi, pour multiplier $5a$ par $3b$, je multiplie 5 par 3, puis a par b, et j'ai pour produit $15\,ab$, de même $5a \times abd \times 3rs = 30\,abdrs$.

Art. 56. Le produit de deux monomes précédés tous deux du signe $\times$, ou tous deux du signe $-$, est positif; mais il est négatif, si ces signes diffèrent dans les deux facteurs. J'en donnerai la raison dans la suite de ce paragraphe (*Art.* 64).

Ainsi $a \times b$, ou $-a \times -b = ab$; $a \times -b$, ou $-a \times b = -ab$. De même $3a \times -b \times 2c = -6\,abc$, en multipliant d'abord $3a$ par $-b$, et ensuite le produit $-3ab$ par $+2c$.

Art. 57. Il suit de la règle (*art.* 52) que $a \times a = aa$; que $a \times a \times a \times a \times a$ etc. $aaaaa \times$, etc. Mais lorsque les facteurs ne sont composés que de la même lettre répétée une ou plusieurs fois, on est convenu de n'écrire cette lettre au produit qu'une fois, et de marquer par un chiffre que l'on appelle *exposant*, et que l'on place un peu au-dessus de la lettre et à sa droite, combien de fois cette lettre est facteur, et par conséquent combien de fois elle eût dû être écrite. Ainsi au lieu de aa, on peut écrire a^2; de même $aaaaa = a^5$; $a^3 b^2 c = aaabbc$, et, dans cette quantité, a est facteur trois fois, b deux fois, c une fois, quoique l'exposant de c ne soit point exprimé. Car toute lettre dont l'exposant n'est point marqué, est censée avoir un pour exposant.

Art. 58. Il y a cette différence entre le coëfficient et l'exposant, que le premier indique une addition faite, le second une multiplication. Ainsi $3a = a + a + a$, et $a^3 = a \times a \times a$ ou aaa; en sorte que si a, par exemple, $= 5$, $3a = 15$, et $a^3 = 125$.

Art. 59. Pour avoir le produit des lettres semblables, il ne faut qu'ajouter leurs exposans ; $a^5 \times a^3 = a^8$, puisque pour multiplier $aaaaa$ par aaa, il faudrait écrire 8 fois la lettre a. De même $a^2 b^3 cd \times a^3 b^2 c = a^5 b^5 c^2 d$.

Art. 60. En résumant, nous trouverons pour la multiplication de deux termes algébriques,

1°. Que le produit des signes semblables est positif, et celui des signes différens, négatif;

2°. Qu'il faut multiplier les coëfficiens l'un par l'autre, par la méthode donnée en arithmétique.

3°. Qu'il faut écrire les lettres de suite, sans aucun signe entre elles;

4°. Que pour multiplier une lettre par elle-même, il ne faut l'écrire qu'une fois, mais avec un exposant égal à la somme des deux exposans qu'elle avait.

Art. 61. La multiplication des polinomes se fait comme en arithmétique, en multipliant successivement, d'après les règles que nous venons de donner pour les monomes, chacun des termes du multiplicande, par chaque terme du multiplicateur. Il est indifférent de commencer par la droite ou par la gauche des facteurs; je prendrai ce dernier parti qui est plus en usage, quoique contraire à ce qui se pratique dans la multiplication des nombres.

Proposons-nous de multiplier $a + 3c - d$ par $2a - d$.

$a+3c-d$ multiplicande.

$2a-d$ multiplicateur.

$2aa+6ac-2ad$ produit par le premier terme du multiplicateur.

$-ad-3cd+dd$ produit par le second.

$2aa+6ac-3ad-3cd+dd$ produit total réduit.

J'écris le multiplicateur sous le multiplicande. Je multiplie d'abord a par $2a$; le produit est $2aa$; ensuite $+3c$ par $2a$, le produit est $+6ac$; puis $-d$ par $2a$; le produit est $-2ad$. Je passe au second terme du multiplicateur, qui est $-d$, et je multiplie de même a, puis $3c$, et enfin $-d$ par ce second terme; les produits sont $-ad$, $-3cd$, $+dd$. J'ajoute ces produits avec ceux par $2a$, et fesant la réduction, j'ai pour produit total $2aa+6ac-3ad-3cd+dd$.

Art. 62. Voici d'autres exemples.

$$
\begin{array}{lll}
a+b & a+b & a^2+2ab+b^2 \\
a-b & a+b & a+b \\
\hline
a^2+ab & a^2+ab & a^3+2a^2b+ab^2 \\
-ab-b^2 & ab+b^2 & ab^2+2ab^2+b^3 \\
\hline
\text{Réduction } a^2-b^2 & a^2+2ab+b^2 & a^3+3a^2b+3ab^2+b^3
\end{array}
$$

$$
\begin{aligned}
& a^3+3a^2b+3ab^2+b^3 \\
& a^3-3a^2b+3ab^2-b^3 \\
\hline
& a^6+3a^5b+3a^4b^2+a^3b^3 \\
& -3a^5b-9a^4b^2-9a^3b^3-3a^2b^4 \\
& +3a^4b^2+9a^3b^3+9a^2b^4+3ab^5 \\
& -a^3b^3-3a^2b^4-3ab^5-b^6 \\
\hline
& \text{Réduction } a^6-3a^4b^2+3a^2b^4-b^6
\end{aligned}
$$

E

Art. 63. Souvent on ne fait qu'indiquer la multiplication de deux facteurs polinomes, en les séparant par le signe $\times$ et tirant une ligne au-dessus de chacun d'eux, ce qui signifie que la multiplication doit se faire entre tous leurs termes. Ainsi pour indiquer qu'il faut multiplier $a + b$ par $a + c$, on écrit $\overline{a+b} \times \overline{a+c}$: cette multiplication s'indique aussi de la manière suivante, $(a + b)\,(a + c)$; ou par un point entre deux lignes, $\overline{a+b} . \overline{a+c}$.

Art. 64. Il nous reste à démontrer que $- \times + = -$, et que $- \times - = +$. Par exemple, lorsque je multiplie par $+ c$ la quantité $+ a - b$, j'ai $+ a \times + c = + ac$, et $- b \times + c = - bc$, et pour produit total $+ ac - bc$. En effet par la première opération, je multiplie a tout entier par c; mais je ne devais multiplier par c que $a - b$; j'ai donc multiplié de trop la quantité b dont a devait être diminué; il faut par conséquent, du produit ac retrancher la quantité bc. Donc le produit par c de la quantité $a - b$, est $ac - bc$.

De même lorsque je multiplie $a - b$ par $c - d$ le premier produit, de $a - b$ par c, savoir : $ac - bc$, est trop grand de toute la quantité $a - b$ multipliée par d, puisque j'ai multiplié $a - b$ par c tout entier, et que je ne devais multiplier que par $c - d$; du produit

$ac - bc$, il faut donc retrancher le produit par d de $a - b$; ce produit est $ad - bd$, et pour le soustraire de $ac - bc$, il faut (*art.* 50) l'écrire à la suite, en changeant les signes; donc le produit total sera $ac - bc - ad + bd$, et le produit de $-b$ par $-d$ est par conséquent $+bd$.

Si l'on substitue des nombres aux lettres a, b, c, d, dans ces deux démonstrations, elles deviendront plus faciles à comprendre.

§ 3. *De la Division algébrique.*

Art. 65. 1.º Si le dividende et le diviseur ont le même signe, le quotient aura le signe $+$; s'ils ont différens signes, il aura le signe $-$. Cette règle est fondée sur ce qu'il est nécessaire que le quotient multiplié par le diviseur reproduise le dividende tel qu'il était, et par conséquent avec les mêmes signes.

Art. 66. 2.º Divisez selon les règles de l'arithmétique, le coëfficient du dividende par celui du diviseur.

Art. 67. 3.º Si toutes les lettres du diviseur se trouvent dans le dividende, supprimez-les; celles qui resteront, seront le quotient. Car le dividende est formé des lettres du diviseur et du quotient écrites de suite et sans signe interposé (*art.* 52); en effaçant les lettres du diviseur, il reste donc celles du quotient. Ainsi $\frac{ab}{a} = b$, $\frac{8a^3}{4a^2}$ ou $\frac{8aaa}{4aa} = 2a$; et $\frac{7a^3 d^2 c}{3a^2 c} = \frac{7ad^2}{3}$ en effectuant la division sur les lettres seulement, la division exacte des coëfficiens n'étant pas possible.

Art. 68. 4.° On voit que la division des lettres semblables se réduit à retrancher l'exposant de celles du diviseur, de l'exposant de leurs semblables dans le dividende : $\frac{a^5}{a^3} = a^{5-3} = a^2$, $\frac{a^5 b^3 c^2 d}{a^3 bc} = a^{5-3} b^{3-1} c^{2-1} d = a^2 b^2 cd$.

Art. 69. Il résulte seulement de cette Soustraction, que le quotient de deux lettres affectées d'exposans égaux, prend une forme différente de celle qu'il aurait eue en suivant la règle donnée (*art.* 67). Par exemple, en fesant la Soustraction des exposans $\frac{a^5}{a^5} = a^{5-5} = a^0$; et en effaçant les lettres semblables $\frac{a^5}{a^5}$, ou $\frac{aaaaa}{aaaaa}$ ou (*art.* 44) $\frac{1aaaaa}{1aaaaa} = 1$; d'où il suit que a^0 est la même chose que 1, et en général que toute quantité qui a 0 pour exposant vaut 1, puisque a représente une quantité quelconque.

Art. 70. 5.° Si aucune des lettres du diviseur ne se trouve dans le dividende, la division ne peut que s'indiquer; pour diviser a

par b, et a^5b^2 par c^5d^5, on écrit seulement
$\frac{a}{b}$, $\frac{a^3b^2}{c^2d^4}$.

Art. 71. 6.° Si le dividende ne contient
que quelques-unes des lettres du diviseur, on
supprime également dans l'un et dans l'autre,
les lettres semblables ; puis on indique la Division sous la forme de fraction, comme on
vient de le voir. Ainsi, $\frac{a^3b^2c}{a^2bd} = \frac{abc}{d}$, en effaçant a^2b dans les deux termes de cette frac-
tion ; ce qui ne fait que la simplifier, sans
en changer la valeur, puisque c'est diviser
chacun de ses deux termes par une même
quantité.

Art. 72. De-là il résulte que $\frac{a^2}{a^5}$, ou $\frac{1aa}{aaaaa} = \frac{1}{a^3}$;
mais (*art.* 68), $\frac{a^2}{a^5} =$ aussi a^{2-5}, ou a^{-3} ; de
même $\frac{a^3}{a^5} = \frac{1}{a^2}$, ou a^{3-5} ou a^{-2}. Donc, en général, une lettre affectée d'un exposant né-
gatif est égale à l'unité divisée par cette même
lettre affectée du même exposant devenu
positif.

Art. 73. La règle donnée (*art.* 71), s'applique de même, dans les polinomes, aux
lettres communes en même tems à tous les
termes du dividende et du diviseur. Ainsi,
$\frac{a^5+4a^4b-5a^2b^3}{a^3-5a^2b} = \frac{a^3+4a^2b-5b^3}{a-5b}$, en suppri-

mant dans chaque terme le facteur commun a^2.

Art. 74. Il n'y a point de règles générales pour reconnaître, par l'inspection, si la Division exacte est possible. Pour la tenter, lorsqu'on le juge à propos, et trouver le quotient, on opère comme je vais l'exposer.

On *ordonne*, pour plus de facilité, les termes du dividende et du diviseur, par rapport à une même lettre quelconque, c'est-à-dire qu'on les dispose de manière que l'exposant de cette lettre décroisse consécutivement de gauche à droite.

On divise ensuite, d'après les règles de la Division des monomes, le premier terme du dividende par le premier terme du diviseur, et l'on écrit le quotient sous le diviseur.

On multiplie terme à terme tout le diviseur par le quotient; et pour soustraire du dividende ce produit, on en change les signes (*art.* 50); puis on l'ajoute au dividende en l'écrivant au dessous, et l'on fait la réduction en termes semblables.

On écrit le reste au dessous, pour commencer une seconde Division de la même manière, en prenant pour premier terme de ce nouveau dividende, celui de ses termes où se trouve le plus fort exposant de la lettre par rapport à laquelle on a ordonné.

Exemple.

$$
\begin{array}{ll}
\text{Premier Dividende.} & a^2 - bb \\
& -a^2 - ab \\ \hline
\text{Second Dividende.} & -ab - bb \\
& +ab + bb \\ \hline
& 0
\end{array}
\qquad
\begin{array}{l}
a + b \ \text{diviseur.} \\
a - b \ \text{quotient.}
\end{array}
$$

J'ordonne les termes dans le dividende et dans le diviseur, par rapport à une des deux lettres a ou b; à a par exemple.

Je divise aa par a, le quotient est a; par ce quotient je multiplie le diviseur, le produit est $aa + ab$, que j'écris, en changeant les signes, sous le dividende; et réduisant, j'efface aa et $-aa$ qui se détruisent. Il reste pour nouveau dividende $-ab - bb$.

Dans ce second dividende, je prends $-ab$ pour premier terme, et le divisant par a, j'écris $-b$ au quotient; multipliant le diviseur par $-b$, le produit est $-ab - bb$, dont je change les signes, et que j'écris sous le second dividende $-ab - bb$. Réduction faite, il ne reste rien; le quotient exact est donc $a - b$.

Autres exemples de Division.

$$
\begin{array}{l}
\quad\quad\quad\quad\quad\quad\quad\quad\quad\quad \text{Diviseur.} \\
1^{er}. \left\{
\begin{array}{l}
-20a^4 + 13a^3b + 19a^2b^2 - 5ab^3 \\
\quad -10a^3c - 6a^2bc + 2ab^2c \\
+20a^4 + 12a^2b - 4a^2bb
\end{array}
\right.
\left|
\begin{array}{l}
-5a^2 - 3ab + bb \\
\quad\quad \text{quotient} \\
4a^2 - 5ab + 2ac
\end{array}
\right. \\ \hline
+25a^3b + 13a^2b^2 - 5ab^3 - 10a^3c - 6a^2bc + 2ab^2c
\end{array}
$$

$$2^d \text{ divid.} \left\{ \begin{array}{l} +25a^3b + 15a^2b^2 - 5ab^3 \\ -10a^3c - 6a^2bc + 2ab^2c \end{array} \right.$$

$$3^e \text{ divid.} \quad \begin{array}{l} -25a^3b - 15a^2b^2 + 5ab^3 \\ \hline -10a^3c - 6a^2bc + 2ab^2c \\ +10a^3c + 6a^2bc - 2ab^2c \\ \hline \hphantom{xxxxxxxxxxxxxxxxxxxxx} 0 \end{array}$$

$$1^{er} \text{ divid.} \quad \begin{array}{l} a^4 + 2a^2b^2 + b^4 - c^4 \\ -a^4 - a^2b^2 - a^2c^2 \\ \hline \end{array} \left\{ \begin{array}{l} a^2+b^2+c^2 \text{ diviseur} \\ \hline a^2+b^2-c^2 \text{ quotient.} \end{array} \right.$$

$$2^d \text{ divid.} \quad \begin{array}{l} a^2b^2 + b^4 - c^4 \\ -a^2c^2 \\ -a^2b^2 - b^4 - b^2c^2 \\ \hline \end{array}$$

$$3^e \text{ divid.} \quad \begin{array}{l} -a^2c^2 - b^2c^2 - c^4 \\ +a^2c^2 + b^2c^2 + c^4. \\ \hline \hphantom{xxxxxxxxxxxxxxxxxx} 0 \end{array}$$

Art. 75. Lorsque la lettre par rapport à laquelle on ordonne, se trouve affectée du même exposant dans plusieurs termes, il est à propos de les écrire comme on le voit dans le premier dividende du premier de ces deux exemples, où les quantités a^3, a^2 et a se trouvent répétées chacune dans deux termes. Souvent même on se contente d'écrire ces quantités une seule fois en tête de chaque colonne verticale. Alors tous les termes de la colonne sont censés affectés de la même puissance de la lettre par rapport à laquelle on ordonne. Ainsi au lieu de

$$\left. \begin{array}{l} a^4 + 3a^3b \\ -2a^3c \\ +4a^3d \end{array} \right\}, \text{ on}$$

peut écrire

$$\left. \begin{array}{l} a^4 + 3a^3b \\ -2c \\ +4d \end{array} \right\} ; \text{ les termes } -2c \text{ et}$$

$+4d$ sont alors censés multipliés par a^3, parce qu'ils sont dans la colonne dont le premier terme est affecté de cette puissance de a.

CHAPITRE II.

Des Fractions algébriques.

Art. 76. Ces fractions se calculent de la même manière que les fractions numériques, mais en y appliquant en même temps les règles d'algèbre données dans le chapitre précédent.

Art. 77. Ainsi en algèbre comme en arithmétique, une fraction divisée dans ses deux termes par une même quantité, ne change point de valeur ; elle est seulement réduite à une expression moins composée.

Art. 78. De même aussi $\dfrac{a}{b} = \dfrac{a \times cd}{b \times cd}$.

Art. 79. On convertit un entier en fraction en le multipliant par le dénominateur qu'on veut lui donner : $a = \dfrac{ab}{b}$; $a + \dfrac{cd - ab}{b - d} = \dfrac{ab - ad + cd - ab}{b - d}$ ou en, réduisant, $\dfrac{cd - ad}{b - d}$.

Art. 80. Pour avoir les entiers qu'une fraction algébrique peut renfermer, on divise, autant qu'il est possible, le numérateur par

le diviseur, suivant les règles de la division
algébrique. Ainsi $\frac{3ab+ac+cd}{a}$ se réduit à $3b$
$+c+\frac{cd}{a}$; $\frac{a^2+\frac{4}{2}ab+\frac{4}{2}b^2+c^2}{a+2b}$ se réduit à $a+2b$
$+\frac{c^2}{a+2b}$.

Art. 81. La réduction au même dénominateur se fait en algèbre comme en arithmé-
tique. Ainsi $\frac{a}{b}+\frac{c}{d}+\frac{e}{f}=\frac{adf+bcf+bde}{bdf}$, en
multipliant les deux termes de la première
fraction par df, ceux de la seconde par bf,
et ceux de la troisième par bd. De même
$\frac{b+c}{a+b}+\frac{a-2c}{a-b}=\frac{(b+c)\,(a-b)}{(a+b)\,(a-b)}+\frac{(a-2c)\,(a+b)}{(a-b)\,(a+b)}=$
$\frac{ab+ac-b^2-bc}{a^2-b^2}+\frac{a^2-2ac+ab-2bc}{a^2-b^2}$, ce qui donne
à faire l'addition des deux fractions, ainsi
que l'on va le voir (*art.* 83).

Art. 82. Cette réduction est nécessaire en
algèbre comme en arithmétique, pour l'addition et la soustraction des fractions.

On ajoute, on soustrait, on multiplie,
on divise les fractions algébriques de la même manière que les numériques; aussi nous
nous y arrêterons peu.

Art. 83. Pour l'addition de deux frac-
tions $\frac{ab+ac-b^2-bc}{a^2-b^2}$ et $\frac{a^2-2ac+ab-2bc}{a^2-b^2}$, on écrira les numérateurs de suite au-dessus de

leur dénominateur commun, et l'on aura
$$\frac{ab+ac-b^2-bc+a^2-2ac+ab-2bc}{a^2-b^2},$$ ou, en réduisant, $\dfrac{a^2+2ab-ac-b^2-3bc}{a^2-b^2}.$

Art. 84. Pour soustraire $\dfrac{ab+ac-b^2-bc}{a^2-b^2}$ de $\dfrac{a^2-2ac+ab-2bc}{a^2-b^2},$ on écrira, en changeant les signes du numérateur de la fraction à retrancher $\dfrac{-ab-ac+b^2+bc+a^2-2ac+ab-2bc}{a^2-b^2},$ ou, en réduisant, $\dfrac{a^2-3ac+b^2-bc}{a^2-b^2}.$

Art. 85. Pour la Multiplication, $\frac{a}{b} \times \frac{c}{d}$ $= \frac{a \times c}{b \times d} = \frac{ac}{bd}; c \times \frac{a}{b} = \frac{c}{1} \times \frac{a}{b} = \frac{ac}{b}.$

Art. 86. Pour la Division, $\frac{a}{b}$ divisé par $\frac{c}{d}$ $= \frac{a \times d}{b \times c} = \frac{ad}{bc}; c$ divisé par $\frac{a}{b} = \frac{c}{1}$ divisé par $\frac{a}{b} = \frac{bc}{a},$ et $\frac{a}{b}$ divisé par c ou par $\frac{c}{1} = \frac{a}{bc}.$

§ I. *Des Fractions continues.*

Art. 87. Outre les fractions ordinaires, il y a ce que l'on appelle des fractions *continues*, qui naissent des fractions ordinaires dont le dénominateur ne peut diviser le numérateur. Ces fractions donnent le moyen de calculer des fractions approchées pour exprimer par de petits nombres celles qui n'étant composées que de grands nombres, ne présentent pas à l'esprit des idées assez claires.

Si, par exemple, on veut réduire à de moindres termes la fraction $\frac{113}{355}$, on divisera les deux termes par le numérateur 113. Le quotient de la division du numérateur sera évidemment l'unité; celle du dénominateur donnera $3 + \frac{16}{113}$. On pourra donc mettre cette fraction sous la forme $\frac{1}{3 + \frac{16}{113}}$. Si l'on veut supprimer $\frac{16}{113}$ dans le dénominateur, ce qui ne changera pas beaucoup la valeur de la fraction, on aura $\frac{1}{3}$ pour la première valeur approchée de la fraction $\frac{113}{355}$.

Si l'on en veut une autre exprimée à la vérité en plus grands nombres, mais plus approchée encore, on fera la même opération sur la fraction $\frac{16}{113}$; et divisant les deux termes par le numérateur 16, on aura $\frac{16}{113}$ $= \frac{1}{7 + \frac{1}{16}}$. Ainsi $\frac{113}{355} = \frac{1}{3 + \frac{1}{7 + \frac{1}{16}}}$. Si l'on veut supprimer $\frac{1}{16}$ dans le dénominateur, ce qui altérera bien peu la valeur de la fraction, on aura $\frac{113}{355} = \frac{1}{3 + \frac{1}{7}} = \frac{7}{22}$. Ainsi cette fraction $\frac{7}{22}$ sera la seconde qui approchera le plus de la valeur de $\frac{111}{355}$. Si l'on veut s'en couvaincre, on y réussira facilement par les Divisions suivantes.

$$
\begin{array}{l|l}
113{,}000\,000 & 355 \\ \hline
22{,}600\,000 & 71 \\ \hline
\quad 1\,50 & 0{,}318\,309 \\
\quad 590 \\
\quad\ 22\,0 \\
\quad\ \ 0\,700 \\
\qquad 61
\end{array}
\qquad
\begin{array}{l|l}
7{,}000\,000 & 22 \\ \hline
3{,}500\,000 & 11 \\ \hline
\quad 20 & 0{,}318\,181 \\
\quad 90 \\
\quad\ 2\,0 \\
\quad\ \ 90 \\
\qquad 20
\end{array}
\qquad
\begin{array}{l|l}
1{,}000\,000 & 3 \\
0{,}333\,333 &
\end{array}
$$

On voit que la seconde Division donne trois chiffres décimaux exacts, et la troisième seulement un, ce qui prouve que $\frac{7}{22}$ est plus approchée que $\frac{1}{3}$.

Si l'on veut de même réduire à ses moindres termes la fraction $\frac{2864}{119114} = \frac{1412}{1159657}$, en divisant les deux termes par 1432, on aura $\cfrac{1}{111 + \frac{701}{1432}}$. La première valeur approchée sera donc. $\frac{1}{111}$. Pour déterminer la seconde, j'effectue la Division par 705, et j'ai $\cfrac{1}{111 + \cfrac{1}{2 + \frac{22}{701}}}$, ce qui me donne pour seconde valeur approchée, $\cfrac{1}{111 + \frac{1}{2}}$, ou $\frac{2}{223}$. On aura la troisième valeur en divisant par 22,

ce qui donnera $111 + \cfrac{1}{2 + \cfrac{1}{32 + \frac{1}{22}}}$. La troisième valeur très-approchée sera donc $\dfrac{1}{111 + \frac{13}{61}}$

$= \dfrac{65}{7247}$.

Il y a donc seulement trois valeurs approchées de la fraction $\dfrac{1412}{159\,677}$. Essayons un troisième exemple avant de raisonner sur cette observation, et de la généraliser.

On sait que le rapport de l'année solaire au mois lunaire est celui des nombres 91 310 566 et 7 382 647. On demande quels sont les nombres approchés qui expriment ce rapport le plus simplement possible?

Je commence par diviser ces deux nombres l'un par l'autre, ce qui me donne

$$\begin{array}{r|l} 91\ 310\ 566 & 7\ 382\ 647 \\ 17\ 484\ 096 & \\ 2\ 718\ 802 & 12 + \dfrac{2\ 718\ 802}{7\ 382\ 647} \end{array}$$

Or $12 + \dfrac{2\ 718\ 802}{7\ 382\ 647} = 12 + \cfrac{1}{2 + \dfrac{1\ 945\ 043}{2\ 718\ 802}} = 12 +$

$$\cfrac{1}{2 + \cfrac{1}{1 + \dfrac{773\ 759}{1\ 945\ 043}}} = 12 + \cfrac{1}{2 + \cfrac{1}{1 + \cfrac{1}{2 + \dfrac{397\ 525}{773\ 759}}}} = 12 +$$

$$\cfrac{1}{2 + \cfrac{1}{1 + \cfrac{1}{2 + \cfrac{1}{1 + \dfrac{376\ 234}{397\ 525}}}}} = 12 + \cfrac{1}{2 + \cfrac{1}{1 + \cfrac{1}{2 + \cfrac{1}{1 + \cfrac{1}{1 + \dfrac{21\ 291}{376\ 234}}}}}}$$

$= $ etc.

Les fractions approchées seront donc $12\frac{1}{2}$ ou $\frac{25}{2}$, $12\frac{1}{3}$ ou $\frac{37}{3}$, $12\,\cfrac{1}{2+\frac{2}{3}} = 12\frac{3}{8} = \frac{99}{8}$,

$$12\ \frac{1}{2+}\ \frac{1}{1+}\ \frac{1}{3} = 12\ \frac{1}{2+}\ \frac{5}{4} = 12\ \frac{4}{11} = \frac{136}{11},$$

et enfin $12 + \dfrac{1}{2+}\ \dfrac{1}{1+}\ \dfrac{1}{2+}\ \dfrac{1}{2} = 12 + \dfrac{1}{2+}\ \dfrac{1}{1+}\ \dfrac{2}{5} = 12 + \dfrac{1}{2+}\ \dfrac{5}{7} = 12 + \dfrac{7}{19} = \dfrac{235}{19}$, ce qui est précisément le cicle de Méton ou le Nombre d'or.

Si l'on voulait une fraction plus approchée encore, on continuerait le calcul de la manière suivante, $12 + \dfrac{1}{2+}\dfrac{1}{1+}\dfrac{1}{2+}\dfrac{1}{1+}\dfrac{1}{1+}\dfrac{1}{17+}\dfrac{14287}{21291} = 12 + \dfrac{1}{2+}\dfrac{1}{1+}\dfrac{1}{2+}\dfrac{1}{1+}\dfrac{1}{1+}\dfrac{1}{17+}\dfrac{1}{1+}\dfrac{7004}{14287} = 12 + \dfrac{1}{2+}\dfrac{1}{1+}\dfrac{1}{2+}\dfrac{1}{1+}\dfrac{1}{1+}\dfrac{1}{17}\dfrac{1}{1+}\dfrac{1}{2+}\dfrac{279}{7004} =$ etc.

Les fractions approchées sont donc $12 + \dfrac{1}{2+}\dfrac{1}{1+}\dfrac{1}{2+}\dfrac{1}{1+}\dfrac{17}{18} = 12 + \dfrac{1}{2+}\dfrac{1}{1+}\dfrac{1}{2+}\dfrac{18}{35} = 12 + \dfrac{1}{1+}\dfrac{1}{1+}\dfrac{35}{88} = 12 + \dfrac{1}{2+}\dfrac{88}{123} = 12 + \dfrac{123}{334} = \dfrac{4131}{334};$ $= 12 + \dfrac{1}{2+}\dfrac{1}{1+}\dfrac{1}{2+}\dfrac{1}{1+}\dfrac{1}{1+}\dfrac{1}{18} = 12 + \dfrac{1}{2+}\dfrac{1}{1+}\dfrac{1}{3+}\dfrac{1}{1+}\dfrac{18}{19} = 12 + \dfrac{1}{2+}\dfrac{1}{1+}\dfrac{1}{2+}\dfrac{19}{37} = 12 + \dfrac{1}{2+}\dfrac{1}{1+}\dfrac{37}{93} = 12 + \dfrac{1}{2+}\dfrac{93}{130} = 12 + \dfrac{130}{353} = \dfrac{4366}{353};$ et enfin $12 + \dfrac{1}{2+}\dfrac{1}{1+}\dfrac{1}{2+}\dfrac{1}{1+}\dfrac{1}{1+}\dfrac{1}{17+}\dfrac{2}{3} = 12 + \dfrac{1}{2+}\dfrac{1}{1+}\dfrac{1}{2+}\dfrac{1}{1+}\dfrac{1}{1+}\dfrac{5}{53} = 12 + \dfrac{1}{2+}$

$$\frac{1}{1+}\ \frac{1}{2+}\ \frac{1}{1+}\ \frac{53}{56} = 12 + \frac{1}{2+}\ \frac{1}{1+}\ \frac{1}{2+}\ \frac{56}{109} = 12 +$$

$$\frac{1}{2+}\ \frac{1}{1+}\ \frac{109}{274} = 12 + \frac{1}{2+}\ \frac{274}{383}\ \ 12 + \frac{383}{1040} = \frac{12863}{1040}.$$

Ici le nombre des fractions approchées est très-considérable. Certaines fractions en auront un plus grand nombre encore, et quelques-unes en auront un nombre indéterminé. Pour écrire celles-là et surtout celles - ci d'une manière plus commode, on voit qu'au lieu de $\frac{a}{b+\frac{c}{d}}$, j'ai écrit $\frac{a}{b+}\ \frac{c}{d}$, et je continuerai de le faire.

C'est en extrayant des racines carrées, que l'on parviendra à des fractions continues dont les numérateurs et les dénominateurs resteront toujours les mêmes. Je distinguerai ces fractions par le nom de récurrentes, et j'en ferai l'objet de l'article suivant.

§. II. *Des Fractions continues récurrentes.*

Art. 88. L'extraction des racines carrées se fait en observant que le carré de $a+b$ est $a^2+2ab+b^2$ (*article* 62). Si donc on veut prendre la racine carrée de $a^2+2ab+b^2$, on prend d'abord celle de a^2 qui est a; puis divisant le second terme $2ab$ par le double de a, on a le quotient b, et retranchant le carré de ce quotient, il ne restera rien.

Si donc on cherche, par exemple, la racine carrée de 169, on représente par a les dixaines, par b les unités; et prenant la racine carrée des centaines qui sont le carré des dixaines, on extrait la racine carrée de 1 qui est 1. Divisant ensuite 6 par 2 double de 1, le quotient est 3, dont le carré 9 retranché des unités ne laisse rien pour reste. Ainsi la racine carrée de 169 est 13.

On trouvera des explications plus étendues sur ce sujet dans le chapitre suivant qui aura pour objet les puissances et les racines. Je me renfermerai ici dans ce qui a pour objet les fractions continues récurrentes qui se rapportent aux racines incommensurables. J'en donnerai d'abord ici un exemple en extrayant la racine carrée de 2 par le calcul décimal.

$$
\begin{array}{l}
2,00\,|\,00\,|\,00\,|\;\underline{1,41421} \\[4pt]
1\ 00 \qquad\quad \underline{24} \\[2pt]
\ \ 4\,0\,0 \qquad\quad \underline{281} \\[2pt]
\ \ 1\,1\,9\,0\,0 \\[2pt]
\ \ .\,.\,6\,0\,4\,0\,0 \qquad \underline{2824} \\[2pt]
\ \ \ .\,3\,8\,3\,6\text{o} \qquad \underline{28282} \\[2pt]
\qquad\qquad\qquad\quad \underline{28284}
\end{array}
$$

Cette racine est donc $\dfrac{141421}{100000} = 1 +$

$$
\frac{41421}{100000} = 1 + \cfrac{1}{2+} \; \frac{17158}{41421} = 1 + \cfrac{1}{2+} \; \cfrac{1}{2+} \; \frac{7105}{17156}
$$

$$
= 1 + \cfrac{1}{2+} \; \cfrac{1}{2+} \; \cfrac{1}{2+} \; \frac{2948}{7105} = 1 + \cfrac{1}{2+} \; \cfrac{1}{2+} \; \cfrac{1}{2+}
$$

$$\frac{1}{2+}\frac{1209}{2948} = 1 + \frac{1}{2+}\frac{1}{2+}\frac{1}{2+}\frac{1}{2+}\frac{1}{2+}\frac{530}{1209} = 1$$

$$+ \frac{1}{2+}\frac{1}{2+}\frac{1}{2+}\frac{1}{2+}\frac{1}{2+}\frac{1}{2+}\frac{149}{530}.$$

On voit dans cet exemple que les mêmes numérateurs et les mêmes dénominateurs reviennent constamment jusqu'à six fois ; et s'ils ne reviennent pas à la septième fois, c'est que je n'ai pas calculé un assez grand nombre de décimales pour que l'approximation soit plus long-temps exacte.

Afin de voir si cela arrive, parce que $2 = 1+1$, voyons ce qui résulte de l'extraction de la racine carrée du nombre $5 = 4+1$ qui est conséquemment après 2 le plus petit nombre qui devienne un carré parfait, lorsque l'on en retranche l'unité. Voici d'abord l'opération où j'ajouterai huit zéros à cinq, ainsi que je l'ai fait pour 2 dans l'exemple précédent.

$$
\begin{array}{ll}
5,00\,|\,00\,|\,00\,|\,00 & \dfrac{2,236\,068}{42} \\[2pt]
\;\;\;1\;00 & \overline{443} \\
\;\;16\,00 & \overline{4466} \\
\;\;271\,00 & \overline{447206} \\
\;\;\;\,304\,00\,00 & \overline{447212} \\
\;\;\;\;35\,77\,64\,0 &
\end{array}
$$

Cette racine est donc $2 + \dfrac{236\,068}{1\,000\,000} = 2$

$$+ \frac{1}{4+}\frac{55728}{236\,068} = 2 + \frac{1}{4+}\frac{1}{4+}\frac{13156}{55728} = 2 +$$

$$\frac{1}{4+}\ \frac{1}{4+}\ \frac{1}{4+}\ \frac{3104}{13156} = 2 + \frac{1}{4+}\ \frac{1}{4+}\ \frac{1}{4+}\ \frac{1}{4+}\ \frac{740}{3104}$$

$$= 2 + \frac{1}{4+}\ \frac{1}{4+}\ \frac{1}{4+}\ \frac{1}{4+}\ \frac{1}{4+}\ \frac{144}{740} = 2 + \frac{1}{4+}\ \frac{1}{4+}$$

$$\frac{1}{4+}\ \frac{1}{4+}\ \frac{1}{4+}\ \frac{1}{5+}\ \frac{20}{144},$$

où l'on voit que le même dénominateur revient cinq fois de suite, et il reviendrait toujours si l'opération était parfaitement exacte. En effet, si l'on prenait un chiffre de moins à la racine et que l'on supposât cette racine

$$= 2 + \frac{23607}{100000} = 2 + \frac{1}{4+}\ \frac{5572}{23607} = 2 + \frac{1}{4+}\ \frac{1}{4+}\ \frac{1319}{5572} = 2 + \frac{1}{4+}\ \frac{1}{4+}$$

$$\frac{1}{4+}\ \frac{296}{1319} = 2 + \frac{1}{4+}\ \frac{1}{4+}\ \frac{1}{4+}\ \frac{1}{4+}\ \frac{135}{296} = 2 + \frac{1}{4+}$$

$$\frac{1}{4+}\ \frac{1}{4+}\ \frac{1}{4+}\ \frac{1}{2+}\ \frac{26}{135},$$

en sorte que l'on se trouverait en défaut une fois plutôt que dans l'opétion précédente.

On peut donc assurer que le même dénominateur revient toujours, et qu'il est 4 double de 2 comme dans la racine de $2 = 1 + 1$ où il est 2 double de 1.

Essayons un troisième exemple dans la racine carrée de $9 + 1 = 10$.

```
10, 00 00 00 00 00 00 | 3,162277
 1 00                 | 61
39 00                   626
 1 44 00                6322
   17 56 00             63242
    4 91 16 00          632447
      48 45 31 0        632454
```

Cette racine, en ne prenant que les cinq premiers chiffres, serait $3 + \dfrac{16\,227}{100\,000} = 3 + \dfrac{1}{6+} \dfrac{2638}{16227} = 3 + \dfrac{1}{6+} \dfrac{1}{6+} \dfrac{399}{2638} = 3 + \dfrac{1}{6+} \dfrac{1}{6+} \dfrac{1}{6+} \dfrac{244}{399} =$ etc., où l'on voit que le dénominateur 6 revient trois fois. Si l'on prend les six chiffres calculés, on aura pour la racine cherchée $3 + \dfrac{162\,277}{1000\,000} = 3 + \dfrac{1}{6+} \dfrac{26\,338}{162\,277} = 3 + \dfrac{1}{6+} \dfrac{1}{6+} \dfrac{4249}{26338} = 3 + \dfrac{1}{6+} \dfrac{1}{6+} \dfrac{1}{6+} \dfrac{844}{4249}$ où le dénominateur 6 ne revient de même que trois fois, mais où il est bien près de revenir encore la quatrième fois. On peut donc présumer qu'il reviendrait réellement toujours si le calcul était exact. Or, ce dénominateur est le double de la racine 3. On peut donc conclure par analogie que la racine carrée de $a^2 + 1$ est $a + \dfrac{1}{2a+} \dfrac{1}{2a+} \dfrac{1}{2a+}$ etc., ce qui donne le moyen d'approcher autant que l'on voudra par les fractions les plus simples possibles, d'une grande quantité de nombres.

La raison de cette propriété des fractions continues vient sans doute de ce que la racine carrée de $a^2 + 2ab + b^2$ est $a + b$, en sorte qu'il faut diviser par $2a$ le second terme $2ab$, et que le quotient est $\dfrac{1}{2a}$ lorsque $b^2 = 1$.

Si $b = 4$, le quotient sera $\frac{4}{2a}$, ou $\frac{2}{a}$, en sorte que, selon ce raisonnement, lorsqu'un nombre sera de la forme $a + 4$, la racine sera $a + \frac{2}{a+} \frac{2}{a+} \frac{2}{a+}$ etc. Si par exemple $a + 4 = 5$, on aura $\sqrt{5} = 1 + \frac{2}{1+} \frac{2}{1+} \frac{2}{1+}$ etc. En effet $1 + \frac{2}{1} = 3$ dont le carré est 9 qui diffère de 5 de 4 unités. $1 + \frac{2}{1+} \frac{2}{1} = 1 + \frac{2}{3} = \frac{5}{3}$ dont le carré est $\frac{25}{9}$ qui diffère de 5 de $\frac{20}{9}$ ou $2\frac{2}{9}$. $1 + \frac{2}{1+} \frac{2}{1+} \frac{2}{1} = 1 + \frac{2}{1+} \frac{2}{3} = 1 + \frac{6}{5} = \frac{11}{5}$ dont le carré $\frac{121}{25}$ diffère seulement de $\frac{4}{5}$ de la véritable puissance, $1 + \frac{2}{1+} \frac{2}{1+} \frac{2}{1+} \frac{2}{1} = 1 + \frac{2}{1+} \frac{2}{1+} \frac{2}{3} = 1 + \frac{2}{1+} \frac{6}{5} = 1 + \frac{10}{11} = \frac{21}{11}$ dont le carré $\frac{441}{121}$ diffère de $\frac{164}{121}$ du véritable carré. Je ne m'étends pas davantage sur cet exemple, parce que nous avons un meilleur moyen d'approcher de la racine de 5 en le considérant comme égal à $4 + 1$, et que a doit être plus grand que 2, pour que $\frac{2}{a}$ soit une véritable fraction.

Je passe donc au second exemple où l'on cherche la racine de 13, ce qui donne $a = 3$, et $\sqrt{13} = 3 + \dfrac{2}{3+} \dfrac{2}{3+} \dfrac{2}{3+}$ etc. En effet $3 + \dfrac{2}{3} = \dfrac{11}{3}$ dont le carré est $\dfrac{121}{9} = 13\dfrac{4}{9}$ résultat qui diffère peu de la vérité. La seconde approximation donne $3 + \dfrac{2}{3 + \dfrac{2}{3}} = 3 + \dfrac{6}{11} = \dfrac{39}{11}$, dont le carré est $9 + \dfrac{36}{11} + \dfrac{36}{121} = 12 + \dfrac{3}{11} + \dfrac{36}{121} = 12 + \dfrac{69}{121}$, résultat qui diffère de la vérité de $\dfrac{52}{121}$. Le premier résultat différait donc de $4 \times 121 = 484$ et le second de $9 \times 52 = 468$ unités d'une fraction dont le dénominateur est 9×121. Ainsi le second est un peu plus approché. Le troisième est $3 + \dfrac{2}{3 + \dfrac{2}{3 + \dfrac{2}{3}}} = 3 + \dfrac{2}{3 + \dfrac{6}{11}} = 3 + \dfrac{22}{39}$ dont le carré est $9 + \dfrac{132}{39} + \dfrac{484}{39^2} = 12 + \dfrac{15}{39} + \dfrac{484}{39^2} = \dfrac{585 + 484}{39^2} = \dfrac{1069}{39^2} = \dfrac{1069}{1521}$ dont la différence avec le véritable résultat est de $\dfrac{452}{1521}$. Le second résultat différait de $\dfrac{52}{121}$; la différence entre les deux résultats est la même que celle qui existe entre les nombres 52×1521 et 121×452 ou $79\,092$ et $54\,692$ avec le dénominateur commun 121×1521. or le second nombre est évidemment le plus petit, et par conséquent l'approximation plus grande. La quatrième fraction approchée est $3+\cfrac{2}{3+}\cfrac{2}{3+}\cfrac{2}{3+}\cfrac{2}{3}=3+\cfrac{2}{3+}\cfrac{2^2}{39}=3=\frac{78}{139}$ dont le carré est $9+\frac{468}{139}+\frac{78^2}{139^2}$. On voit que ce calcul est assez compliqué et que l'approximation est lente, parce que la différence entre 3 et 2 n'est pas assez grande.

Elle ira plus vite dans le troisième exemple où l'on cherche la racine de 20, ce qui donne $a=4$, et $\sqrt{20}=4+\cfrac{2}{4+}\cfrac{2}{4+}\cfrac{2}{4+}$ etc. ou $4+\cfrac{1}{2+}\cfrac{1}{2+}\cfrac{1}{2+}$ etc. Or nous avons vu que $\sqrt{2}=1+\cfrac{1}{2+}\cfrac{1}{2+}\cfrac{1}{2+}$ etc. donc $\sqrt{20}=3+\sqrt{2}$, et en élevant au carré des deux côtés $20=9+6\sqrt{2}+2=11+6\sqrt{2}$, ou $9=6\sqrt{2}$, ou $3=2\sqrt{2}$, ou $9=8$, ce qui est faux, parce que ces équations ne sont qu'approximatives, et que l'approximation dans le cas où $\sqrt{2}=1+\cfrac{1}{2+}\cfrac{1}{2+}\cfrac{1}{2+}$ est plus rapide qu'elle ne l'est dans le cas où $\sqrt{20}=4+\cfrac{1}{2+}\cfrac{1}{2+}\cfrac{1}{2+}$ etc., parce que 1 est plus petit que 4. En effet, $4\frac{1}{2}$ ou $\frac{9}{2}$ a pour carré $\frac{81}{4}=20+\frac{1}{4}$. $4+\cfrac{1}{2+}\cfrac{1}{2}=4\frac{2}{5}=\frac{22}{5}$ dont le carré est $\frac{484}{25}$ qui diffère de $\frac{16}{25}$ de la vérité. Or

$\frac{1}{4} = \frac{25}{100}$ et $\frac{16}{25} = \frac{64}{100}$, en sorte que cette seconde approximation est moins bonne que la première. $4 + \cfrac{1}{2+\cfrac{1}{2+\cfrac{1}{2}}} = 4 + \cfrac{1}{2+\cfrac{2}{5}} = 4\frac{5}{12} = \frac{53}{12}$ dont le carré est $16 + \frac{40}{12} + \frac{25}{144} = 19 + \frac{4}{12} + \frac{25}{144} = 19\frac{73}{144}$ qui diffère de la vérité de $\frac{27}{144}$ Or $\frac{1}{4} = \frac{36}{144}$; ainsi cette troisième approximation est meilleure que les deux premières. La quatrième donne $4 + \cfrac{1}{2+\cfrac{5}{12}} = 4\frac{12}{29}$ dont le carré est $16 + \frac{96}{29} + \frac{144}{29^2} = 19 + \frac{9}{29} + \frac{144}{29^2} = 19 + \frac{261+144}{29^2} = 19\frac{405}{29^2} = \frac{405}{841}$. Ce résultat diffère de la vérité de $\frac{436}{841}$; il s'en écarte donc moins que le second, mais plus que le premier, et à plus forte raison que le troisième. On voit que cette approximation est en effet bien plus lente à se perfectionner que celle de la racine de 2.

Afin de voir si les racines elles-mêmes fourniront quelque fraction continue plus simple que les précédentes, je cherche la racine de 13 par l'opération ordinaire pour l'extraction des racines carrées, et j'ai

$$
\begin{array}{l|l}
13,\ \text{oo oo oo oo oo oo oo} & 3,6055312 \\ \hline
4\ \text{oo} & 66 \\ \hline
4\ \text{oo oo} & 7205 \\
39\ 75\ \text{oo} & 72105 \\
3\ 69\ 75\ \text{oo} & 721105 \\
9\ 19\ 75\ \text{oo} & 7211101 \\
1\ 98\ 63\ 99\ 0 & 7211102
\end{array}
$$

La racine sera donc $3 + \dfrac{6055312}{10000000} = 3$

$$
\dfrac{3027756}{5000000} = 3\,\dfrac{1513878}{2500000} = 3\,\dfrac{756939}{1250000} = 3\cfrac{1}{1+\cfrac{493061}{756939}}
$$

$$
= 3\cfrac{1}{1+\cfrac{1}{1+\cfrac{263878}{493061}}} = 3\cfrac{1}{1+\cfrac{1}{1+\cfrac{1}{1+\cfrac{229183}{263878}}}} = 3
$$

$$
\cfrac{1}{1+\cfrac{1}{1+\cfrac{1}{1+\cfrac{1}{1+\cfrac{34695}{229183}}}}}.
$$

Les racines approchées sont donc 4 qui est effectivement la racine de 16 nombre carré le plus approchant de 13; $3 + \cfrac{1}{1+\cfrac{1}{1}} = 3 + \dfrac{1}{2}$ ou $\dfrac{7}{2}$ dont le carré $\dfrac{49}{4} = 12\,\dfrac{1}{4}$ est encore plus approché de 13; $3 + \cfrac{1}{1+\cfrac{1}{2}} = 3\,\dfrac{2}{5} = \dfrac{11}{3}$ dont le carré $\dfrac{121}{9} = 13\,\dfrac{4}{9}$. Or $\dfrac{3}{4} = \dfrac{27}{36}$ et $\dfrac{4}{9} = \dfrac{16}{36}$ qui est moindre que $\dfrac{27}{36}$; ainsi cette troisième valeur est plus approchée. La quatrième est $3 + \cfrac{1}{1+\cfrac{2}{3}} = 3\,\dfrac{3}{5} = \dfrac{18}{5}$ dont le carré $\dfrac{324}{25} = 12\,\dfrac{24}{25}$ ne diffère de 13 que de $\dfrac{1}{25}$. La cinquième est $3 + \dfrac{1}{1+} \dfrac{3}{5} = 3\dfrac{5}{8} = \dfrac{29}{8}$ dont le carré $\dfrac{841}{64} = 13\dfrac{9}{64}$; or $\dfrac{1}{25} = \dfrac{1\times 64}{25\times 64}$ et $\dfrac{9}{64} = \dfrac{9\times 25}{25\times 64}$. Ainsi la racine véritable s'éloigne, ce qui prouve que l'unité ne sera dénominateur que quatre fois comme le calcul l'a donnée, par les fractions continues, ensorte que la série de ces fractions ne sera pas récurrente comme celle que j'ai donnée précédemment. Mais celle-ci n'a donné aucun résultat aussi approché et aussi simple que $3\frac{1}{4}$.

Cette matière aurait besoin d'être plus approfondie qu'elle ne l'a été jusqu'à présent; mais il paraît clair qu'en général si l'on veut prendre la racine carrée de $a^2 + b^2$, on aura

$$a + \frac{b}{2a+} \frac{b}{2a+} \frac{b}{2a+}, \text{ etc.}$$

CHAPITRE III.

Des Puissances et des Racines algébriques.

Art. 89. On appelle *puissance* d'une quantité, cette quantité multipliée par l'unité, ou multipliée par elle - même une ou plusieurs fois, en sorte que l'exposant de cette quantité indique le degré de sa puissance. a ou a^1, a^2, a^3, a^4, etc., sont les première, seconde, troisième, quatrième, etc., puissances de a. En général a^m est la puissance m de a, m désignant une valeur quelconque.

Art. 90. La seconde puissance d'une quantité se nomme aussi *carré*, et la troisième, *cube*.

Art. 91. Cette quantité a est la *racine* de ces divers produits, et la dénomination de la racine dépend de la puissance à laquelle elle répond. Ainsi a est la racine troisième ou cubique de a^3, ou la racine cinquième de a^5; en un mot a est la racine m de a^m. Je parlerai d'abord des puissances et des racines des monomes; je m'occuperai ensuite de celles des polinomes.

§. I. *Des Puissances et des Racines des monomes.*

Art. 92. Il suit de la définition des puissances, que, pour *élever* une quantité à une puissance donnée, il faut multiplier cette quantité par elle-même autant de fois moins une, que l'exposant de la puissance contient d'unités. Ainsi pour élever un nombre quelconque, par exemple 9, à la troisième puissance, il faut le multiplier deux fois par lui-même, en disant $9 \times 9 = 81$, $81 \times 9 = 729$. De même le carré de $\frac{2}{3}$ est $\frac{2}{3} \times \frac{2}{3}$ ou $\frac{4}{9}$; son cube est $\frac{4}{9} \times \frac{2}{3}$ ou $\frac{8}{27}$, sa quatrième puissance est

$\frac{2}{27} \times \frac{1}{3}$ ou $\frac{6}{81}$, etc. le carré de $\frac{1}{3}$ est $\frac{1}{100}$, son cube $\frac{1}{1000}$, sa quatrième puissance, $\frac{1}{10000}$ etc.

Art. 93. On voit qu'une fraction diminue de valeur à mesure qu'on l'élève à de plus hautes puissances.

Art. 94. Pour appliquer à un monome algébrique la règle donnée (*art.* 92), il suffit (*art.* 60), de multiplier l'exposant de chacune des lettres de ce monome par l'exposant de la puissance à laquelle on veut l'élever. Ainsi la cinquième puissance de abc ou (*art.* 57) de $a^1 b^1 c^1$ est $a^{1 \times 5} b^{1 \times 5} c^{1 \times 5} = a^5 b^5 c^5$. La puissance m de $\frac{a^1 b^1}{c^1 d^1}$ est $\frac{a^{1 \times m} b^{1 \times m}}{c^{1 \times m} d^{1 \times m}} = \frac{a^m b^m}{c^m d^m}$.

De même la quatrième puissance de $a^3 b^2$ est $a^3 {\times} 4 \; b^2 {\times} 4 = a^{12} b^8$. En général la puissance m de $\frac{a^1 b^n}{cdq}$ est $\frac{a^{1 \times m} b^{n \times m}}{c^m d^m q^m}$; m, n, q, exprimant des valeurs quelconques.

Art. 95. Si le monome a un coëfficient, on l'élève (*art.* 92) à la même puissance. Le cube de $\frac{2ab}{5/8}$, par exemple, est $\frac{8a^3 b^3}{125/1g^3}$.

Art. 96. À l'égard des signes, si l'exposant de la puissance à laquelle il s'agit d'élever, est pair, le résultat aura toujours le signe $+$; mais s'il est impair, il aura le signe $+$ ou le signe $-$, selon que la quantité proposée aura elle-même le signe $+$ ou le signe

—; c'est une suite immédiate de la règle donnée pour les signes (*art.* 56).

Art. 97. On a donc $-a \times -a = +a^2 = +a \times +a$; donc le carré d'une quantité négative est le même que celui de la même quantité positive.

Art. 98. De ce que l'on a dit (*art.* 94), il résulte que pour *extraire* une racine d'un degré proposé, d'une quantité monome quelconque, c'est-à-dire pour revenir d'une puissance monome quelconque à sa racine, il faut diviser l'exposant de chaque lettre de cette quantité par le nombre qui marque le dégré de la racine qu'on veut extraire. On appelle ce nombre l'*exposant* de la racine.

Ainsi la racine cubique de $a^{12} b^6 c^3$ est $a^{\frac{12}{3}} b^{\frac{6}{3}} c^{\frac{3}{3}} = a^4 b^2 c$. La racine cinquième de $\dfrac{a^{20} c^5}{b^{15} d^{10}}$ est $\dfrac{a^4 c}{b^3 d^2}$, en divisant tous les exposans par 5. En général la racine r de $\dfrac{a^m b^n}{c^p}$ est $\dfrac{a^{\frac{m}{r}} b^{\frac{n}{r}}}{c^{\frac{p}{r}}}$.

Art. 99. S'il y avait des coëfficiens, on en tirerait la racine par la méthode que je donnerai dans la suite (*art.* 121) pour l'extraction des racines numériques.

Art. 100. Pour indiquer les extractions des racines, on se sert du signe $\sqrt{}$ qu'on

appelle signe *radical*, et l'on place dans l'ouverture de ce signe l'exposant de la racine,
alors cet exposant se nomme aussi l'exposant
du radical. $\sqrt[3]{a^6}$ signifie donc racine troisième
de a^6; $\sqrt[7]{a^{14}}$ signifie racine septième de
a^7 : on est dans l'usage de ne point donner d'exposant au radical, lorsqu'il indique
la racine carrée ou seconde : ainsi $\sqrt{a^4}$ est
la même chose que $\sqrt[2]{a^4}$.

Art. 101. La racine n de a^m est donc $a^{\frac{m}{n}}$
ou $\sqrt[n]{a^m}$, et ces deux expressions signifient
la même chose.

Art. 102. Lorsqu'on ne peut assigner exactement la racine m d'une quantité, il s'ensuit
que cette quantité n'est pas une puissance parfaite du degré m. Par exemple 3 n'est pas un
carré parfait ; car puisque $1 \times 1 = 1$, et que
$2 \times 2 = 4$, la racine carrée de 3 sera nécessairement entre 1 et 2; elle sera donc 1 et une
fraction. Mais une fraction, à quelque puissance qu'on l'élève, ne sera jamais (*art.* 93)
qu'une fraction, et par conséquent une puissance quelconque d'un nombre fractionnaire
ne peut être un nombre entier. Le carré de
l'unité suivie d'une fraction quelconque ne
sera donc jamais exactement 3.

Par la même raison 2, 5, 7, etc., ne sont
point des puissances parfaites du second,
du troisième, etc. degré.

De même, algébriquement, a ou a^1 n'est pas un cube parfait, parce qu'il n'est point de quantité littérale qui, multipliée par elle-même deux fois, donne a, ou, ce qui revient au même, parce qu'on ne peut diviser exactement par 3 l'exposant 1 de a^1, ni par conséquent (*art.* 98) extraire la racine cubique exacte de a.

La racine d'une puissance imparfaite est dite *sourde* on *incommensurable*. Elle ne peut que s'indiquer $a^{\frac{1}{3}}$ ou $\sqrt[3]{a}$, indique la la racine cubique de a, et $\sqrt[3]{a^7}$ ou $a^{\frac{7}{3}}$, la racine cubique de a^7.

Art. 103. On voit que pour faire disparaître le signe radical, il faut (*art.* 101) diviser par son exposant, l'exposant de la quantité qui est sous ce signe; et que, réciproquement, pour donner la forme d'entier à l'exposant fractionnaire d'une puissance, il faut placer devant cette puissance le signe radical auquel on donnera pour exposant le dénominateur de la fraction.

Art. 104. Observons que de tout ce qui précède, il résulte que l'exposant d'une quantité peut être positif ou négatif ou fractionnaire ou $= 0$; que (*art* 69) $a^0 = 1$, (*art.* 72) $a^{-m} = \dfrac{1}{a^m}$, enfin que (*art.* 101) $a^{\frac{n}{z}} = \sqrt[z]{a^n}$.

Art. 105. Observons encore que puisqu'une

quantité multipliée ou divisée par l'unité, ne change ni de valeur ni d'expression, $1\times1\times1$, etc., et en général $1^m=1$: de même $\sqrt[m]{1} = \sqrt[n]{1^m}$

$=1$; $\dfrac{1}{1^m}$ ou (*art.* 72) $1^{-m}=1$, et $1^{\frac{m}{n}} = \sqrt[n]{1^m}=1$

enfin $1^\circ=1$ (*art.* 69): d'où il suit que toutes les racines et toutes les puissances de l'unité, quelque forme et quelque valeur qu'ait leur exposant, se réduisent à l'unité.

§. II. *Des Puissances des polinomes.*

Art. 106. Si l'on ne veut qu'indiquer la puissance d'un polinome, par exemple de $a+b$, on écrit simplement $\overline{a+b}^2$ ou $(a+b)^2$ pour la seconde puissance, $(a+b)^3$ ou $\overline{a+b}^3$ pour la troisième, et en général $(a+b)^m$ ou $\overline{a+b}^m$ pour la puissance m.

Pour élever effectivement un polinome à une puissance proposée, il faut suivant la règle donnée (*art.* 92), le multiplier par lui-même autant de fois moins une qu'il y a d'unités dans l'exposant de cette puissance. Mais il est un moyen plus simple de parvenir au même but, et je vais m'en occuper.

Art. 107. Si l'on cherche le produit des quatre binomes $x+a$, $x+b$, $x+c$, $x+d$, qui tous ont un terme commun x, on aura pour ce produit, en ordonnant par rapport à x et de la manière indiquée (*art.* 75)

$$x^4 + ax^3 + abx^2 + abcx + abcd$$
$$+b \qquad +ac \qquad +abd$$
$$+c \qquad +ad \qquad +acd$$
$$+d \qquad +bc \qquad +bcd$$
$$+bd$$
$$+cd$$

Ce produit, et tous ceux formés de même d'un nombre quelconque m de binomes ayant un terme commun x, nous fournissent les observations suivantes, en prenant pour un seul terme tous ceux où le terme commun x est élevé à une même puissance.

1°. Si le nombre des binomes est m, le premier terme du produit est x^m.

2°. Les exposans de x diminuent ensuite successivement d'une unité, jusqu'au dernier terme qui ne renferme plus de x.

3°. Les coëfficiens, c'est-à-dire les multiplicateurs de chaque puissance de x sont, pour le second terme, la somme des seconds termes a, b, c, etc. des binomes; pour le troisième, la somme des produits de ces quantités a, b, c, etc., multipliées deux à deux, c'est-à-dire, de manière que chacune d'elles est multipliée successivement par chacune des autres; pour le quatrième, la somme des produits de ces quantités multipliées trois à trois; et ainsi de suite jusqu'au dernier terme qui est le produit de toutes ces quantités.

Art. 108. Voyons maintenant combien un nombre m de lettres a, b, c, etc., multipliées deux à deux, donne de produits.

1°. Dans la totalité de ces produits, chacune de ces lettres est répétée $m-1$ de fois, puisque chacune d'elles est successivement multipliée par chacune des autres. Le nombre des lettres qui entrent dans la totalité de ces produits, est donc $m(m-1)$.

2°. Puisque chaque produit est composé de deux lettres, le nombre des produits est la moitié de celui des lettres qui forment la totalité de ces produits.

Le nombre des produits deux à deux d'un nombre m de lettres sera donc $\dfrac{m(m-1)}{2}$.

Pour trouver le nombre des produits d'un nombre m de lettres prises trois à trois, on observera de même :

1°. Que chaque lettre est alors multipliée par chacun des produits des autres lettres prises deux à deux, c'est-à-dire, par chacun des produits de $m-1$ de lettres prises deux à deux ; or nous venons de trouver que le nombre de ces produits pour m de lettres, est $\dfrac{m(m-1)}{2}$; donc, en substituant $m-1$ à m, et $m-2$ à $m-1$, il sera $\dfrac{(m-1)(m-2)}{2}$ pour

$m-1$ de lettres. Donc le nombre des lettres qui entreront dans la totalité des produits abc, abd, acd, etc., sera $m\,\dfrac{(m-1)(m-2)}{2}=$

$$\frac{m(m-1)(m-2)}{2}.$$

2°. Que chaque produit étant formé de trois lettres, le nombre des produits est le tiers de celui des lettres qui composent la totalité de ces produits, il sera donc $\dfrac{m(m-1)(m-2)}{2\times3}$ (*art.* 85).

On trouvera, par un raisonnement semblable, que le nombre des produits d'un nombre m de lettres multipliées quatre à quatre, est $\dfrac{m(m-1)(m-2)(m-3)}{2.3.4}$; et ainsi de suite.

Par exemple, dans le troisième terme du produit (*art.* 107) des quatre facteurs $x+a$, $x+b$, etc., le nombre des produits des lettres a, b, c, d, multipliées deux à deux, est 6 : en effet dans ce cas $m=4$, donc $\dfrac{m(m-1)}{2}=\dfrac{4.3}{2}=6$. De même dans le quatrième terme, le nombre des produits des lettres a, b, c, d, multipliées trois à trois est 4; et l'on a aussi $\dfrac{m(m-1)(m-2)}{2.3}\dfrac{4.3.2}{6}=4$.

Art. 109. Jusqu'ici nous avons considéré

des binomes dont le premier terme seul était
commun. Mais si l'on avait m de binomes
égaux, que, par exemple, chacun d'eux fût
$x+a$, alors le second terme étant commun,
la somme des seconds termes de ces binomes
serait ma; chacun des produits de ces seconds termes deux à deux serait a^2, et la
somme de ces produits serait conséquemment
$\frac{m(m-1)}{2}a^2$. De même on aurait a^3 pour
chacun de leurs produits trois à trois; et
$\frac{m(m-1)(m-2)}{2\times 3}a^3$, pour la somme de ces
produits; etc., etc.

Art. 110. Enfin si l'on considère que chercher le produit d'un nombre m de binomes
égaux chacun à $x+a$, c'est (*art.* 92) élever
$x+a$ à la puissance m; et si l'on applique à
la formation de ce produit ou de cette puissance ce que nous venons de dire (*art.* 107,
108, 109), on trouvera que les termes suc-
cessifs de $(x+a)^m$ sont $x^m+max^{m-1}+$
$\frac{m(m-1)}{2}a^2x^{m-2}+\frac{m(m-1)(m-2)}{2}a^3 x^{m-3}$
$+\frac{m(m-1)(m-2)(m-3)}{2.3.4}a^4x^{m-4}+$ etc.; et qu'en
général $(a\pm b)^m = a^m \pm ma^{m-1}b + \frac{m(m-1)}{2}$
$a^{m-2}b^2 + \frac{m(m-1)(m-2)}{2.3}a^{m-3}b^3 \pm$ etc.

+ etc. Car lorsque le binome est $a-b$, tous les termes où les puissances de b, qui seront paires, auront le signe +, et tous ceux où ces puissances seront impaires, auront le signe — (*art.* 96).

Art. 111. Par le moyen de cette *formule*, c'est-à-dire de cette expression générale des puissances quelconques d'un binome, cherchons, par exemple, la cinquième puissance du binome $a+b$, dans ce cas, $m=5$. On aura donc $a^m = a^5$, $ma^{m-1}b = 5a^4b$, $\frac{m(m-1)}{2}a^{m-2}b^2 = 10\,a^3b^2$, et ainsi de suite jusqu'au sixième terme $\frac{m\,(m-1)\,(m-2)\,(m-3)\,(m-4)}{2.\ 3.\ 4.\ 5}$ $a^{m-5}b^5$, qui se réduit à b^5. La formation de la cinquième puissance de $a+b$ finit à ce terme, parce que le septième et les suivans ayant au nombre des facteurs de leurs coëfficiens, $m-5$ qui se réduit à zéro, ils s'y réduisent aussi; car une quantité quelconque, multipliée par o, est égale à o; et, en général, pour former la puissance m d'un binome, il ne faut que $m+1$ des termes de la formule ci-dessus (*art.* 110), m étant un nombre entier.

Art. 112. On peut de même, par cette formule, élever un polinome quelconque à une puissance quelconque. Soit, par exemple, le trinome $n+p+q$ à élever au cube.

Je fais $a = n$, $b = p+q$, $m = 3$. Donc $a^m = n^3$,

$$ma^{m-1}b = 3n^2 p\,(p+q),\quad \frac{m\,(m-1)}{2}\,a^{m-2}b^2 = 3n$$

$(p+q)^2$, et $\dfrac{m\,(m-1)\,(m-2)}{2.\,3}\,a^{m-3}b^3 = (p+q)^3$.

Je cherche ensuite, par la même formule, le carré et le cube du binome $p+q$; je substitue ces puissances aux facteurs $(p+q)^2$ et $(p+q)^3$, et effectuant les multiplications indiquées, j'ai $(n+p+q)^3 = n^3 + 3n^2 p + 3n^2 q + 3np^2 + 6npq + 3nq^2 + p^3 + 3p^2 q + 3pq^2 + q^3$.

Art. 113. La formule du binome s'étend encore aux puissances négatives et aux puissances fractionnaires, en donnant de même à m la valeur de l'exposant négatif ou fractionnaire. On en verra des exemples dans la suite, à l'article 140.

Il est essentiel de se rendre familier l'usage de cette formule infiniment utile. C'est à Neuton que nous en sommes redevables.

§. 3. *De l'extraction des racines des polinomes.*

Art. 114. Lorsqu'un polinome n'est pas une puissance parfaite du degré de la racine cherchée, on ne fait ordinairement qu'indiquer cette racine. Ainsi, pour désigner la racine carrée de $a^2 - b^2$, on écrit $\sqrt{a^2 - b^2}$, ou $(a^2 - b^2)^{\frac{1}{2}}$. La racine cubique de $\dfrac{a^2 - 3b + c}{c^2 - d^2}$ s'indique de même en écrivant $\sqrt[3]{\left(\dfrac{a^2-3b+c}{c^2-d^2}\right)}$, ou $\left(\dfrac{a^2-3b+c}{c^2-d^2}\right)^{\frac{e}{3}}$.

On verra (*art.* 140) comment on peut approcher de la racine de ces sortes de puissances.

Art. 115. Lorsque l'on croit possible l'extraction exacte de la racine d'un polinome, la méthode pour cette extraction se déduit aisément de la formule (*art.* 110) des puissances d'un binome $a+b$. En effet le premier terme a^m de la formule $a^m + ma^{m-1}b +$ etc., est la puissance m du premier terme a du binome; le second terme $ma^{m-1}b$ de la formule, est le produit de la puissance $m-1$ du premier terme a du binome par l'exposant m, lequel produit est multiplié par le second terme b du binome.

Art. 116. De là je conclus que, pour extraire la racine m d'une puissance parfaite du degré m, il faut,

1°. Ordonner les termes de cette puissance.

2°. Extraire la racine m du premier de ces termes; cette racine sera le premier terme de la racine m du polinome entier.

3°. Elever à la puissance $m-1$ le terme déjà trouvé pour le premier de la racine; le multiplier ensuite par m, et par ce produit diviser le second terme du polinome; le quotient sera le second terme de la racine.

4°. Elever les deux termes de la racine

à la puissance m; on retrouvera les mêmes termes que dans le polinome, s'il est une puissance exacte du degré m.

Art. 117. EXEMPLE I. On demande la racine carrée de $a^2 + 2ax + x^2$.

Je prends la racine de a^2, qui est a; je pose à la racine.

$$\begin{array}{c|l} a^2 + 2ax + x^2 & a + x \text{ racine.} \\ \underline{-a^2 - 2ax - x^2} & \overline{2a \text{, diviseur.}} \\ \hline 0 & \end{array}$$

Pour trouver le second terme, j'élève a à une puissance moindre d'un degré que la racine cherchée, c'est à dire à la première, et je multiplie par l'exposant 2; par le produit $2a$ je divise le second terme, $+2ax$, du polinome, et j'écris à la racine le quotient qui est $+x$.

J'élève au carré la racine trouvée $a + x$, et retranchant du polinome ce carré, comme il ne reste rien, je conclus que la racine exacte de $a^2 + 2ax + x^2$ est $a + x$.

Les termes de la quantité $a^2 + 2ax + x^2$ sont ordonnés, dans cet exemple, par rapport à a; si on les eût ordonnés par rapport à x, la racine eût été $x + a$, et par conséquent la même que celle qui a été trouvée.

EXEMPLE II. On demande la racine cinquième de la quantité

$$a^5 + 5a^4b + 10a^3b^2 + 10a^2b^3 + 5ab^4 + b^5 \,\big|\, a+b \text{ racine.}$$
$$-a^5 - 5a^4b - 10a^3b^2 - 10a^2b^3 - 5ab^4 - b^5 \,\big|\, 5a^4 \text{ diviseur.}$$
$$0$$

Je prends la racine cinquième de a^5 ; elle est a que j'écris à la racine. J'élève a à la quatrième puissance ; je multiplie cette puissance, a^4, par l'exposant 5, et j'ai $5a^4$ pour diviseur du second terme $5a^4b$ du polinome. Le quotient est b que j'écris à la racine.

J'élève $a+b$ à la cinquième puissance ; cette puissance retranchée du polinome, donne 0 pour reste. Donc $a+b$ est exactement la racine demandée.

Art. 118. Lorsque les termes d'une puissance parfaite d'un degré m sont ordonnés par rapport à l'un des termes de la racine, le second terme de cette puissance est toujours (*art.* 107 et 112) le degré $m-1$ de ce terme de la racine, multiplié par le produit de l'exposant m et de la somme de tous les autres termes de la racine. D'où il suit que s'il y a deux termes à la racine, le second terme de la puissance n'a qu'une partie ; il en a deux s'il y a trois termes à la racine, et ainsi de suite.

Art. 119. De plus, il est évident que le premier terme de la racine doit, dans chaque terme de la puissance, et par conséquent dans le second, être combiné de la même

manière avec chacun des autres termes de la
racine.

Art. 120. De ces réflexions il résulte que
s'il doit y avoir plus de deux termes à la racine d'un polinome, la division de toutes les
parties du second terme du polinome par le
premier de la racine préparée comme nous
l'avons dit (*art.* 116), doit donner pour
quotient les autres termes de la racine.

Exemple. Quelle est la racine carrée de la
quantité?

$$\left.\begin{array}{l} a^4 - 2a^2b^2 + b^4 \\ - 2a^2c^3 + 2b^2c^3 \\ + c^6 \end{array}\right\} \frac{a^2 - b^2 - c^3 \ \text{racine.}}{2a^2 \ \text{diviseur.}}$$

La racine de a^4 est a^2 que j'écris à la racine.

Pour trouver les deux autres termes, je
divise par $2a^2$ les deux parties $-2a^2b^2$ et
$-2a^2c^3$, du second terme de la puissance,
et j'ai pour quotient $-b^2 - c^3$, que je porte
à la racine.

En effet, le carré de $a^2 - b^2 - c^3$ est exactement la quantité

$$\begin{array}{l} a^4 - 2a^2b^2 + b^4 \\ - 2a^2c^3 + 2b^2c^3 \\ + c^6. \end{array}$$

Remarquons, dans cet exemple, que quoique la puissance proposée contienne des termes élevés au quatrième degré, le véritable
exposant de cette puissance et de la racine

cherchée est cependant, par la nature de la question, 2 et non pas 4. En général, si on demande la racine m de p, il est évident que d'après l'énoncé de la question, p ne doit pas être considéré comme la première puissance de la lettre p, mais comme exprimant la puissance m d'une quantité inconnue qu'il s'agit de trouver.

§ 4. *De l'extraction des Racines numériques.*

Art. 121. Si l'on élève successivement plusieurs nombres à une puissance quelconque m, on reconnaîtra

1°. Que si le nombre des chiffres d'une puissance m est m ou moindre que m, la racine m de cette puissance n'aura qu'un chiffre. Si, par exemple, un nombre est exprimé par trois chiffres au moins, on conclura que la racine troisième ne peut avoir qu'un chiffre.

Art. 122. L'usage seul apprend à distinguer quel est celui des neuf premiers nombres qui, dans ce cas, est la racine. Il faut donc connaître au moins celles des puissances de ces nombres, que l'on rencontre le plus fréquemment, c'est-à-dire leurs carrés et leurs cubes, que je donne ici.

Art. 123.

Racines	1,	2,	3,	4,	5,	6,	7,	8,	9
Carrés	1,	4,	9,	16,	25,	36,	49,	64,	81.
Cubes	1,	8,	27,	64,	125,	216,	343,	512,	729.

Art. 124. 2°. Que si le nombre des chiffres d'une puissance m est plus grand que m, sa racine m aura deux chiffres. Si ce nombre est plus grand que $2m$, sa racine m aura trois chiffres ; quatre, s'il est plus grand que $3m$, et ainsi de suite.

Art. 125. Par conséquent, si l'on partage un nombre, de droite à gauche, en tranches de m chiffres chacune, à l'exception de la dernière qui peut en avoir moins, la racine m de ce nombre aura autant de chiffres qu'il contient de tranches.

Appliquons maintenant à l'extraction des racines numériques, et composées seulement de deux chiffres, ce que nous avons dit de celle des racines algébriques.

Art. 126. Une racine qui ne contient que deux chiffres, peut être représentée par le binome $a+b$, a représentant le chiffre des dixaines, b celui des unités. Cela posé, a^3, par exemple, exprime des mille, puisque a ne représente que des dixaines, et que le cube de 10 est 1000. Par conséquent le cube du premier des deux chiffres d'une racine, ne peut faire partie des trois derniers chiffres à droite du cube de cette racine entière. Ce sont donc les chiffres qui restent, qui contiennent a^3.

Art. 127. En raisonnant de même pour les autres puissances, on trouvera qu'en général, si l'on désigne par m l'exposant d'une puissance quelconque, et par a le premier des deux chiffres de sa racine, a^m ne peut faire partie des m derniers chiffres, à droite, de cette puissance.

Art. 128. Or nous avons vu que pour avoir le premier terme du binome $a+b$ élevé à la puissance m, il faut extraire la racine m de a^m. Il faut donc, pour avoir le premier des deux chiffres de la racine m d'un nombre, séparer d'abord m chiffres sur la droite (*art.* 127); puis, de la plus grande puissance parfaite et du degré m contenue dans le reste des chiffres, extraire la racine m. Cette racine n'aura qu'un chiffre (*art.* 121 *et* 124), qui sera le premier des deux chiffres cherchés.

Art. 129. On a vu de même que pour avoir le second terme b de la racine m de la puissance m du binome $a+b$, il faut diviser le second terme $ma^{m-1}b$ de cette puissance, par ma^{m-1}, c'est-à-dire, par le premier terme a de la racine, déjà trouvé, élevé à la puissance $m-1$, et multiplié par m.

Art. 130. Or, en suivant toujours la comparaison du binome $a+b$ et des deux chiffres d'une racine cubique; puisqu'alors $m=3$, $ma^{m-1}b$ égalera $3a^2b$; a^2 exprimera des centaines, puisque le carré de 10 est 100; par conséquent la quantité représentée par $3a^2b$ ne peut faire partie des deux derniers chiffres, vers la droite, de la puissance.

Art. 131. Et en général la quantité représentée par $ma^{m-1}b$, ne peut faire partie des $m-1$ derniers chiffres, à droite, de la puissance m d'un nombre représenté par $a+b$.

Art. 132. Il faut donc, pour avoir le second chiffre de la racine m d'un nombre, après avoir soustrait de la première tranche à gauche la puissance m du chiffre déjà trouvé, écrire à la suite du reste, le premier chiffre de la seconde tranche, c'est-à-dire des m derniers chiffres, et diviser ce reste ainsi augmenté, par le premier chiffre de la racine, élevé à la puissance $m-1$, puis multiplié par m.

Art. 133. Si la racine devait avoir trois chiffres, alors a représenterait les centaines, b les dixaines; la première tranche, à gauche, de la puissance, contiendrait a^m; le reste de cette tranche, suivi du premier chiffre de la suivante, contiendrait $ma^{m-1}b$. On trouverait donc a et b comme on vient de le voir.

Art. 134. Les deux premiers chiffres trouvés, on les regarderait comme un nombre de dixaines, représenté par a, et le chiffre des unités le serait par b; en sorte que pour avoir le dernier chiffre de la racine, on retrancherait des deux premières tranches à gauche, la puissance m des deux premiers chiffres trouvés; et le reste, suivi du premier chiffre de la troisième tranche, contiendrait $ma^{m-1}b$; a exprimant alors, comme nous venons de le dire, les deux premiers chiffres de la racine, et b le troisième.

Art. 135. De ce qui précède (*art.* 121 *et suivans*), il résulte que pour extraire la racine m d'un nombre quelconque, il faut,

1°. Partager le nombre, de droite à gauche, en tranches de m chiffres chacune, la dernière à gauche pouvant cependant en avoir moins; de cette dernière prendre (*art.* 122) la racine m qui n'aura qu'un chiffre ; à côté du reste de cette tranche, abaisser le premier chiffre de la tranche suivante, et diviser la quantité qui en résulte par m fois le premier chiffre trouvé de la racine, élevé à la puissance $m-1$, le quotient sera le second chiffre de la racine.

2.° Retrancher des deux premières tranches la puissance m des deux chiffres déjà trouvés; à côté du reste abaisser le premier chiffre de la troisième tranche, et diviser par *m* fois les deux premiers chiffres déjà trouvés et élevés à la puissance *m* — 1. Le quotient sera le troisième chiffre.

3.º Continuer de même pour les chiffres suivans de la racine.

Art. 136. Quelquefois la puissance *m* des chiffres trouvés pour la racine, ne peut être soustraite des tranches sur lesquelles on a opéré. C'est qu'alors le chiffre résultant de la dernière des divisions est trop grand, et il faut le diminuer d'une unité ou plus, jusqu'à ce que la soustraction devienne possible.

Art. 137. S'il arrivait, dans le cours de l'extraction, qu'un diviseur ne fût pas contenu dans le dividende sur lequel on opère, on mettrait 0 à la racine.

Toutes ces règles seront éclaircies par les exemples suivans.

Exemple I. On demande la racine cubique de

```
1ᵉʳ. dividende  46|656|000 │ 360 racine.
                   19 6     │ ―――
                   46 656   │ 27 premier diviseur.
                 ―――――――――
2ᵈ. dividende         0 0   │ 3888 second diviseur.
                 46 656 000
                 ―――――――――――
                       0
```

Je partage le nombre donné en tranches de trois chiffres chacune, excepté la dernière à gauche qui n'en a que deux dans cet exemple. Je cherche le plus grand cube exact contenu dans 46 ; c'est 27, et il reste 19. J'écris 3, racine cubique de 27, à la racine. A côté du reste 19, j'abaisse le premier chiffre de la seconde tranche, et j'ai 196 que je divise par 27, c'est-à-dire par le triple du carré de 3, premier chiffre de la racine. Le quotient est 7 ; mais 7 est trop fort ; car alors les deux premiers chiffres de la racine seraient 37, dont le cube 50 663 ne pourrait être soustrait des deux premières tranches. J'écris donc 6 à la racine. Après avoir retranché des deux premières tranches le cube de 36, il reste o ; à côté de o je descends le premier chiffre de la troisième tranche, et j'ai oo : et comme le triple du carré de 36 n'est point contenu dans oo, j'écris o à la racine. Enfin je retranche du nombre donné le cube de 36o, et il ne reste rien ; 36o est donc exactement la racine cubique de 46 56o ooo.

EXEMPLE II. On demande la racine quatrième de

$$\begin{array}{r|l} 27\,|\,9841 & 23 \text{ racine.} \\ \text{Dividende} \quad 11 \quad 9 & \overline{} \\ \underline{27 \quad 9841} & 32 \\ \hline o \end{array}$$

La plus grande quatrième puissance exacte contenue dans 27, est 16, et il reste 11. Je porte à la racine 2, racine quatrième de 16,

G

et à côté du reste 11 j'abaisse le premier chiffre de la seconde tranche : J'ai 119 que je
divise par 32, c'est-à-dire par le quadruple
du cube de 2, premier chiffre de la racine.
Le quotient est 3 que j'écris à la racine. Je
retranche du nombre donné la quatrième
puissance de 23; il ne reste rien. Donc 23 est
la racine demandée.

Art. 138. L'extraction de la racine carrée
peut être simplifiée. Car la formule (*art.* 110)
$a^n + m a^{n-1} b +$ etc., donne $a^2 + 2ab + b^2$
pour le carré du binome $a + b$, d'où il résulte
1.º que le diviseur nécessaire pour trouver
le second chiffre de la racine, est représenté
par $2a$, c'est à-dire qu'il est simplement le
double du premier représenté par a, et 2.º
qu'après avoir trouvé par la division le second
chiffre, c'est-à-dire b, il est inutile de soustraire du nombre proposé le carré entier
des deux chiffres de la racine, pour avoir le
reste, s'il y en a un, et qu'il suffit de retrancher du reste de la division, suivi du dernier
chiffre de la seconde tranche, le carré du
second chiffre de la racine, ou le carré b^2.

Exemple III. On demande la racine carrée de

$$
\begin{array}{r|l}
5\,|\,29 & 23 \text{ racine.} \\
1\ 2 & \overline{ } \\
\ \ 09 & 4 \text{ diviseur.} \\
\ \ \ 9 & \\
\hline
\ \ \ 0 &
\end{array}
$$

Le plus grand carré contenu dans 5 est
4 , et il reste 1. J'écris à la racine, 2, racine
carrée de 4. A côté du reste 1 , j'abaisse le
premier chiffre de la seconde tranche, et
j'ai 12 que je divise par 4, double du chiffre
déjà trouvé pour la racine. J'écris le quotient
3, à la racine.

Le reste de cette division est 0; à côté de
ce reste, j'abaisse 9, dernier chiffre de la
seconde tranche; et de 09 ou de 9, je retranche le carré de 3 , second chiffre de la racine.
Cette soustraction donne 0 pour reste ; donc
23 est la racine exacte de 529.

Exemple IV. On demande la racine carrée de

```
76|80|76|96|8764 racine.
 12 8          ________
   1 60         16 1ᵉʳ diviseur.
               ________
   1 11 7        174 2ᵈ diviseur.
       7 36    ________
       7 00 9    1752 3ᵉ diviseur.
           16
          ____
           0
```

Le plus grand carré contenu dans 76 est
64 , et il reste 12. J'écris à la racine, 8 racine
carrée de 64. A côté du reste 12 , je descends
8, premier chiffre de la seconde tranche. Je
divise 128 par 16, double du premier chiffre
de la racine. Cette division me donne pour
quotient 8 que je diminue d'une unité , parce
que le carré de ce second chiffre ne pourrait

être soustrait de o , c'est-à-dire du reste o de
la division, suivi du dernier chiffre o de la seconde tranche. J'écris donc 7 à la racine ; et
je retranche de 160, reste de la division ,
suivi du second chiffre de la seconde tranche,
le carré 49 de 7 , second chiffre de la racine.

J'ai pour reste 111 ; à côté de 111 je descends le premier chiffre de la troisième tranche, ce qui forme 1117 que je divise par
174, double des deux chiffres déjà trouvés
pour la racine. J'écris le quotient 6 à la
racine ; et à côté du reste 7 , le second chiffre de la troisième tranche : de 736 je retranche le carré 36 du troisième chiffre de
la racine ; il reste 700. A côté de ce reste,
j'abaisse le premier chiffre de la quatrième
tranche, et j'ai 7009 que je divise par le
double 1752, des trois premiers chiffres
de la racine ; j'ai pour quotient 4 que
j'écris à la racine ; et à côté du reste 1 , je
descends le dernier chiffre 6 de la quatrième
tranche ; ce qui me donne 16 , carré exact de
4, dernier chiffre de la racine. La racine
carrée de 76 807 696 est donc exactement
8 764.

Art 139. S'il s'agissait d'extraire la racine
m d'un nombre fractionnaire ou d'une fraction ; après avoir, dans le premier cas, réduit
le tout en une fraction, on extrairait la racine

m du numérateur, et on la diviserait par la racine m du dénominateur (*art.* 92 et 98).

Ainsi $\sqrt[3]{\dfrac{8}{27}} = \dfrac{\sqrt[3]{8}}{\sqrt[3]{27}} = \dfrac{2}{3}$; et $\sqrt{4\dfrac{25}{36}} = \sqrt{\dfrac{169}{36}} =$

$\dfrac{\sqrt{169}}{\sqrt{36}} = \dfrac{13}{6} = 2\dfrac{1}{6}$.

§. 55. *De la racine approchée des puissances imparfaites.*

Art. 140. On a vu (*art.* 101) que $\sqrt[n]{a^m} = a^{\frac{m}{n}}$, d'où il suit que l'on peut toujours approcher de la racine d'une puissance imparfaite, au moyen de la formule du binome (*art.* 110).

Que l'on demande, par exemple, la racine carrée de $c^2 - x^2$; il est aisé de voir qu'elle ne peut être exacte. Pour en approcher, comme on a $\sqrt{c^2 - x^2} = (c^2 - x^2)^{\frac{1}{2}}$, on suppose que $(c^2 - x^2)^{\frac{1}{2}} = (a - b)^m$, c'est-à-dire que $a = c^2$, $b = x^2$, $m = \frac{1}{2}$. En substituant ces valeurs dans la formule $a^m -$

$ma^{m-1}b + \dfrac{m(m-1)}{2}a^{m-2}b^2 -$ etc. (*art.* 110),

on a pour le premier terme $c^{2 \times \frac{1}{2}} = c^{\frac{2}{2}} = c$; pour le second terme, $-\frac{1}{2}c^{2 \times (\frac{1}{2} - 1)} x^2 = -$

$\dfrac{c^{-1}x^2}{2} = -\dfrac{x^2}{2c}$ (*art.* 72); pour le troisième

terme, $-\frac{1}{8}c^{2 \cdot (\frac{1}{2} - 2)} x^4 = -\dfrac{c^{-3}x^4}{8} = -\dfrac{x^4}{8x^3}$; et continuant ainsi la substitution, on trouvera que $(c^2 - x^2)^{\frac{1}{2}}$ ou $\sqrt{c^2 - x^2} = c - \dfrac{x^2}{2c} - \dfrac{x^4}{8c^3} - \dfrac{x^6}{16c^5} - \dfrac{5x^8}{128c^7}$, etc. etc. Comme on peut avoir autant de termes de ces *séries* qu'on le juge à propos, on approche, autant qu'on veut, de la racine demandée, quoiqu'on ne puisse parvenir à l'assigner exactement.

On voit qu'une *série* n'est qu'une suite que l'on pourrait prolonger à l'infini, de termes qui croissent ou décroissent, suivant une loi quelconque; on la nomme *série convergente* lorsque ses termes vont en décroissant; *divergente* s'ils croissent.

Art. 141. Supposons encore que $\dfrac{1}{\sqrt{1 - y^2}}$ ou $\dfrac{1}{(1 - y^2)^{\frac{1}{2}}}$ ou $(1 - y^2)^{-\frac{1}{2}}$ (*art.* 72), $= (a - b)^m$, c'est-à-dire que l'on ait $a = 1$, $b = y^2$, $m = -\frac{1}{2}$. En substituant ces valeurs dans la formule $a^m - ma^{m-1}b +$ etc., on aura pour le premier terme, $1^{-\frac{1}{2}} = 1$ (*art.* 105); pour le second terme, $\dfrac{y^2}{2}$; pour le troisième, $\dfrac{3y^4}{8}$; etc., etc.

Mais pour l'extraction de la racine d'une puissance imparfaite, il est encore plus commode de substituer aux lettres les nombres qu'elles représentent, parce qu'il est facile au moyen des décimales, d'approcher de la racine d'un nombre quelconque.

Voici la règle pour parvenir à cette approximation dans les quantités numériques.

Art. 142. Au nombre dont vous voulez extraire la racine *m*, ajoutez *m* fois autant de zéros que vous voulez avoir de décimales à la racine. Faites ensuite, par la méthode ordinaire, l'extraction de la racine; et séparez sur la droite de cette racine, autant de décimales que vous aurez ajouté de fois *m* zéros à la puissance proposée.

Par exemple, on demande la racine carrée de 37, à un millième près. Pour avoir trois décimales à la racine, j'ajoute trois fois deux zéros au nombre 37, et j'ai 37 00 00 00, dont la racine carrée en nombres entiers, est 6 082. Je sépare les trois derniers chiffres, et j'ai 6,082 pour racine carrée de 37, approchée à moins d'un millième près. J'ai déjà donné (*art.* 38) un grand nombre d'exemples de ces sortes d'opérations.

Pour approcher, à moins d'un centième près, de la racine cubique de 37, j'ajoute deux fois 3 zéros à 37, et l'extraction faite, je sépare deux chiffres sur la droite de la racine, qui est conséquemment 3,33.

La raison de cette règle est sensible.

1.º En ajoutant six zéros à 37, je rends

ce nombre un million de fois trop grand :
sa racine carrée sera donc 1000 fois trop
grande, et sa racine cubique 100 fois trop
grande. Car si l'on représente 37 par a, sa
racine carrée sera $a^{\frac{1}{2}}$, et sa racine cubique
$a^{\frac{1}{3}}$; en multipliant a par 1000 000, on aura
1000 000 a dont la racine carrée est $1000a^{\frac{1}{2}}$
(*art.* 99), et la racine cubique $100a^{\frac{1}{3}}$, c'est-
à-dire, la première 1000 fois, la seconde
100 fois plus grande que la racine de a, de
même degré. Donc pour la valeur de $a^{\frac{1}{2}}$,
on ne doit prendre que la millième partie de
la première, et pour la valeur de $a^{\frac{1}{3}}$, la centième partie de la seconde.

2.º Puisque 6082 est la racine carrée, à
moins d'une unité près, de 37 000 000, 6083
serait la racine carrée d'un nombre plus grand
que 37 000 000; et 6,083, racine de ce nombre divisé par 1 000 000, serait par conséquent la racine d'un nombre plus grand que
37. Il est donc évident qu'on ne pourrait
ajouter un millième à la racine, 6,082, de
37, sans la rendre trop grande.

§. 6. *Du calcul des radicaux.*

Art. 143. Pour désigner les racines des
puissances imparfaites, on employe, comme
nous l'avons vu, ou les exposans fraction-

naires, ou le signe radical. La racine cubi-
que de a^4, par exemple, est $a^{\frac{4}{3}}$ ou $\sqrt[3]{a^4}$. En
traitant des différentes opérations qui peuvent
se faire sur les quantités algébriques, nous
avons fait successivement l'application de chacune de ces opérations aux quantités affectées
d'exposans. Lorsque ces exposans sont fractionnaires ou négatifs, il faut de plus observer
à leur égard les règles prescrites pour les fractions ou pour les signes ; mais leur calcul est
d'ailleurs le même absolument que celui des
exposans entiers et positifs.

Pour les radicaux, c'est-à-dire, les quantités affectées du signe radical, il est souvent
à propos de les préparer au calcul et de les
simplifier par les changemens qui suivent.

Art. 144. Lorsque la quantité sous le
signe est un produit dont l'un des facteurs
est une puissance de même degré que l'exposant du signe, on peut effacer cette puissance
sous le signe, en le faisant précéder de la
racine. Ainsi au lieu de $\sqrt{a^2 b}$, on peut écrire
$a\sqrt{b}$. Car $\sqrt{a^2 b} = a^{\frac{2}{2}} \times b^{\frac{1}{2}} = a \times \sqrt{b} = a\sqrt{b}$. De
même $\sqrt[3]{a^3 b^4} = ab\sqrt[3]{a}$; $\sqrt[3]{(a^3 b + a^3 c)} = 3a$
$\sqrt{b+c}$; enfin $\sqrt[n]{\dfrac{b b^n d}{a^n g}} = \dfrac{b}{a}\sqrt[n]{\dfrac{bd}{g}}$.

Art. 145. Par la même raison, on fera passer sous le signe son coëfficient, c'est-à-dire,
la quantité qui multiplie le radical, en éle-

vant cette quantité à la puissance indiquée par l'exposant du signe, et multipliant par cette puissance la quantité sous le signe. Ainsi $a\sqrt{b} = \sqrt{a^2 b}$; $3a\sqrt{b+c} = \sqrt{9a^2 b + 9a^2 c}$; et en général $\dfrac{b}{a}\sqrt[n]{\dfrac{bd}{g}} = \sqrt[n]{\dfrac{b b^n d}{a^n g}}$.

Art. 146. Pour multiplier, par une expression quelconque $\dfrac{p}{q}$, le coëfficient $\dfrac{a}{b}$ d'un radical $\sqrt[n]{\dfrac{c}{d}}$, sans changer la valeur de la quantité $\dfrac{a}{b}\sqrt[n]{\dfrac{c}{d}}$, on écrira $\dfrac{ap}{bq}\sqrt[n]{\dfrac{c q^n}{d p^n}}$. Car $\dfrac{a}{b}\sqrt[n]{\dfrac{c}{d}} = \sqrt[n]{\dfrac{a^n c}{b^n d}}$ (*art.* 145) ; et de même $\dfrac{ap}{bq}\sqrt[n]{\dfrac{c q^n}{d p^n}} = \sqrt[n]{\dfrac{a^n p^n c q^n}{b^n q^n d p^n}} = \sqrt[n]{\dfrac{a^n c}{b^n d}}$ (*art.* 77).

Art. 147. En supposant que $p = 1$ et que $q = d$, l'expression $\dfrac{ap}{bq}\sqrt[n]{\dfrac{c q^n}{d p^n}}$ deviendra $\dfrac{a}{bd}\sqrt[n]{cd^{n-1}}$; d'où il suit que pour convertir en entier une fraction sous le signe, il faut diviser le coëfficient du radical par le dénominateur de la fraction, multiplier le numérateur par le dénominateur élevé à la puissance $n-1$, n désignant l'exposant du radical, et effacer le dénominateur.

Art. 148. Enfin pour réduire à un même exposant les deux radicaux $\sqrt[n]{\dfrac{a}{b}}$ et $\sqrt[m]{\dfrac{c}{d}}$, écrirez $\sqrt[mn]{\dfrac{a^m}{b^m}}$ et $\sqrt[mn]{\dfrac{c^n}{d^n}}$. Car la valeur de $\sqrt[n]{\dfrac{a}{b}}$ et de $\sqrt[mn]{\dfrac{a^m}{b^m}}$ est la même, puisque $\sqrt[n]{\dfrac{a}{b}} = \dfrac{a^{\frac{1}{n}}}{b^{\frac{1}{n}}}$, et

$$\sqrt[mn]{\dfrac{a^m}{b^m}} = \dfrac{a^{\frac{m}{mn}}}{b^{\frac{m}{mn}}} = \dfrac{a^{\frac{1}{n}}}{b^{\frac{1}{n}}}.$$

Art. 149. L'addition des radicaux se fait en les écrivant à la suite l'un de l'autre, avec leurs signes. Si cependant ils ont un même exposant et une même quantité sous le signe, on prend la somme des coëfficiens ; si, par exemple, on veut ajouter $\sqrt[n]{\dfrac{a}{b}}$ et $\sqrt[n]{\dfrac{a}{b}}$, on écrit $2\sqrt[n]{\dfrac{a}{b}}$. De même $\dfrac{p}{q}\sqrt[n]{\dfrac{a}{b}}$ et $\dfrac{y}{z}\sqrt[n]{\dfrac{a}{b}} = \left(\dfrac{p}{q}+\dfrac{y}{z}\right)\sqrt[n]{\dfrac{a}{b}}$, ou $\dfrac{pz+qy}{qz}\sqrt[n]{\dfrac{a}{b}}$.

Art. 150. Pour soustraire deux radicaux l'un de l'autre, on change le signe du coëfficient de celui que l'on veut soustraire ; mais s'ils ont le même exposant et la même quantité sous le signe, on prend la différence des coëfficiens. Ainsi $\dfrac{p}{q}\sqrt[n]{\dfrac{a}{b}} - \dfrac{y}{z}\sqrt[n]{\dfrac{a}{b}} = \left(\dfrac{p}{q}-\dfrac{y}{z}\right)\sqrt[n]{\dfrac{a}{b}} = \dfrac{pz-qy}{qz}\sqrt[n]{\dfrac{a}{b}}$.

Art. 151. Pour multiplier deux radicaux, après les avoir réduits (*art.* 148) au même exposant, on multipliera les coëfficiens l'un par l'autre, et les quantités sous le signe l'une par l'autre. Ainsi $\left(\dfrac{p}{q}\sqrt[n]{\dfrac{a}{b}}\right)\left(\dfrac{r}{s}\sqrt[n]{\dfrac{c}{d}}\right) =$ $\dfrac{pr}{qs}\sqrt[n]{\dfrac{ac}{bd}}$. En effet $\left(\dfrac{p}{q}\sqrt[n]{\dfrac{a}{b}}\right)\left(\dfrac{r}{s}\sqrt[n]{\dfrac{c}{d}}\right) = \dfrac{p}{q}\times\dfrac{a^{\frac1n}}{b^{\frac1n}}$ $\times\dfrac{r}{s}\times\dfrac{c^{\frac1n}}{d^{\frac1n}} = \dfrac{pr}{qs}\dfrac{a^{\frac1n}c^{\frac1n}}{b^{\frac1n}d^{\frac1n}} = \dfrac{pr}{qs}\sqrt[n]{\dfrac{ac}{bd}}$.

Art. 152. Pour diviser deux radicaux, on les réduit au même exposant, et on divise les coëfficiens l'un par l'autre, et les quantités sous le signe l'une par l'autre. Ainsi $\dfrac{p}{q}\sqrt[n]{\dfrac{a}{b}}$ divisé par $\dfrac{r}{s}\sqrt[n]{\dfrac{c}{d}} = \dfrac{ps}{qr}\sqrt[n]{\dfrac{ad}{bc}}$.

Art. 153. Pour élever un radical à une puissance, élevez à cette puissance le coëfficient du signe, et la quantité sous le signe. Ainsi $\left(\dfrac{a}{b}\sqrt[n]{\dfrac{c}{d}}\right)^m = \dfrac{a^m}{b^m}\sqrt[n]{\dfrac{c^m}{d^m}}$. Car $\dfrac{a}{b}\sqrt[n]{\dfrac{c}{d}} = \dfrac{ac^{\frac1n}}{bd^{\frac1n}}$ et $\left(\dfrac{ac^{\frac1n}}{bd^{\frac1n}}\right)^m = \dfrac{a^m c^{\frac{m}{n}}}{b^m d^{\frac{m}{n}}} = \dfrac{a^m}{b^m}\sqrt[n]{\dfrac{c^m}{d^m}}$.

Art. 154. Pour extraire la racine d'un radical, faites passer le coëfficient sous le signe, et multipliez l'exposant du signe par celui de la racine demandée. Par exemple, la racine m de $\dfrac{a}{b}\sqrt[n]{\dfrac{c}{d}}$ est $\sqrt[mn]{\dfrac{a^n c}{b^n d}}$. Car $\dfrac{a}{b}\sqrt[n]{\dfrac{c}{d}} = \dfrac{ac^{\frac1n}}{bd^{\frac1n}}$, dont la racine m est $\dfrac{a^{\frac1m}c^{\frac{1}{mn}}}{b^{\frac1m}d^{\frac{1}{mn}}} = \sqrt[mn]{\dfrac{a}{b}}\,\sqrt[mn]{\dfrac{c}{d}}$ (*art.* 148), $= \sqrt[mn]{\dfrac{a^n c}{b^n d}}$ (*art.* 151).

Art. 155. Les exemples que je viens de donner, de chacune de ces règles, fournissent, par leur généralité, autant de formules pour les opérations à faire sur les radicaux, quelque forme qu'ils aient. Ces formules sont construites pour des fractions ; mais on supposera chacun des dénominateurs égal à 1, lorsque les radicaux auxquels on appliquera ces formules, ne contiendront que des entiers. On supposera de même chacun des coëfficiens, dans les formules, égal à 1, lorsque chacun des radicaux proposés n'aura que l'unité pour coëfficient.

Enfin, si ces radicaux renferment des polinomes, on les supposera égaux à des monomes pris à volonté, et par des substitutions on leur appliquera les formules précédentes.

Par exemple, que l'on propose de multiplier $4\sqrt{\dfrac{2-f}{3rs}}$ par $\dfrac{1}{3}\sqrt{(r^2+f^2)}$. Par la formule de multiplication (*art.* 151), on a

$$\left(\frac{p}{q}\sqrt[n]{\frac{a}{b}}\right)\left(\frac{y}{z}\sqrt[n]{\frac{c}{d}}\right)=\frac{py}{qz}\sqrt[n]{\frac{ac}{bd}}.$$

Je fais $p=4$, $q=1$, $n=2$, $a=2-f$, $b=3rs$; $y=1$, $z=3$, $c=r^2+f^2$, $d=1$; et faisant la substitution, j'ai

$$\frac{py}{qz}\sqrt[n]{\frac{ac}{bd}}=\frac{4}{3}\sqrt{\frac{(2-f)(r^2+f^2)}{3rs}}.$$

Art. 156. On appelle *imaginaires* les quantités précédées du signe — et du signe radical affecté d'un exposant pair $\sqrt{-a^2}$, $\sqrt{-ab}$, $\sqrt{-16}$, sont des quantités imaginaires; car une quantité positive élevée à une puissance quelconque, sera toujours positive, et il en est de même des puissances de degré pair des quantités négatives, puisque l'on a $- \times - = +$; $- \times - \times - \times - = +$; etc., par la règle de la multiplication des signes : la racine seconde, ou quatrième, ou sixième, etc., d'une quantité négative, est donc imaginaire; elle ne peut exister.

Art. 157. Nous n'avons appliqué qu'à des quantités positives les formules du calcul des radicaux; lorsqu'on substituera, dans ces formules, des radicaux ou imaginaires, ou affectés de coëfficiens négatifs, on se conformera aux règles qui concernent les signes, auxquelles cependant nous croyons devoir ajouter quelques observations.

1°. Si l'exposant m d'un radical est impair, et que la quantité sous le radical soit précédée du signe $-$, on peut faire passer ce signe avant le radical. En effet, si m est impair, $\sqrt[m]{-a^m} = -a = -\sqrt[m]{a^m}$.

Art. 158. 2°. La racine de a^2 est $\pm a$ (art. 97); mais lorsqu'on sait quelle est celle de ces deux quantités, $+a$ et $-a$, dont le carré a produit a^2, il est évident qu'alors la racine cesse d'être douteuse. Ainsi $\sqrt{-a} \times \sqrt{-a} =$

$\sqrt{a^2} = -a$ et non pas $\pm a$. Il suit de la que $\sqrt{-a} \times \sqrt{-b} = -\sqrt{ab}$, et non $\pm\sqrt{ab}$. En effet $\sqrt{-a} = \sqrt{a}\,\sqrt{-1}$; donc $\sqrt{-a}\,\sqrt{-b} = \sqrt{a}\,\sqrt{b}\,(\sqrt{-1})^2 = -\sqrt{ab}$.

Art. 159. 3°. Lorsqu'on fait passer, sous le signe, le coëfficient d'une quantité radicale, ce n'est qu'une simple transformation qui ne doit rien changer ni à la valeur, ni à l'état positif ou négatif de cette quantité. Ainsi $-p\sqrt{m} = -\sqrt{mp^2}$; $-3\sqrt[3]{8} = -\sqrt[3]{8 \times 27} = -6$. De même $-p\sqrt{-m} = -\sqrt{-mp^2}$; $-3\sqrt[3]{-8} = -\sqrt[3]{-8 \times 27} = 6$.

Art. 160. D'après ces observations, les puissances successives de $\sqrt{-a}$ seront $(\sqrt{-a})^0 = 1$ (*art.* 69); $\sqrt{-a}$, $-a$, $\sqrt{-a^3}$, $+a^2$, $+\sqrt{-a^5}$, $-a^3$, $-\sqrt{-a^7}$, $+a^4$, $+$ etc.

Art. 161. Au surplus, lorsque les calculs sont embarrassés de radicaux, on peut ou transformer ces radicaux en puissances fractionnaires (*art.* 103), ou substituer une lettre à chaque radical; écrire, par exemple, p au lieu de $\sqrt{a}$, q au lieu de $\sqrt[3]{c^2}$, etc., pourvu que dans les résultats de l'opération, on substitue, à ces lettres, les radicaux qu'elles représentent.

CHAPITRE IV.

De la solution des problêmes par l'analise.

Art. 162. Proposer un problême, c'est

demander que l'on trouve la valeur d'une ou de plusieurs quantités inconnues ; ce qui n'est possible que lorsque le problème contient, dans son énoncé, un certain nombre de conditions fondées sur les rapports de ces quantités inconnues avec des quantités connues que l'on appelle les *données* du problème. On exprime les données par les premières lettres de l'alfabet, a, b, c, etc., les inconnues par les dernières, u, x, y, z.

Art. 163. L'objet de l'analise est d'exprimer les problèmes, et de tirer, de leur expression, en la décomposant, les valeurs des inconnues qu'ils renferment.

Art. 164. Chacune des conditions d'un problème conduit à une égalité entre des quantités connues ou inconnues, mais différemment modifiées les unes par les autres, suivant la nature du problème et de la condition. Si l'on demande, par exemple, de trouver le nombre dont le triple est le quadruple de 60, on voit que le triple du nombre demandé égale le quadruple de 60, ou, appelant x l'inconnue, a le nombre donné, que $3x = 4a$.

Art. 165. L'expression de l'égalité de deux quantités, monomes ou polinomes, s'appelle *équation*; $3x = 4a$, $9x^2 + 3x = 4a^3 + b$, sont deux équations.

Art. 166. Le degré le plus élevé de l'inconnue, dans une équation, constitue le degré de cette équation. Ainsi $3x = 4a$ est une équation du premier degré, et $3x^3 = 4a$ une équation du troisième.

Art. 167. La quantité qui précède le signe $=$, est le *premier membre* de l'équation; le *second* est la quantité qui suit le signe $=$.

C'est par l'usage qu'on apprend à saisir, même dans les questions compliquées, et à exprimer, par des équations, les rapports entre les quantités connues ou inconnues. Il n'y a point de règles générales à cet égard.

Lorsque l'équation est formée, il faut, pour la *résoudre*, en déduire la valeur de l'inconnue, ou, ce qui revient au même, *dégager* l'inconnue, c'est-à-dire faire en sorte qu'elle reste seule dans l'un des membres de l'équation, et que l'autre membre ne contienne que des quantités connues. C'est à ce but que tendent les règles qui vont être détaillées.

§. 1. *Observation préliminaire.*

Art. 168. Les deux membres d'une équation, représentant la même quantité sous deux expressions différentes, il est évident qu'ils resteront égaux, si on les augmente

ou qu'on les diminue chacun d'une même
quantité.

Art. 169. Ils resteront encore égaux si on
les multiplie ou qu'on les divise chacun par
une même quantité.

Art. 170. Enfin, leurs racines et leurs
puissances seront égales, pourvu qu'elles
soient de même degré dans l'un et dans
l'autre.

§. 2. *Règles pour dégager l'inconnue dans une équation.*

Art. 171. PREMIÈRE RÈGLE. Lorsque, dans
un membre d'une équation, l'inconnue que
l'on veut dégager, se trouve suivie ou précédée, par addition ou par soustraction, de
quantités connues ou inconnues, on transpose
toutes ces quantités dans l'autre membre,
en changeant le signe de chacune d'elles, et
l'inconnue reste seule dans le sien.

Ainsi l'équation $x + 3 = 8$ se convertit en
celle-ci $x = 8 - 3$; de même $x + a - b = c$
devient $x = c - a + b$.

En effet, puisque $x + 3 = 8$, $x + 3 - 3 = 8 - 3$
(*art.* 168); et en réduisant $x = 8 - 3$; de
même, puisque $x + a - b = c$, $x + a - b - a + b$
$= c - a + b$, ou $x = c - a + b$.

Art. 172. Il suit encore de ce que l'on a
dit (*art.* 168) que les membres d'une équa-

tion dont on change tous les signes, restent égaux ; car si l'on a l'équation $x + a = -b$, on a aussi $x + a - x - a + b = -b - x - a + b$, ou, en réduisant, $b = -x - a$, et par conséquent $-x - a = b$.

Art. 173. SECONDE RÈGLE. Si l'inconnue est multipliée par une ou plusieurs quantités, on la dégage en divisant chacun des deux membres de l'équation par toutes les quantités qui la multiplient (*art.* 169).

Par exemple, si l'on a $4x = 28$, on aura aussi $\frac{4x}{4} = \frac{28}{4}$ ou $x = 7$. Si on a $am^2y = a^3m^4 - a^2m^2$, on aura $\frac{am^2y}{am^2} = \frac{a^3m^4 - a^2m^2}{am^2}$, ou $y = am^2 - a$. Enfin si l'on a $ax - bx + x = d$, en considérant que x est multiplié dans le premier terme par a, dans le second terme par $-b$, dans le troisième par 1, on écrira, en indiquant seulement ces multiplications, $x(a - b + 1) = d$, et d'après la règle, $x = \frac{d}{a - b + 1}$.

Art. 174. Quand un facteur se trouve commun à tous les termes d'une équation, on les divise tous par ce facteur ; ce qui simplifie l'expression de l'équation. Ainsi $ab^2 - bx^2 = bd$ devient $ab - x^2 = d$, en divisant toute l'équation par b ; et l'équation $a^2c - a^2 = a^2 \times bd$ devient, en divisant par a^2, $c - 1 = bd$.

Art. 175. TROISIÈME RÈGLE. Si l'inconnue est divisée par une ou plusieurs quantités, on la dégagera en multipliant par ces quantités, les deux membres de l'équation (*art.* 169). Par exemple, si $\frac{x}{6} = 9$, aura $\frac{x}{6} \times 6 = 9 \times 6$, ou $x = 54$; et si $\frac{x}{a+b} = c$, on aura $\frac{x}{a+b} \times (a+b) = c(a+b)$, ou $x = ac + bc$.

On fait évanouir, de la même manière, les fractions du nombre où se trouve l'inconnue. Si, par exemple, on a $\frac{2x}{m} + \frac{2a}{n} = p$, en multipliant l'équation par le produit mn des deux dénominateurs m et n, on aura $2nx + 2ma = mnp$, ou $x = \frac{mnp - 2am}{2n}$.

Art. 176. Dans les équations du premier degré à une seule inconnue, cette inconnue ne peut être *engagée* avec d'autres quantités que par addition, soustraction, multiplication et division; en sorte qu'une équation quelconque du premier degré à une seule inconnue, sera représentée par l'équation $\frac{ax}{b} + c - d = n$; x représentant l'inconnue, a les quantités qui la multiplient, b celles qui la divisent, c les quantités ajoutées, d les quantités retranchées, et n le second membre de l'équation. Si l'on applique à l'équation $\dfrac{ax}{b}$ $+ c - d = n$, toutes les règles que je viens de donner, on aura $x = \dfrac{bn - bc + bd}{a}$ pour la solution générale de toute équation du premier degré à une seule inconnue.

Art. 177. QUATRIÈME RÈGLE. Si l'inconnue est élevée à une puissance quelconque m, et que l'équation ne contienne point d'autre puissance de l'inconnue, il faut laisser cette puissance seule dans un membre de l'équation, et extraire la racine m de l'autre membre ; cette racine sera la valeur de l'inconnue. Si l'on a $x^3 + ax^3 = b$, ou $x^3 (a + 1) = b$, ou $x^3 = \dfrac{b}{a+1}$, on aura, en fesant ou indiquant l'extraction, $x = \sqrt[3]{\dfrac{b}{a+1}}$ (*art.* 170). De même si $x^4 + 3b = 2b + 3c$, on aura, en transposant et indiquant l'extraction de la racine quatrième du second membre, $x = \sqrt[4]{-b + 3c}$; équation dans laquelle x est imaginaire si b est plus grand que $3c$ (*art.* 156), puisqu'alors la quantité $-b + 3c$ est négative.

Mais l'inconnue est souvent élevée, dans une même équation, à des degrés différens. Nous ne nous occuperons pour ce moment

que des équations qui contiennent la première et la seconde puissance de l'inconnue;
et nous désignerons toujours cette inconnue
par x.

Art. 178. 1.° Comme la racine carrée
d'une quantité négative est imaginaire, si x^2
est négatif, on le rendra positif en le transposant.

Art. 179. 2.° On fera passer dans un seul
membre tous les termes où se trouvera l'inconnue.

Art. 180. 3.° Si x^2 est multiplié ou divisé
par une quantité quelconque, on le dégagera par les règles données (*art.* 173 et 175),
en sorte qu'il n'ait que l'unité pour coëfficient et pour diviseur.

Art. 180. 4.° On ajoutera à chaque membre de l'équation ainsi préparée, le carré de
la moitié du coëfficient de x. Alors le membre où se trouvera l'inconnue, sera un carré
parfait dont on extraira la racine : on prendra
de même, ou l'on indiquera celle de l'autre
membre de l'équation, et l'on trouvera la
valeur de x par la transposition.

Art. 182. Soit, par exemple, l'équation
$2c - 2ax = 2dd - xx$; j'aurai, en transposant, pour rendre x^2 positif, et pour réunir
dans un seul membre tous les termes où se
trouve l'inconnue, $x^2 - 2ax = 2dd - c$; et

ajoutant des deux côtés le carré de $-\dfrac{2a}{2}$ ou de $-a$, c'est-à-dire de la moitié du coëfficient de x, j'aurai $x^2 - 2ax + a^2 = 2dd - 2c + a^2$. Le premier membre est un carré exact dont la racine est $x - a$; donc (*art.* 170), $x - a = \sqrt{(2dd - 2c + a^2)}$, et $x = a + \sqrt{(2dd - 2c + a^2)}$.

Art. 183. Voici la raison de cette règle. Le carré du binome $a \pm b$ est $a^2 \pm 2ab + b^2$: il est donc composé 1.º du carré du premier terme a; 2.º du double produit du premier par le second; 3.º du carré du second. Le carré d'un binome quelconque n'est donc complet que lorsqu'il renferme toutes ces parties, puisque tout binome peut être représenté par $a + b$. D'où il suit que lorsqu'après les opérations nécessaires, un membre d'une équation du second degré est devenu $x^2 \pm nx$, il faut, pour faire de cette quantité un carré complet, ajouter le carré de $\pm\dfrac{n}{2}$, et l'on aura $x^2 \pm nx + \dfrac{n^2}{4}$, ou toutes les parties du carré du binome $x \pm \dfrac{n}{2}$.

Art. 184. Soit l'équation $x^2 + x = a$. Le coëfficient de x est 1; donc en suivant la règle, on aura $x^2 + x + \frac{1}{4} = a + \frac{1}{4}$ et par conséquent $x + \frac{1}{2} = \sqrt{(a + \frac{1}{4})}$, et $x = -\frac{1}{2} + \sqrt{(a + \frac{1}{4})}$.

De même l'équation $x^2 + ax - x = b$, ou

$x^2 + x(a-1) = b$ deviendra $x^2 + x(a-1) +$ $\left(\frac{a-1}{2}\right)^2 = b + \left(\frac{a-1}{2}\right)^2$; puis $x + \frac{a-1}{2} = \sqrt{\frac{4b + a^2 - 2a + 1}{4}}$; et enfin $x = \frac{1-a}{2} + \frac{\sqrt{(4b + a^2 - 2a + 1)}}{2}$, en extrayant la racine du dénominateur 4, et laissant indiquée celle du numérateur $4b + a^2 - 2a + 1$.

Art. 185. Ces équations étant du second degré, fournissent encore une autre valeur de l'inconnue. Car nous avons vu (*art.* 97) qu'un carré quelconque a toujours deux racines ; la racine de x^2 n'est pas plutôt $+x$ que $-x$; $a+b$ et $-a-b$ ont le même carré $a^2 + 2ab + b^2$; $a-b$ et $-a+b$ ont aussi un même carré $a^2 - 2ab + b^2$. Les équations $x^2 + nx + \frac{n^2}{4} = a$ et $x^2 - nx + \frac{n^2}{4} = a$, qui peuvent représenter toutes les équations du second degré auxquelles on aura fait subir toutes les préparations indiquées (*art.* 178, 179, 180, 181), ont donc chacune deux solutions.

De la première, $x^2 + nx + \frac{n^2}{4} = a$, on tire, par l'extraction des racines, $x + \frac{n}{2} = \sqrt{a}$, et $-x - \frac{n}{2} = \sqrt{a}$; ou, en transposant $\frac{n}{2}$ dans chacune de ces équations, et en changeant (*art.* 172) tous les signes de la seconde, $x = -\frac{n}{2} + \sqrt{a}$, et $x = -\frac{n}{2} - \sqrt{a}$; ou, en exprimant ces deux équations par une seule,

$$+x = -\frac{n}{2} \pm \sqrt{a}.$$

De la seconde équation ci-dessus $x^2 - nx + \frac{n^2}{4} = a$, on tire de même les deux équations $x - \frac{n}{2} = \sqrt{a}$ et $-x + \frac{n}{2} = \sqrt{a}$, ou, en changeant les signes de la seconde, transposant $\frac{n}{2}$, et exprimant ces deux équations par une seule, $x = \frac{n}{2} \pm \sqrt{a}$.

Art. 186. Concluons 1.º que toute équation du second degré renferme deux valeurs de l'inconnue.

2.º Qu'en représentant toutes les équations du second degré à une seule inconnue, et convenablement préparées, par les deux équations $x^2 + nx + \frac{n^2}{4} = a$, et $x^2 - nx + \frac{n^2}{4} = a$, ou par la suivante qui les contient toutes deux, $x^2 \pm nx + \frac{n^2}{4} = a$, on aura $x = \pm \left(\frac{n}{2} \pm \sqrt{a} \right)$ pour la solution générale de toutes les équations du second degré à une seule inconnue.

Art. 187. Quand une inconnue est sous le signe $\sqrt{\ }$, on la laisse seule dans un membre; puis on supprime le signe, et l'on carre l'autre membre. Ainsi $a - \sqrt{x} = b$ deviendra d'abord $a - b = \sqrt{x}$; puis $a^2 - 2ab + b^2 = x$.

Art. 188. CINQUIÈME RÈGLE. Si l'on a plusieurs inconnues, et que l'on ait autant d'équations que d'inconnues, ce qui est nécessaire pour que la valeur de chacune d'elles puisse être déterminée; on multipliera chaque équation par le produit des coëfficiens de l'une des inconnues dans les autres équations, et l'on retranchera la seconde équation de la première, la troisième de la seconde, la quatrième de la troisième, etc., ou, si l'on veut, la première de la seconde, la seconde de la troisième, etc; alors on aura de moins une équation et une inconnue. On traitera de même les nouvelles équations, jusqu'à ce qu'on n'ait plus qu'une équation et qu'une inconnue. Soient, par exemple, les deux équations $ax + y = b$, et $by - 2x = a$. Le coëfficient de x est a dans la première, et -2 dans la seconde. Je multiplie donc la première par -2, et la seconde par a, et j'ai les deux nouvelles équations, $-2ax - 2y = -2b$, et $aby - 2ax = a^2$; retranchant la première de la seconde, c'est-à-dire, le premier membre de la première du premier membre de la seconde, et le second membre de la première du second membre de la seconde, j'aurai $aby - 2ax + 2ax + 2y = a^2 + 2b$, et en réduisant, $aby + 2y = a^2 + 2b$, on $y = \dfrac{a^2 + 2b}{ab + 2}$.

Art. 189. Ayant trouvé la valeur de y, je la substitue dans l'une quelconque, $ax + y = b$, des premières équations, et j'ai l'équation $ax + \dfrac{a^2 + 2b}{ab + 2} = b$, de laquelle il est aisé de tirer la valeur de x.

Art. 190. Si l'une des équations était, par exemple, $ax + \dfrac{bx}{c} + y = a$, ou $x\left(a + \dfrac{b}{c}\right) + y = a$, pour plus de facilité on supposerait le coëfficient $a + \dfrac{b}{c}$ de l'inconnue égal à n, et après avoir résolu les équations proposées, on substituerait à n sa valeur $a + \dfrac{b}{c}$.

Art. 191. Soient, pour second exemple, les trois équations $x + 3y + 2z = a$, $2x + 4y + z = b$, $5x + 2y + 4z = c$. Je multiplie la première par 10, produit des coëfficiens de x dans les deux autres, et j'ai $10x + 30y + 20z = 10a$; je multiplie la seconde par 5, produit des coëfficiens de x dans les deux autres, et j'ai $10x + 20y + 5z = 5b$; je multiplie la troisième par 2, produit des coëffi-ciens de x, dans les deux autres, et j'ai $10x$

$+4y + 8z = 2c$. La seconde de ces nouvelles équations retranchée de la première, donne pour reste $10y + 15z = 10a - 5b$, et la troisième retranchée de la seconde, donne pour reste $16y - 3z = 5b - 2c$; je multiplie la première de ces deux équations par 16, et la seconde par 10, et elles deviennent $160y + 240z = 160a - 80b$, et $160y - 30z = 50b - 20c$; retranchant la seconde de la première, j'ai pour reste $270z = 160a - 130b + 20c$, d'où je tire $z = \dfrac{16a - 13b + 2c}{27}$.

Cette valeur de z étant substituée dans l'une des équations qui ne renferment que z et y, par exemple dans l'équation $16y - 3z = 5b - 2c$, on tirera de cette équation la valeur de y, que l'on substituera avec celle de z, dans l'une des premières équations, par exemple dans l'équation $x + 3y + 2z = a$, pour avoir par le moyen de cette équation, la valeur de x.

Art. 192. On voit que cette règle est fondée sur ce qu'après les multiplications, le coëfficient de l'une des inconnues étant le même dans chaque équation, puisqu'il est égal dans chacune d'elles, au produit de tous les coëfficiens dont cette inconnue était affectée dans chaque équation avant la multiplication, il est nécessaire qu'après avoir retranché les unes des autres les équations multipliées, cette inconnue disparaisse.

Art. 193 Au lieu de cette règle, on peut employer la suivante qui conduit aux mêmes résultats. On prendra dans l'une des équations données, la valeur de l'une x des inconnues, en supposant toutes les autres quantités connues, et l'on substituera cette valeur à x dans chacune des autres équations. On opérera de même successivement pour chaque inconnue. Soient, par exemple, les équations $ax = y - b$, et $x + by = a$. La première se réduit à $x = \dfrac{b - y}{a}$; en substituant cette valeur de x dans la seconde équation, elle deviendra $\dfrac{b - y}{a} + by = a$, équation qui ne contient plus qu'une inconnue.

§. 3. *Application des règles précédentes à la solution de quelques problèmes.*

Art. 194. Pour résoudre un problème, il faut considérer attentivement l'état de la question, en distinguer les données, les inconnues, les désigner par des lettres au moyen desquelles on exprimera les conditions du problème, chacune par une équation; enfin tirer de ces équations, par l'application des règles précédentes, la valeur de chaque inconnue. Je me contenterai de placer ici trois questions, desquelles je laisse au lecteur le soin de chercher la solution.

1. Un père et un fils ont, à eux deux, cent ans ; le fils a 30 ans de moins que le père ; quel est l'âge de chacun d'eux ?

2. Pierre et Jean avoient 36 francs entr'eux deux ; ils perdent une pistole, ou 10 francs, en sorte qu'il ne reste à Pierre que les deux tiers de ce qu'il avait, et à Jean les quatre cinquièmes. Combien chacun avait-il avant la perte ? Combien chacun a-t-il perdu ?

3. Trouver un nombre tel qu'ôtant de son carré, son quadruple, il reste 21.

On trouvera d'autres problèmes avec leurs solutions dans les nouveaux élémens d'arithmétique et d'algèbre, par Chompré. Paris 1785, p. 146 et suivantes.

Ce que j'ai dit suffit pour faire connaître l'utilité de l'algèbre dans la science des nombres ; elle n'est pas moindre dans celle de l'étendue à laquelle j'ai consacré le livre suivant. Mais je me contente ici d'un tableau trèsabrégé, et c'est ce que je vais continuer de faire en parlant de la géométrie.

LIVRE TROISIÈME.

De la Géométrie.

Art. 195. La *géométrie* est la science de l'étendue, et l'étendue est principalement mesurée par l'organe du tact.

Pour mesurer l'étendue, on observera d'abord qu'un corps solide ne présente au tact que son enveloppe ou sa *surface*, et que les extrémités des surfaces sont des *lignes* terminées par des *points*.

On peut donc supposer les corps engendrés par le mouvement. Un point qui se meut décrit une ligne ; une ligne, en se mouvant, décrit une surface, et la superposition d'une infinité de petites surfaces produit un solide.

Il faut bien observer que la nature ne nous présente que des solides ; les lignes et les points sont des abstractions que l'on ne peut concevoir isolément des solides auxquels elles appartiennent.

On exprime ces trois sortes de phénomènes des corps solides, en disant que l'étendue a trois *dimensions* : la *longueur*, la *largeur* et la *profondeur*, ou *épaisseur*.

Quoique ces trois dimensions ne puissent exister séparément, on les sépare souvent par la pensée. Par exemple, lorsque l'on pense à la profondeur d'un canal, on n'est occupé ni de sa largeur, ni de sa longueur.

Les géomètres considèrent aussi ces dimensions ensemble ou séparément : la ligne est l'étendue en longueur seulement ; la surface est l'étendue en longueur et en largeur, abstraction faite de la profondeur, et le solide est l'étendue avec ses trois dimensions.

L'objet de la géométrie est de déterminer les rapports et les mesures des lignes, des surfaces et des solides ; en sorte qu'il résulte des définitions qui viennent d'être faites, qu'il y aura trois géométries ; savoir : celle des lignes, celle des surfaces et celle des solides. Je m'occuperai successivement de ces trois espèces de géométrie. Mais comme le mot *géométrie* signifie proprement mesure de la terre, je ne dirai pas la géométrie, mais la mesure des lignes ; il en sera de même de la mesure des surfaces et des solides ; ces deux dernières ont reçu le nom de *planimétrie* et de *stéréométrie*.

CHAPITRE PREMIER.

De la mesure des lignes.

Art. 196. On dit qu'une ligne est droite lorsqu'elle conserve toujours la même direction, sans s'écarter à droite ni à gauche, en sorte qu'elle est évidemment le chemin le plus court d'un point à un autre.

En géométrie, on désigne une ligne droite (*fig.* 1) par les lettres A et B, placées à ses deux extrémités. Ainsi la ligne droite AB est la trace d'un point mu de A vers B sans aucun détour. On voit que le point est une étendue dont les trois dimensions sont infiniment petites.

Art. 197. On appelle ligne *courbe* la trace d'un point qui, dans son mouvement, se détourne infiniment peu à chaque pas.

Il n'y a donc qu'une seule espèce de ligne droite, et il y a une infinité d'espèces de courbes différentes : celles du *cercle*, de l'*ellipse*, de la *parabole* et de l'*hiperbole*, sont les seules dont nous nous occuperons dans ces élémens.

Art. 198. Pour faciliter l'intelligence de ce que nous avons à dire sur les lignes, nous supposerons les figures dans lesquelles nous les considérerons, tracées sur un *plan*, c'est-à-dire sur une surface à laquelle on peut appliquer exactement une ligne droite dans tous les sens.

§. 1. *Du cercle.*

Art. 199. Le cercle est une surface plane, terminée par une courbe A B D F G A, (*fig.* 2) que l'on nomme *circonférence* du cercle, et dont tous les points sont à égale distance d'un point isolé C, placé au dedans de cette figure, et qu'on appelle *centre*.

On emploie, pour décrire cette circonférence, un instrument à deux branches et à deux pointes, appelé *compas*. L'une des pointes est fixée au centre, et l'autre tournant autour de la première, décrit, dans sa marche, la circonférence.

Art. 200. Les lignes droites C A, C B, C D, etc. qui vont du centre à la circonférence, se nomment *rayons*; tous les rayons du cercle sont égaux (*art.* 199).

Art. 201. Une ligne droite A C F, terminée de part et d'autre à la circonférence, et passant par le centre, se nomme *diamètre*. Tous les diamètres sont égaux, puisque chaque diamètre est composé de deux rayons. Il est de plus évident que tout diamètre divise le cercle en deux parties égales.

Art. 202. Une portion quelconque D F, D F G, etc., de circonférence, se nomme *arc*. L'espace renfermé entre l'arc D F G, et les deux rayons C D, C G, se nomme *secteur*. L'espace D F G O D, compris entre le même arc D F G et la droite D O G, se nomme *segment*. Enfin, la droite D O G, se nomme la *corde* de l'arc D F G.

Art. 203. De-là on peut conclure 1°. que la corde D O G d'un arc quelconque D F G, est la même que celle du reste G A B D de la circonférence; mais quand on parle de l'arc soutenu par une corde, on entend toujours le plus petit.

Art. 204. 2°. Que dans un même cercle, les arcs égaux ont des cordes égales, et réciproquement.

Art. 205. 3°. Que les plus grands arcs sont soutenus par les plus grandes cordes, et les plus petits arcs par les plus petites cordes.

Art. 206. 4°. Qu'une corde quelconque D O G est plus petite que le diamètre A F, puisque $A F = G C + C D$ (*art.* 201), et que la corde D O G est moins grande que $G C + C D$ (*art.* 196).

Art. 207. On appelle *sécante* toute droite I L ou D R, qui coupe la circonférence.

Art. 208. Il est évident qu'une ligne droite ne peut rencontrer, en plus de deux points, une circonférence de cercle.

Art. 209. Les géomètres divisent la circonférence de chaque cercle en 360 parties égales, qu'ils nomment *degrés*. Le degré se divise en 60 *minutes*, la minute en 60 *secondes*, la seconde en 60 *tierces*, etc. Toutes ces parties s'indiquent par des signes parti-

culiers. Pour marquer , par exemple , 3 degrés 24 minutes 43 secondes 55 tierces , on
écrit 3ᵈ 24ʹ 43ʺ 53ᵗ. Au lieu de désigner les
degrés par la lettre *d* , un grand nombre
d'auteurs les indiquent par o ; mais je crois
la lettre préférable au chiffre , parce qu'elle
a du rapport au nom , et qu'ainsi elle le
rappelle.

Art. 210. Cette division de la circonférence est purement arbitraire. On a choisi
les nombres 360 et 60 , à cause du grand
nombre de leurs diviseurs.

Art. 211. Les degrés , les minutes , etc. ,
de cercle ne sont donc pas des mesures absolues , déterminées , comme le pié , la
toise , etc. Leur grandeur varie dans le même
rapport que celle des circonférences auxquelles ils appartiennent , puisqu'ils en sont
des parties semblables (*art.* 36).

§. 2. *Des angles et de leur mesure*
générale.

Art. 212. Si deux lignes AC, CD, (*fig.* 3) se
rencontrent dans un point C , leur *ouverture*
ACD s'appelle *angle*. Ainsi deux lignes qui
se croisent forment un angle.

Le point de rencontre C se nomme le sommet de cet angle; les lignes AC , CD , en

sont les *côtés*. Quand on désigne un angle par trois lettres, on place au milieu celle qui se trouve au sommet ; on indique encore un angle par la seule lettre de son sommet, lorsque ce sommet n'est commun à aucun autre angle.

Art. 213. De la définition de l'angle, il suit que la grandeur d'un angle ne dépend pas de la longueur de ses côtés, mais seulement de l'ouverture entre ses côtés. Si l'on conçoit que la droite C D était couchée sur C A, et qu'on l'a fait tourner sur le point C, comme une branche de compas sur sa charnière, la quantité A K D, dont C D a tourné, est précisément ce qui constitue la *grandeur* de l'angle A C D. Ainsi l'angle I C O égale l'angle A C D, parce que les lignes D C, O C, ont dû tourner de la même quantité pour arriver à leur position actuelle.

Il est clair que, dans ce mouvement, le point I, pour parvenir en O, décrit nécessairement un arc de cercle I R O, dont la grandeur dépend de celle de l'angle, et que chacun des autres points de la droite A C décrit de même, et en même tems, un arc absolument semblable, d'un cercle plus grand, ou plus petit, selon la distance du point descripteur au point C sur lequel il tourne.

Art. 214. D'où il résulte que, si d'une

ouverture arbitraire du compas et du sommet d'un angle, on décrit un arc entre ses
côtés, la grandeur de cet angle sera mesurée
par le nombre des degrés et des parties de
degrés de l'arc, puisque, quel que soit le
rayon, ce nombre est toujours le même
(*art.* 211), et qu'il ne dépend que de l'ouverture de l'angle.

On dira donc qu'un angle a, par exemple,
45 degrés, lorsque l'arc de cercle décrit du
sommet de l'angle, pris pour centre, a 45
degrés. Peu importe que la circonférence soit
grande ou petite; on voit que l'angle est toujours le même, c'est-à-dire que son ouverture ne change point, lorsque son sommet
est au centre. Il faut seulement prolonger
les côtés de l'angle si le cercle est plus
grand.

Art. 215. Pour faire au point c (*fig.* 4)
d'une ligne ca un angle égal à l'angle A C D
(*fig.* 3), du point C et d'un rayon à volonté,
décrivez l'arc A K D; décrivez de même du
point c et d'un rayon ca égal à C A, l'arc
indéfini $a\,k\,l$; portez de a en d la distance
du point A au point D; enfin, menez la
ligne $c\,d$; vous aurez l'angle $a\,c\,d$ égal à
l'angle A C D, puisque les arcs A K D, $a\,k\,d$,
qu'ils ont pour mesure, sont égaux.

Art. 216. On dit que deux lignes sont

perpendiculaires l'une sur l'autre, lorsque l'une tombe sur l'autre sans incliner d'aucun côté.

Lorsqu'un angle est formé par deux lignes perpendiculaires l'une sur l'autre, il est clair que si l'on décrit un cercle du point d'intersection des deux lignes, la circonférence sera partagée en quatre parties égales, dont chacune sera conséquemment de 90 degrés. Ainsi chacun de ces quatre angles égaux, que l'on distingue par le nom d'angles *droits*, aura pour mesure 90 degrés que l'on désigne par 90° ou 90^d.

Un angle qui a moins de 90^d est un angle *aigu*; celui qui en a plus est *obtus*.

On distingue donc trois sortes d'angles, l'angle *aigu*, l'angle *droit* et l'angle *obtus*. L'angle droit a pour mesure 90^d ou le quart de la circonférence : tel est l'angle K C B (*fig.* 3). L'angle aigu a pour mesure un arc moindre que l'arc de 90^d : tel est l'angle D C B; et l'angle obtus est mesuré par un arc de plus de 90^d : tel est l'angle A C D.

Art. 217. On appelle *complément* d'un angle ou d'un arc ce dont cet arc est plus petit ou plus grand que 90^d. L'angle K C D est le complément de l'angle obtus A C D; il est aussi le complément de l'angle aigu D C B.

Art. 218. Le complément d'un angle aigu est donc positif, et celui d'un angle obtus est négatif. Par exemple, le complément d'un angle de 55ᵈ 15ᶜ est 34ᵈ 45ᶜ; et le complément d'un angle de 124ᵈ 45ᶜ est — 34ᵈ 45ᶜ.

Art. 219. On appelle *supplément* d'un angle ou d'un arc ce qu'il faudrait leur ajouter pour avoir 180ᵈ. Par exemple, B C D est le supplément de D C A (*fig.* 3), et D C A le supplément de B C D.

Art. 220. Il est évident que deux angles sont égaux quand ils ont pour supplément des angles égaux.

Art. 221. D'où il suit que si deux lignes droites A B, F D (*fig.* 3) se coupent en un point C, les angles A C F, B C D, *opposés au sommet* et formés par ces deux lignes, seront égaux, puisqu'ils ont tous deux le même supplément A C D.

Art. 222. La somme des angles formés par une ou plusieurs lignes C L, C R, C D, tirées d'un même point C et du même côté d'une ligne A C B, est toujours de 180ᵈ. (On appelle ces angles, angles *de suite*) ; car on peut toujours regarder le point C comme le centre d'un cercle dont A C B, prolongé s'il est nécessaire, est alors un diamètre, et la somme de tous les angles formés sur l'un des côtés de ce diamètre, est nécessairement la demi-circonférence, ou = 180ᵈ.

Art. 223. Concluons que, si d'un point C, on tire autant de droites C L, C D, C F, C M, etc., qu'on le voudra, les angles qu'elles comprendront ne feront jamais que 360⁴ ; car ils ne pourront occuper plus que la circonférence.

Art. 224. Pour mesurer ou former les angles sur le papier, on se sert du *rapporteur.* C'est un demi-cercle de cuivre ou de corne, divisé en 180⁴. Le centre de cet instrument est marqué par une petite échancrure C (*fig.* 5). Pour mesurer un angle, on applique au sommet le centre C du rapporteur, et sur l'un des côtés de l'angle le rayon C B de cet instrument ; l'autre côté de l'angle, prolongé, s'il est nécessaire, fait connaître, par celle des divisions du rapporteur par laquelle il passe, de combien de degrés est l'arc, compris entre les côtés de cet angle, et par conséquent quelle est sa mesure.

Pour faire, avec le même instrument, un angle d'un nombre déterminé de degrés, on applique le rayon C B de l'instrument sur la ligne qui doit servir de côté à l'angle qu'on veut former, et de manière que le centre C soit sur le point où l'on veut que cet angle ait son sommet ; puis cherchant sur les divisions du rapporteur le nombre de degrés demandé, on marque sur le papier un point en

cet endroit; par ce point et par le sommet on
tire une ligne droite qui fait alors, avec la
première, l'angle demandé.

§. 3. *Des lignes perpendiculaires et des lignes obliques.*

Art. 225. J'ai dit (*art.* 216) que l'on appelait lignes *perpendiculaires* celles qui, par
leur rencontre, forment des angles droits.
Ainsi A B (*fig.* 6) est perpendiculaire à D F,
et réciproquement.

Art. 226. Les lignes *obliques* sont celles
qui, par leur rencontre, forment des angles
obtus ou des angles aigus. Par exemple, la
ligne G H est oblique à A B et à D F, et
celles-ci sont, chacune, obliques à G H.

Art. 227. Une droite A B étant perpendiculaire à une autre droite D F; si l'on
prend dans D F deux points; par exemple,
D et F, à égale distance du point d'intersection C, ils seront de même à égale distance de
chacun des points de A B.

Car ces distances sont exprimées par les
lignes A D et A F, *a* D et *a* F, etc. Or, si
l'on renverse la figure A C F sur la figure
A C D, la ligne A C restant commune à toutes
deux, la ligne C F s'appliquera exactement
sur C D, à cause de l'égalité des angles A C F,
A C D, et des lignes D C, C F; et la ligne

A F s'appliquera de même exactement sur A D, puisque le point A leur est commun, et que F tombe en D. Donc A D = A F. On prouvera de même l'égalité de a D et de a F, de b D et de b F, etc.

Art. 228. Il est clair qu'il n'y a que les points de la perpendiculaire A B (*fig.* 6) sur le milieu de DF, qui puissent être également éloignés de D et de F; car tout point qui sera à droite ou à gauche de A B, sera évidemment plus près de l'un de ces points D ou F que de l'autre. Donc une ligne sera perpendiculaire à une autre, lorsque la première passera par deux points dont chacun sera également éloigné de deux points pris dans la seconde à égale distance du point d'intersection.

Art. 229. De toutes les lignes menées d'un point A (*fig.* 6) sur une droite D C F, la plus courte est la perpendiculaire A C; car A C B est plus courte que A D B (*art.* 196); donc A C, moitié de A C B, est plus courte que A D, moitié de A D B.

Art. 230. La perpendiculaire est donc la mesure de la moindre distance d'un point à une ligne donnée de position; d'où l'on doit conclure que d'un point donné hors d'une ligne ou pris dans une ligne, on ne peut tirer qu'une seule perpendiculaire à cette ligne.

Art. 231. Pour mener d'un point donné G (*fig.* 7), hors d'une droite A B, une perpendiculaire G F sur cette ligne; du point G comme centre, et d'une même ouverture de compas, décrivez deux petits arcs qui coupent A B en deux points quelconques C et D; puis de ces deux points comme centres, et d'une seule ouverture, décrivez, soit au dessus du point G, soit au dessous de la ligne A B, deux arcs qui se coupent en un point F. Par ce point et par le point G, menez la ligne F G; elle sera perpendiculaire à A B (*art.* 228), puisqu'elle aura deux points F et G, chacun également distant des deux points C et D de la ligne A B.

Art. 232. Si le point G, par lequel on veut faire passer la perpendiculaire, était sur la ligne même A B, on opérerait encore de même.

Art. 233. Et dans le cas où le point G (*fig.* 8) serait placé de manière qu'on ne pût marquer commodément qu'un des deux points C ou D, on prolongerait suffisamment la ligne A B.

Art. 234. Pour mener une perpendiculaire par le milieu d'une ligne A B (*fig.* 9), décrivez des extrémités A et B comme centres, et d'ouvertures égales, deux petits arcs qui se coupent en deux points quelconques G et F, ou G et *f*; et par les points d'intersection, menez la ligne G F; elle sera perpendiculaire à A B (*art.* 228) et elle passera par le milieu de A B, puisque chacun de ses points, et par conséquent le point C, est également éloigné de A et de B.

Art. 235. Il suit de ce que je viens de dire que lorsqu'une ligne tombe perpendiculairement sur une autre, elle forme avec cette autre quatre angles égaux autour du point d'intersection. Mais lorsque deux lignes se coupent obliquement, les quatre angles qu'elles forment ne sont plus égaux tous les quatre entr'eux, mais seulement deux à deux, c'est-à-dire, ceux dont le sommet est opposé. On voit que j'ai appelé sommet, l'extrémité de l'angle, ou sa partie qui fait la pointe. J'ai exprimé la situation de ces deux angles (*art.* 221) en disant qu'ils étaient *opposés au sommet.*

§. 4. *Des lignes parallèles.*

Art. 236. Lorsque deux lignes ne forment point d'angle, c'est-à-dire, qu'elles restent toujours à la même distance l'une de l'autre, on les appelle *parallèles.*

La propriété distinctive des lignes droites, connues sous le nom de parallèles, est qu'el-

les ne peuvent se rencontrer, quelques prolongées qu'on les imagine aux deux extrémités : d'où il suit que deux parallèles sont
par-tout également éloignées l'une de l'autre. Car si elles étaient, en quelque point,
plus près qu'en un autre, elles seraient inclinées l'une à l'autre, et par conséquent elles
se rencontreraient si elles étaient prolongées.

Art. 237. Donc si A B est parallèle à C D
(*fig.* 10), les perpendiculaires A C, B D,
qui mesurent leurs distances en différens
points, sont égales ; et réciproquement si ces
perpendiculaires sont égales, A B et CD
sont parallèles.

Art. 238. Donc aussi deux parallèles ne font
point d'angle entr'elles ; et elles ne peuvent
avoir un point commun sans se confondre.

Art. 239. Une ligne droite qui coupe
deux parallèles, forme avec chacune d'elles
deux angles égaux ; cela est évident puisque
leur inclinaison est la même : développons
cette proposition.

On conclura facilement de tout ce qui
précède, que si deux parallèles A B, CD
(*fig.* 10), sont coupées par une droite E F
qu'on appelle alors *sécante*, 1.º tous les
angles de même espèce, c'est-à-dire tous les
angles aigus ou tous les angles obtus, formés
d'un même côté avec la sécante, seront

égaux. Car les lignes A B et C D n'ayant (*art.* 238) aucune inclinaison entr'elles, seront également inclinées, d'un même côté, chacune à l'égard de toute ligne à laquelle on les comparera.

Art. 240. 2.º L'angle formé par la sécante avec l'une des parallèles est égal à celui qu'elle forme avec l'autre parallèle, de l'autre côté de la sécante et entre ces parallèles. On nomme ces angles *alternes internes.* Par exemple, A G H $=$ G H D; car A G H $=$ E G B (*art.* 221), et l'on vient de voir que E G B $=$ G H D.

Art. 241. 3.º L'angle formé par la sécante avec l'une des parallèles est égal à celui qu'elle forme avec l'autre parallèle, de l'autre côté de la sécante, et en dehors des parallèles. On nomme ces angles *alternes externes.* Ainsi E G B $=$ C H F. Car E G B $=$ G H D $=$ C H F (*art.* 221).

Art. 242. 4.º Les angles internes d'un même côté se servent de supplément, et l'on en doit dire autant des angles externes d'un même côté. E G B est supplément de F H D, puisque F H D $=$ A G E. De même B G H a pour supplément D H G, puisque D H G $=$ A G H.

Art. 243. Il est évident qu'aucune de ces propriétés ne peut avoir lieu que les lignes

A B , C D ne soient parallèles , puisque ces propriétés ne sont fondées que sur cette supposition.

Art. 244. Si deux angles de même espèce, A B C , D E F (*fig.* 11), ont leurs côtés parallèles , ils sont égaux. Car si l'on imagine le point E posé sur le point B , A B se confondra avec D E, et B C avec E F (*art.* 238), puisque A B et D E auront un point commun B ou E, et sont parallèles, et qu'il en est de même de B C et E F.

Art. 245. Et s'ils ont leurs côtés semblablement inclinés chacun à chacun , ils seront encore égaux ; car si l'on fait tourner l'un des deux angles sur son sommet jusqu'à ce que l'un de ses côtés soit parallèle au côté correspondant de l'autre angle , les deux autres côtés correspondans seront de même évidemment parallèles. Donc les deux angles sont égaux.

Art. 246. On prouvera de même que si deux angles sont égaux , leurs côtés correspondans sont ou parallèles ou semblablement inclinés chacun à chacun.

Art. 247. Pour mener, par un point donné, C. (*fig.* 12) une ligne C D parallèle à une ligne A B, tirez du point C une ligne indéfinie C E F, qui coupe A B en un point quelconque E ; menez ensuite la ligne C D de sorte

(*art.* 215) qu'elle fasse avec C E un angle
égal à l'angle F E B ; C D sera parallèle à A B.

§. 5. *Des Tangentes.*

Art. 248. On appelle *tangente* une droite
M P qui touche en un point quelconque A
une circonférence de cercle A B G A (*fig.* 13),
et qui ne peut la rencontrer qu'en ce point
qui se nomme *point de contact.*

Art. 249. Le rayon C A qui rencontre la
tangente M P au point de contact A , est
perpendiculaire à cette tangente. Car tout
autre point de la tangente , par exemple le
point *r* étant éloigné de la circonférence
d'une certaine distance *r t* , toute ligne C *r* ,
menée du centre à la tangente , en un point
r, autre que le point de contact, sera évidemment plus grande que C A , de la distance *r t.*
Donc C A est perpendiculaire à M P (*art.* 229),
puisqu'on ne peut mener de ligne plus courte
du centre à cette tangente.

Art. 250. Et comme une ligne C A ne
peut être perpendiculaire à une ligne M P,
que M P ne soit perpendiculaire à C A, il est
clair qu'une tangente est toujours perpendiculaire au rayon par l'extrémité duquel
elle passe , et par conséquent qu'une perpendiculaire à l'extrémité d'un rayon C A , est

I

toujours tangente au point A de rencontre (*art.* 230).

Art. 251. Ainsi pour menér une tangente au point A (*fig.* 13), il suffit d'élever (*art.* 232 *et* 233) une perpendiculaire en ce point au rayon C A.

Art. 252. Si plusieurs cercles se touchent en un seul et même point B (*fig.* 14), ils auront évidemment A B I pour tangente commune, et leurs centres seront sur la même ligne droite, puisque les rayons C B, D B, E B, tous perpendiculaires en un même point B à la ligne A B I, ne font (*art.* 230) qu'une seule ligne droite.

Art. 253. Donc pour décrire un cercle d'un rayon donné, et qui touche un cercle B F G en un point donné B, on mènera par le centre C du cercle B F G la ligne indéfinie D C E; puis de B en E ou en D, on portera le rayon donné du second cercle; et du centre D ou E, avec le rayon D B ou E B, on décrira la circonférence M B N.

§. 6. *Des perpendiculaires considérées dans le cercle.*

Art. 254. Si un rayon C M (*fig.* 15) est perpendiculaire à une corde F G, il passe par le milieu D de cette corde, et par le milieu M de l'arc F G sous-tendu par cette corde.

Car le point C, et par conséquent (*art.* 227) tous les points de la perpendiculaire C M, sont également éloignés de F et de G ; donc 1.° F D = D G ; 2.° M *i* F = M I G, ou l'arc M *h* F = l'arc M H G (*art.* 204).

Art. 255. Puisque le milieu d'un arc, le milieu de sa corde, et le centre du cercle, sont tous trois sur une même ligne droite ; lorsqu'une ligne droite passera par deux de ces trois points, on pourra conclure qu'elle passe par le troisième.

Art. 256. Et comme il ne peut y avoir qu'une seule perpendiculaire sur le milieu d'une corde, il est évident encore que si une perpendiculaire sur une corde passe par l'un de ces trois points, elle passe nécessairement par les deux autres.

Art. 257. Donc 1.° pour diviser l'arc D M C (*fig.* 16) en deux parties égales, on mènera la corde D C, sur le milieu de laquelle on élevera (*art.* 234) la perpendiculaire M G qui coupera l'arc D M C en deux parties égales au point M.

Art. 258. 2°. Pour diviser en deux parties égales l'angle D G C, du sommet G comme centre, et d'un rayon quelconque G D, on décrira l'arc D M C ; et l'on mènera (*art.* 257) la ligne G M qui coupera l'arc D M C en deux parties égales. On aura par conséquent l'angle D G M égal à l'angle M G C, puisque ces deux angles ont pour mesures des arcs égaux.

Art. 259. Pour faire passer la circonférence d'un cercle par trois points donnés, A, B, D, (*fig.* 17) qui ne soient pas en ligne droite, on mènera les lignes A B, B D; on divisera ces deux lignes en deux parties égales par les perpendiculaires F C et C G, dont le point de concours C sera le centre de la circonférence cherchée. Car (*art.* 227) C A = C B, et C B = C D. Donc si du rayon C A ou C B ou C D, on décrit une circonférence de cercle, elle passera par les trois points A, B, D.

Art. 260. Ainsi, pour retrouver le centre d'un cercle ou d'un arc déjà décrit, on marquera trois points à volonté sur cet arc, et l'on opérera comme nous venons de le dire.

Art. 261. Puisqu'on ne trouve qu'un seul point C pour le centre cherché, on ne peut faire passer qu'une seule circonférence de cercle par trois points donnés; et deux circonférences de cercle ne peuvent avoir trois points communs sans se confondre.

Art. 262. Pour faire passer par un point donné B (*fig.* 18 *et* 19) une circonférence de cercle qui en touche une autre dans un point donné A, 1.° on prolongera, s'il est nécessaire, C A indéfiniment; car (*art.* 252) le centre cherché doit être dans la même droite que les points C et A, c'est-à-dire dans la ligne C A ou son prolongement ; 2.º on mènera la ligne B A, sur le milieu de laquelle on élevera la perpendiculaire F E, dont le point de concours D avec la ligne C A ou son prolongement, sera le centre de la circonférence cherchée, que l'on décrira du rayon. D B ou D A.

§. 7. *Des parallèles considérées dans le cercle.*

Art. 263. Deux cordes parallèles A B, C D (*fig.* 20), interceptent entr'elles des arcs égaux A C, B D. Car si l'on mène le rayon G I perpendiculaire sur A B, et par conséquent sur sa parallèle C D, il divisera (*art* 254) en deux parties égales chacun des deux arcs A I B, C I D ; et si des arcs égaux A I, B I, on retranche les arcs égaux C I, D I, les arcs restans A C, B D, doivent être égaux.

Art. 264. Il en serait de même si l'une des parallèles ou toutes deux étaient tangentes. D'où il suit que lorsqu'une tangente H K est parallèle à une corde A B, le point de contact est au milieu de l'arc A I B.

I 3

§. 8. *De la mesure des angles considérés par rapport à leurs différentes positions dans le cercle.*

Art. 265. Lorsqu'un angle a son sommet au centre d'un cercle, sa mesure est (*art.* 214) l'arc compris entre ses côtés. Mais il peut avoir son sommet hors du cercle, ou à la circonférence, ou entre le cercle et la circonférence. Nous allons déterminer quelle est, dans tous ces cas, la mesure de l'angle, pris dans le cercle même où on le considère.

Art. 266. Un angle MAN, dont le sommet est à la circonférence, et qui est formé par deux cordes AB et AD (*fig.* 21) ou par une tangente AN et par une corde AB (*fig.* 22), a pour mesure la moitié de l'arc $BFED$, compris entre ses côtés.

Menez les diamètres GE, FH, parallèles le premier à AN, le second à AM. 1.° L'angle $FCE =$ l'angle MAN (*art.* 244), et par conséquent leur mesure commune est FE; 2.° cette mesure $FE = \dfrac{BD}{2}$. Car $GA = ED$ (*art.* 263 et 264); et $AH = BF$; donc BD ou $BF + FE + ED = AH + FE + GA = FE + GH$; mais $GH = FE$, puisque l'angle $FCE = GCH$ (*art.* 221), et que tous deux ont leur sommet au centre. Donc BD $= 2$ FE, ou $\frac{BD}{2} =$ FE. Donc etc.

Art. 267. Si le centre du cercle n'est pas compris entre les côtés de l'angle, comme il arrive pour l'angle LAM (*fig.* 22), on n'en démontre pas moins que sa mesure est $\frac{LB}{2}$. Car si l'on mène au point A la tangente AN, l'angle LAM vaudra LAN — MAN; sa mesure sera donc $\frac{AEL}{2} - \frac{AEB}{2}$ ou $\frac{LB}{2}$.

Art. 268. Donc 1.º tous les angles BAE, BCE, BDE, (*fig.* 23), ayant leurs sommets à la circonférence, et qui comprennent entre leurs côtés des arcs égaux, seront égaux.

Art. 269. 2.º Ils seront droits, si ces arcs sont égaux chacun à la demi-circonférence. Car alors la mesure de chacun de ces angles est $\frac{1}{2}$ (180^{d}), ou 90^{d}.

Art. 270. D'où il suit que pour élever une perpendiculaire à l'extrémité A (*fig.* 23) d'une ligne AB, on peut, d'un point F, pris à volonté, et d'un rayon FA, décrire la circonférence BAEB qui coupera la ligne BA en un point quelconque B, par ce point B tirer le diamètre BFE, et du point E mener au point A la ligne EA; elle sera perpendiculaire à AB, puisque (*art.* 269) BAE est un angle droit.

I 4

Art. 271. Pour mener d'un point donné E, hors du cercle ABD, (*fig.* 24) une tangente à ce cercle, par le centre C menez la droite CE; décrivez sur CE comme diamètre la circonférence CAED; elle coupera ABD en A et en D; menez les droites AE, DE; elles sont les deux tangentes que l'on peut mener du point E au cercle ABD.

En effet, si l'on mène CD et CA, les angles CDE, CAE sont droits (*art.* 269). Donc DE et AE sont perpendiculaires à l'extrémité des rayons CD et CA; donc DE et AE sont tangentes en D et en A (*art.* 250).

Art. 272. Un angle IAD (*fig.* 21), dont le sommet est à la circonférence, et qui est formé par une corde AD, et par la partie extérieure IA d'une sécante IAM, a pour mesure la moitié de la somme des deux arcs AHD et AGB sous-tendus par le côté AD, et par le côté AI prolongé.

Car DAI + DAB valent deux angles droits, ils ont ensemble pour mesure la moitié de la circonférence; donc puisque DAB a pour mesure (*art.* 266) (BFED), DAI doit avoir pour mesure $\frac{1}{2}$ (AHD + AGB).

Art. 273. Un angle BAC (*fig.* 25), dont le sommet est entre le centre et la circonférence, a pour mesure la moitié de l'arc BC compris entre ses côtés, plus la moitié de l'arc DE compris entre ses côtés prolongés au sommet.

Pour le prouver, du point D, menez DF parallèle à EAB. Vous aurez l'angle D égal (*art.* 244) à l'angle BAC : ils ont donc la même mesure ; et cette mesure est (*art.* 266) $\frac{1}{2}$ (FBC), ou $\frac{1}{2}$ (FB + BC), ou, parce que FB = DE (*art.* 263), $\frac{1}{2}$ (DE + BC).

Art. 274. Un angle dont le sommet est entre le centre et la circonférence, aura donc pour mesure l'arc entier compris entre ses côtés, dans le cas où cet arc sera égal à l'arc compris entre les côtés du même angle prolongés au sommet.

Art. 275. Un angle BAC (*fig.* 26), dont le sommet est hors du cercle, a pour mesure la moitié de l'arc concave BC, moins la moitié de l'arc convexe ED compris entre ses côtés.

Du point D, menez DF parallèle à AB ; vous aurez l'angle A = l'angle D ; leur mesure est donc $\frac{1}{2}$ FC, ou $\frac{1}{2}$ (BC — BF), ou parce que BF = ED, $\frac{1}{2}$ (BC — ED).

§. 9. *Des triangles, des poligones et des lignes courbes.*

Art. 276. La connaissance des angles, qui m'a occupé dans les paragraphes précédens, est nécessaire pour celle des *triangles* ou figures terminées par trois côtés. Ces trois côtés forment trois angles dans l'intérieur de la figure, et la somme de ces trois angles réunis est toujours égale à deux angles droits; c'est ce que l'on démontre en prolongeant un des côtés du triangle et celui qui le touche immédiatement. On forme ainsi sur ce côté et son prolongement, trois angles que l'on prouve aisément être égaux aux trois angles du triangle, l'un parce qu'il est opposé au sommet, et les deux autres parce qu'ils sont formés par des lignes parallèles. Ces trois angles étant ce que l'on appelle *de suite*, c'est-à-dire formés autour du même point sur une même ligne, sont évidemment égaux à deux angles droits, et valent conséquemment 180 degrés (*art.* 222).

Si donc l'un des angles du triangle est droit, ce qui rendra le triangle *rectangle*, les deux autres seront nécessairement aigus.

Si l'un des angles est obtus ou plus grand qu'un angle droit, à plus forte raison les deux autres seront aigus. Mais l'angle obtus du triangle suffira pour faire donner, à ce triangle, le nom d'*obtusangle*.

Si les trois angles sont aigus, c'est-à-dire chacun plus petit que 90ᵈ, le triangle sera *acutangle*. Il y a donc cette différence entre cette dernière dénomination et les deux précédentes, que le triangle rectangle n'a qu'un

angle droit, et l'obtusangle qu'un angle obtus, tandis que l'acutangle a ses trois angles
aigus.

Ainsi le triangle *équilatéral*, c'est-à-dire
celui dont les trois angles et les trois côtés
sont égaux, aura trois angles qui seront
chacun de 6o^d, et sera conséquemment
acutangle.

On voit que l'égalité des angles entr'eux
nécessite celle des côtés, et réciproquement.
Ainsi deux triangles, dont les trois côtés seront égaux, auront nécessairement leurs trois
angles égaux. Mais deux triangles, dont les
angles seront égaux chacun à chacun, pourront avoir leurs côtés inégaux, et seulement
proportionnels. Cela vient de ce que les côtés d'un angle n'influent en rien sur sa grandeur, qui ne dépend que de leur inclinaison.
L'égalité des angles de deux triangles ne sert,
comme je viens de le dire, qu'à rendre les
côtés proportionnels d'une proportion appelée, par cette raison, *géométrique.* J'ai déjà
dit (*art.* 35) que dans la proportion arithmétique, les nombres étaient comparés entre
eux sous le rapport de leur différence, tandis que le rapport géométrique était celui
du produit des nombres ou de leur quotient.

Les triangles dont les angles sont égaux et
les côtés géométriquement proportionnels,

sont appelés *semblables* ; et puisque la somme des trois angles d'un triangle est toujours la même, il suffira de prouver que deux triangles ont deux de leurs angles égaux, pour démontrer qu'ils sont semblables.

Si donc dans un triangle rectangle on abaisse une perpendiculaire du sommet de l'angle droit sur le côté opposé, qui est l'*hipothénuse* du triangle, on formera deux triangles rectangles dont chacun aura un angle commun avec le grand triangle : ils lui seront donc tous deux semblables, et c'est par les proportions qui en résulteront, que l'on prouvera cette proposition célèbre qui est le principe de toute la géométrie : dans tout triangle rectangle, le carré de l'hipothénuse est égal à la somme des carrés construits sur les deux autres côtés.

Si dans un triangle équilatéral on abaisse une perpendiculaire du sommet d'un des angles sur le côté opposé, on divisera ce côté en deux parties égales ; si donc le côté du triangle équilatéral est représenté par $2a$, l'un des côtés du triangle rectangle en sera la moitié a. Le carré de l'hipothénuse sera $4a^2$, d'où retranchant a^2, carré du petit côté, celui du grand côté ou de la perpendiculaire du triangle sera $3a^2$, et sa racine carrée a multipliée par la racine de 3. Cette racine sera donc une ligne déterminée, tandis que le nombre 3 n'a point de racine carrée en nombres. La géométrie donne ainsi le moyen d'exprimer les nombres que l'arithmétique n'a pas le pouvoir de représenter.

Il sera facile, par le moyen des triangles rectangles, de trouver des valeurs géométriques de la même manière, à tous les radicaux du second degré, c'est-à-dire à ceux dont l'exposant est 2.

D'autres triangles exprimeront des rapports qui conduisent à d'autres radicaux, et c'est ainsi que la géométrie, venant au secours de l'arithmétique, figurera les rapports que cette dernière science ne peut calculer.

Après avoir approfondi la connaissance des triangles, on passera aux quadrilatères ou figures planes terminées par quatre côtés, puis par cinq, six, sept, etc.

Art. 277. On appelle en général *poligone* une figure *rectiligne* terminée par plusieurs côtés. Ce mot *rectiligne* signifie que les côtés qui terminent la figure sont des lignes droites. Il résulte de cette définition que le triangle est le plus simple des poligones.

On dit qu'un poligone est *régulier* lorsque ses côtés et ses angles sont égaux. Tout poligone régulier pourra conséquemment être *inscrit* dans un cercle, c'est-à-dire placé de manière que tous ses angles soient appuyés à leur sommet sur la circonférence d'un même cercle.

Afin de trouver le cercle dans lequel un poligone peut être inscrit, on élevera une perpendiculaire sur l'un des côtés du poligone, puis sur un autre, et le point d'intersection des deux perpendiculaires sera le centre cherché. Il est en effet évident que toutes ces perpendiculaires doivent être égales entr'elles.

Les lignes tirées du centre à tous les sommets des angles d'un poligone régulier seront donc les rayons d'un même cercle, et conséquemment égales entr'elles.

Deux rayons formeront, avec le côté d'un poligone régulier, un triangle appelé *isoscèle*, parce qu'il aura deux côtés égaux, et le rapport de ces deux côtés ou du rayon, avec le côté du poligone, déterminera la nature de ce poligone.

Dans le triangle équilatéral inscrit au cercle, si l'on représente le rayon du cercle par r, et le côté du triangle par a, la perpendiculaire du triangle sera $\frac{1}{2} r \sqrt{3}$, comme e l'ai déjà prouvé.

L'angle intérieur du triangle équilatéral

sera de 60ᵈ, comme je l'ai aussi déjà observé, et celui du triangle isoscèle, formé
par les deux rayons, sera de 30ᵈ. L'autre
sera de même de 30ᵈ; ainsi celui du centre
sera de 180ᵈ — 60ᵈ ou de 120ᵈ, ce qui doit
être, puisque le tiers de la circonférence est
de 120ᵈ.

Dans le carré inscrit au cercle, l'angle du
centre sera de 90ᵈ, et ceux sur les côtés du
triangle seront de 45ᵈ.

Dans le *pentagone* ou poligone régulier
de cinq côtés inscrit au cercle, l'angle du
centre sera de 72ᵈ; ainsi les deux angles
égaux du triangle de ce poligone seront chacun de 54ᵈ.

Dans l'*hexagone* ou poligone régulier de
six côtés inscrit au cercle, l'angle du centre
sera de 60ᵈ; ainsi les deux angles égaux du
triangle de ce poligone seront chacun de 60ᵈ.
Ce triangle sera conséquemment équilatéral,
d'où il résulte que le côté de l'hexagone régulier est égal au rayon du cercle inscrit,
proposition d'un fréquent usage en géométrie.

Dans l'heptagone ou poligone régulier de
sept côtés, inscrit au cercle, l'angle du
centre sera de $51^d\frac{3}{7}$, et l'angle du triangle
sera conséquemment de $64^d\frac{2}{7}$.

En général, si *m* exprime le nombre des

côtés du poligone régulier, l'angle du centre
sera $\dfrac{360}{m}$, et l'angle du triangle $90-\dfrac{180}{m}$.

Si le triangle du poligone est divisé en
deux parties égales par une perpendiculaire
appelée l'*apothême* de ce poligone, l'angle
du centre sera partagé en deux parties égales;
il ne sera donc plus que $\dfrac{180}{m}$; l'autre restera
$90^d-\dfrac{180}{m}$, et le troisième sera évidemment de
90^d. On aura donc un triangle rectangle dont
les trois angles seront connus, et dont l'hipothénuse sera le rayon du cercle, ou r.
Quant aux deux côtés, l'un sera la moitié du
côté du poligone, ou $\dfrac{a}{2}$; et le troisième ou
la perpendiculaire, appelée *apothême*, par
la propriété du triangle rectangle, sera
$\sqrt{r^2-\tfrac{1}{4}a^2}$, ou $\tfrac{1}{2}\sqrt{4r^2-a^2}$.

L'équation qui exprimera le rapport entre
m et a, tient à la théorie de ce qu'on appelle les *sinus* des angles, c'est-à-dire des
perpendiculaires abaissées d'un point quelconque du côté d'un angle sur l'autre côté.
Ce rapport est tellement compliqué que,
pour éviter le calcul des sinus, qui est d'un
très-grand usage en géométrie, on en a composé des tables qui sont fort communes.

Art. 278. Lorsque les figures terminées

par des lignes droites, c'est-à-dire les figures rectilignes, seront bien connues, on passera à la géométrie *curviligne*, qui est celle des lignes courbes, telles que le cercle.

Après le cercle, qui est la plus simple des lignes courbes, en ce qu'elle est la plus facile à construire, on en viendra à l'*ovale* ou *ellipse*, qui y ressemble beaucoup.

Pour décrire l'ellipse sur le papier, on peut y fixer un fil à ses deux extrémités qui doivent être plus rapprochées que la longueur du fil. Par ce moyen le fil resté lâche se prêtera au mouvement d'un crayon dont la pointe, en serrant mollement la corde, décrira la courbe. Ainsi la propriété distinctive de cette courbe est que la somme des deux lignes tirées de chacun de ses points aux deux points immobiles qui ont reçu le nom de *foyers*, est toujours la même.

La ligne qui passera par les deux foyers pour aller aux deux extrémités de la courbe, sera le grand *axe* de l'ellipse, et la perpendiculaire sur le milieu de cette ligne en sera le petit axe. On démontrera aisément que le grand axe est la ligne droite la plus longue qui puisse être tracée dans l'intérieur de la courbe, et le petit axe la plus courte de celles qui passent par le centre.

Après avoir parlé de l'ellipse, je dirai un

mot de la *parabole*, qui n'est qu'une ellipse alongée dont l'un des foyers est infiniment éloigné de l'autre. Si l'on élève une perpendiculaire sur l'axe connu au foyer connu, elle sera le *paramètre* de la courbe, en la terminant des deux côtés de l'axe, à la circonférence de cette courbe.

Après la parabole vient l'*hiperbole*, qui est telle que si de ses foyers, on tire deux lignes à chacun des points de sa circonférence, la différence de ces deux lignes sera toujours la même.

Je ne dirai rien de toutes les autres courbes appelées *algébriques*, parce que les *équations algébriques* suffisent pour en faire connaître la nature; mais je ne veux point terminer cet article sans dire un mot de quelques courbes qu'il n'est pas moins essentiel d'étudier à cause de leur utilité en mécanique, quoiqu'elles n'aient point d'équation algébrique.

Je citerai seulement ici, pour exemple, la *cicloïde* ou la courbe formée par le clou d'une roue dans l'espace, pendant que la voiture marche; et l'*épicicloïde*, qui est une courbe encore plus compliquée en ce que le chemin sur lequel elle s'avance, au lieu d'être plan, est courbe, et, par exemple, sphérique. Toutes ces courbes doivent être consi-

dérées avec attention, étant d'un usage très-
fréquent en astronomie.

CHAPITRE II.

*Mesure des surfaces et des plans, ou
planimétrie.*

Art. 279. Après la géométrie rectiligne
et curviligne vient la géométrie plane ou *planimétrie*. On s'y occupe des surfaces, des
plans et de leurs intersections. On y vient
ensuite aux plans curvilignes, dont l'étude
est bien plus compliquée. Je parlerai d'abord
ici des surfaces rectilignes et planes. Je join-
drai, aux figures rectilignes, celles qui sont
circulaires, et je m'occuperai 1°. de leur mesure; 2°. de leur comparaison; 3°. des propriétés qui résultent de leurs positions, soit
respectives, soit relativement aux lignes
droites.

§. 1. *Mesure des surfaces planes, rectilignes
et circulaires.*

Art. 280. Mesurer une quantité quelconque, c'est chercher combien de fois elle
contient une quantité de même nature, mais
déterminée, quoiqu'arbitrairement, et que
l'on appelle *unité* (*art.* 5). Ainsi pour me-

surer une longueur, j'ai dit qu'il fallait chercher combien de fois elle contenait une longueur d'un pié, ou d'une toise, ou d'une
lieue, etc. De même, pour mesurer une surface, on choisira pour unité une autre surface; par exemple, un quadrilatère dont les
dimensions soient déterminées, et l'on éva-
luera la surface proposée par son rapport
avec cette unité.

Art. 281. Si parmi les côtés du quadrilatère, il n'en est aucun parallèle à un autre,
il se nomme simplement *quadrilatère*. On le
nomme *trapèze*, si deux seulement de ses côtés sont parallèles; et *parallélogramme* si
ses côtés opposés sont parallèles.

Art. 282. Il y a quatre sortes de parallélogrammes : le *rhomboïde*, dont les côtés
contigus et les angles contigus sont inégaux;
le *rhombe* ou *lozange*, dont les côtés sont
égaux et les angles contigus inégaux; le *rectangle*, dont les angles sont égaux et les côtés
contigus inégaux; et le *carré*, dont les côtés et
les angles sont égaux.

Art. 283. Le carré est donc le plus régulier des quadrilatères. Aussi l'emploie-t-on
le plus ordinairement pour la mesure des
surfaces.

Art. 284. Quand les angles d'un quadrilatère sont égaux, ils sont nécessairement

droits, puisqu'ils valent toujours ensemble quatre angles droits. En effet, si dans l'intérieur d'un quadrilatère, on tire deux diagonales, elles formeront quatre triangles qui auront leur sommet au point d'intersection de ces deux diagonales. Les angles de ces quatre triangles vaudront huit angles droits (*art.* 276); les angles de leurs sommets, étant situés autour d'un même point, en vaudront quatre (*art.* 223); les angles de leurs bases, qui tous ensemble composent les quatre angles du quadrilatère, n'en vaudront donc aussi que quatre.

Art. 285. Les angles du rectangle et du carré sont par conséquent droits, et les côtés de l'un peuvent toujours être parallèles aux côtés de l'autre: d'où il suit que la mesure carrée s'applique plus facilement à un rectangle qu'à toute autre figure.

La surface d'un carré n'exige donc qu'une définition qui est celle d'une unité carrée à laquelle on donne pour côté l'unité de longueur. Si par exemple un *mètre* est l'unité de longueur, le mètre carré sera l'unité de surface.

Lorsque le côté d'un carré contient plusieurs mètres, on connaîtra la surface du carré en multipliant le nombre de ces mètres par lui-même: le produit exprimera le nombre de mètres carrés contenus dans le carré donné. Si, par exemple, ce carré a pour côté une longueur de 12 mètres en tous sens, on multipliera 12 par lui-même, et le produit 144 exprimera le nombre des mètres carrés contenus dans le carré donné.

Si les quatre côtés d'un quadrilatère ou figure rectiligne terminée par quatre côtés, étaient seulement perpendiculaires les uns sur les autres, sans être égaux entre eux, la figure qui en résulterait serait ce que j'ai déjà appelé un parallélogramme rectangle.

Pour avoir la surface d'un parallélogramme rectangle, il faudra, d'après le même principe, multiplier le nombre de mètres contenus dans l'un des côtés par celui des mètres contenus dans l'autre des deux côtés inégaux. Si, par exemple, deux côtés parallèles ont chacun 25 mètres et deux autres chacun 6 mètres, le parallélogramme rectangle aura 150 mètres carrés.

Lorsque le parallélogramme ne sera pas rectangle, sa *hauteur* sera la perpendiculaire abaissée d'un point quelconque d'un côté sur le côté opposé qui lui sera parallèle, et ce côté opposé sera considéré comme la base du parallélogramme *obliquangle*.

Les parallélogrammes qui ont même base et même hauteur, sont évidemment égaux entr'eux, puisque la base à laquelle on donnera l'épaisseur que l'on voudra pour en former une surface, se trouvera répétée dans tous un égal nombre de fois.

Tout parallélogramme obliquangle sera donc égal à un parallélogramme rectangle de même base dont la hauteur sera la même. Ainsi l'on aura sa surface en multipliant sa base par sa hauteur. Je me sers de cette expression abrégée pour dire qu'il faudra multiplier le nombre de mètres contenus dans sa base, par le nombre des mètres contenus dans sa hauteur ; et que le produit exprimera le nombre des mètres carrés de la surface cherchée.

La ligne qui joint deux angles opposés d'un parallélogramme quelconque s'appelle la *diagonale* de ce parallélogramme ; et il est clair que cette ligne partage le parallélogramme en deux parties égales.

Il résulte de cette observation un moyen facile de connaître la surface d'un triangle qui peut toujours être considéré comme la moitié d'un parallélogramme ; et la hauteur du triangle, ainsi que sa base, étant les mêmes que celles du parallélogramme, il est démontré que tout triangle est la moitié du produit de sa base par sa hauteur. Or, toute figure rectiligne pouvant être divisée en triangles par des diagonales, pourra être mesurée par ce principe. Il prouvera facilement que la surface d'un trapèze est égal au produit de sa hauteur par une droite menée à égale distance de ses bases, et parallélement à ses bases.

Appliquons-le aux poligones réguliers, dont nous allons déterminer successivement la surface.

En général, tout poligone régulier peut être partagé par des rayons tirés du centre à chacun de ses angles, en autant de triangles qu'il a de côtés. C'est ce que je nommerai les triangles du poligone.

Ces triangles seront tous isoscèles, en prenant le côté du poligone pour base; leur hauteur sera la perpendiculaire abaissée du centre sur le côté du poligone, ou l'apothême du poligone (*art.* 277).

Si le côté du poligone est désigné par *a* et le rayon par *r*, la perpendiculaire du triangle ou l'apothême sera $\sqrt{r^2 - \frac{1}{4}a^2}$ ou $\frac{1}{2}\sqrt{4r^2 - a^2}$, ainsi que je l'ai déja observé (*art.* 277).

La surface du triangle du poligone sera composée de celle des deux triangles rectangles formés par la perpendiculaire; et la surface de chacun de ces triangles, en prenant la perpendiculaire pour base, et le demi-côté pour hauteur, sera donc $\frac{1}{2} \times \frac{1}{2} a \times \frac{1}{2} \sqrt{4r^2 - a^2} = \frac{1}{8} a \times \sqrt{4r^2 - a^2}$. Les deux triangles partiels étant égaux, la surface du triangle entier sera $\frac{1}{4} a \sqrt{4r^2 - a^2}$.

Il y aura autant de triangles que de côtés : la surface entière du triangle, en désignant le nombre des côtés par *m* sera donc $\frac{am}{4} \sqrt{4r^2 - a^2}$.

Lorsque $m = 6$, c'est-à-dire dans l'hexagone, j'ai prouvé (*art.* 277) que $a = r$. La surface de l'hexagone régulier sera donc $\frac{6r}{4} \sqrt{3r^2} = \frac{3r^2}{2} \sqrt{3}$.

Lorsque $m = 4$, c'est-à-dire dans le carré, le côté *a* sera facile à déterminer. En effet, le demi-carré sera évidemment un triangle rectangle dont le diamètre du cercle sera l'hipothénuse. On aura donc $4r^2 = 2a^2$ ou $a = r\sqrt{2}$.

La surface du carré inscrit sera donc $\frac{4r\sqrt{2}}{4} \sqrt{4r^2 - 2r^2} = r\sqrt{2} \times r\sqrt{2} = 2r^2$, ce qui est d'ailleurs évident puisqu'elle sera le carré du côté $r\sqrt{2}$.

Ces deux côtés connus, savoir celui du carré et celui de l'hexagone, en donneront une infinité d'autres par le procédé que je vais indiquer.

K

D'abord le côté du triangle équilatéral sera facilement trouvé en prolongeant la perpendiculaire ou l'apothème jusqu'à la circonférence, et en joignant l'extrémité du rayon qui en résultera avec le sommet de l'angle du triangle. La ligne qui fera cette jonction sera évidemment le côté de l'hexagone ou r; on a vu que la perpendiculaire ou l'apothème était $\frac{1}{2}\sqrt{4r^2 - a^2}$. Ainsi l'excédent de cet apothème jusqu'à la circonférence sera $r - \frac{1}{2}\sqrt{4r^2 - a^2}$.

Le prolongement que je viens d'indiquer formera sur le demi-côté du triangle équilatéral un triangle rectangle dont l'hipothénuse sera r, ainsi que je viens de l'oberver, le grand côté $\frac{1}{2}a$, et le petit côté le prolongement que je viens de calculer, c'est-à-dire, $r - \frac{1}{2}\sqrt{4r^2 - a^2}$.

Prenant le carré de ces trois quantités, on aura par la propriété du triangle rectangle $r^2 = \frac{1}{4}a^2 + r^2 - r\sqrt{4r^2 - a^2} + r^2 - \frac{1}{4}a^2$, ou $r^2 = r\sqrt{4r^2 - a^2}$, ou $r = \sqrt{4r^2 - a^2}$, ou $r^2 = 4r^2 - a^2$, ou enfin $a^2 = 3r^2$. Ainsi $a = r\sqrt{3}$. Donc le côté du triangle équilatéral inscrit dans un cercle dont le rayon est r, sera $r\sqrt{3}$, et la surface de ce triangle sera $\frac{r\sqrt{3} \times 3}{4} \times \sqrt{4r^2 - 3r^2} = \frac{3}{4}r^2\sqrt{3}$.

La même construction donnera la surface
des poligones de 8, 16, 32, etc. 12, 24,
48, etc. côtés. Mais les formules algébriques
ne présentent peut-être pas à l'esprit des
idées aussi claires que les figures géométriques, et au lieu de parler algébriquement,
comme je l'ai fait jusqu'à présent, je vais
m'expliquer géométriquement.

Art. 286. La surface d'un poligone régulier quelconque est égale à la moitié du produit de son périmètre par l'un CP des apothêmes (*fig.* 27).

Car si du centre C l'on mène des rayons
à tous les angles du poligone, ces rayons se
diviseront en autant de triangles égaux et
semblables, qu'il a de côtés. Or la surface
de l'un quelconque CDR de ces triangles
est égale (*art.* 285) à la moitié du produit
du côté du poligone par l'apothême; donc
la somme des surfaces de ces triangles, ou
la surface totale du poligone, est égale à la
moitié du produit de l'un des apothêmes par
la somme des côtés ou par le périmètre.

Art. 287. Donc la surface d'une portion
ACR de poligone régulier comprise entre
deux rayons CA, CR, et un nombre quelconque de côtés, ALD, DPR, est égale au
demi-produit de la somme de ces côtés par
l'un CP des apothêmes.

K 2

Art. 288. Donc aussi, puisqu'un cercle n'est qu'un poligone régulier d'un nombre infini de côtés, et dans lequel par conséquent l'apothême est égal au rayon, la surface d'un cercle est égale à la moitié du produit de la circonférence par le rayon; et la surface d'un secteur quelconque est égale à la moitié du produit de l'arc qui le termine, par le rayon.

Art. 289. Pour avoir la surface d'un segment A B D E *(fig.* 28), on retranchera la surface du triangle A C D de celle du secteur A B D C.

Art. 290. Il est toujours aisé de mesurer une droite quelconque, et par conséquent le rayon d'un cercle; mais il n'y a point de méthode pour mesurer *géométriquement* sa circonférence, c'est-à-dire pour la mesurer par un nombre déterminé d'opérations faites avec la règle et le compas seulement; ou, ce qui revient au même, pour déterminer le rapport de la circonférence d'un cercle à son rayon, rapport qui est le même dans tous les cercles, puisque dans tous les poligones réguliers d'un même nombre de côtés, les angles du triangle sont les mêmes, en sorte que les triangles sont semblables, et qu'ils ont leurs côtés proportionnels (*art* 276). Si donc on considère le cercle comme un poligone régulier d'une infinité de côtés, et le rayon comme le côté du triangle de ce poligone, on aura, en appelant A la circonférence d'un cercle quelconque et son rayon B; et a la circonférence d'un autre cercle quelconque, et son rayon b; $A : a :: B : b$, et par conséquent $A : B :: a : b$.

Art. 291. Malgré l'incommensurabilité de ce rapport, on en a déterminé les deux termes par des approximations telles, qu'une plus grande exactitude est inutile dans la pratique; on a trouvé que le diamètre est à la circonférence, à-peu-près comme 7 à 22, ou comme 113 à 355, ou plus exactement encore, comme 1 est à 3, 141 592 653 589 793 238.

Art. 292. Ainsi en adoptant le premier de ces rapports, qui est presque toujours suffisant, si l'on demande la surface d'un cercle dont le diamètre est de 11 piés, appelant x sa circonférence, j'aurai $11 : x :: 7 : 22$, ou $x = \dfrac{11 \times 22}{7} = 34\frac{2}{7}$; le rayon est de $5\frac{1}{2}$ piés; la surface sera donc de $\dfrac{34\frac{2}{7} \times 5\frac{1}{2}}{2}$, ou $17\frac{2}{7} \times 5\frac{1}{2}$ ou $95\frac{1}{14}$ piés carrés.

Art. 293. Tout poligone régulier a pour surface le produit de son apothême par la somme de ses côtés, divisé par deux. Donc il est évident que la surface du cercle est égale à celle d'un triangle qui aurait le rayon pour base, et pour hauteur une ligne droite égale à la circonférence.

Art. 294. On peut aussi transformer un poligone quelconque A B C D E (*fig*. 29) en un triangle de même surface.

En effet, menez 1.º une diagonale E C qui joigne les extrémités de deux côtés contigus D E, D C; 2.º D F parallèle à C E, et qui rencontre en F le côté A E prolongé; 3.º la droite C F : le quadrilatère A B C F sera égal en surface au pentagone A B C D E: car ils ont le quadrilatère A B C E pour partie commune; il suffit donc de prouver l'égalité des deux triangles C D E, C E F, qui est évidente, puisqu'ils ont E C pour base commune, et qu'étant compris entre les parallèles C E, D F, ils sont de même hauteur.

On réduira de la même manière le quadrilatère A B C F à un triangle égal en surface. Donc on peut transformer, etc.

Art. 295. Pour évaluer une surface, après avoir déterminé et mesuré les deux dimensions dont le produit, en parties carrées, doit être égal à cette surface, on les réduira, chacune, à leur plus petite espèce commune, et on les multipliera l'une par l'autre.

Par exemple, pour évaluer la surface d'un rectangle qui aurait $2^t 3^d 5^m$ de base sur 4^m

6^{po} 2^{u} de hauteur, je réduis ces deux dimensions en lignes, et j'ai 2 220^{li} à multiplier par 65o^{li}; le produit donne 1 443 000 lignes carrées, et s'écrit ainsi: 1 443 000^{li}.

Le pouce carré ayant 12^{li} de long sur 12^{li} de large, contient 144 lig. carrées (*art.* 285); par la même raison le pié contient 144 pouces carrés ou 144^{pp}; enfin la toise carrée ayant 6^{si} de long sur 6^{si} de large, contient 36 piés carrés ou 36^{pp}.

Ainsi pour réduire en pouces carrés le produit ci-dessus, 1 443 000, on le divisera par 144; le quotient sera 10 020^{pp} 120^{li}. Pour réduire les 10 020^{pp} en piés carrés, on les divisera de même par 144, et l'on aura 69^{pp} 84^{pp}; et pour réduire en toises carrées les 69^{pp}, on divisera par 36, ce qui donnera pour quotient 1^{ts} 33^{pp}; on voit que 1^{ts} signifie une toise carrée.

Donc une surface de 2to. 3^{pi}. 5^{po}. de longueur sur 4^{pi}. 6^{po}. 2^{li}. de largeur, évaluée en parties carrées de la toise, contient 1^{ts} 33 84^{pp} 120^{li}.

§. 2. *Comparaison des surfaces.*

Art. 296. Si B représente la base, H la hauteur, S la surface, d'un triangle quelconque, on aura $S = \dfrac{B \times H}{2}$: de même si l'on nomme b, h, s, la base, la hauteur et la surface d'un autre triangle quelconque, on aura $s = \dfrac{b \times h}{2}$. Donc si $s :: \dfrac{B \times H}{2} : \dfrac{b \times h}{2}$ ou $:: B \times H : b \times h$. D'où il suit :

Art. 297. 1.° Que les surfaces de deux triangles quelconques sont entr'elles comme les produits des bases par les hauteurs.

Art. 298. 2.° Que deux triangles dont les bases sont égales, sont entr'eux comme leurs hauteurs. Car alors $B = b$, et par conséquent on pourra supprimer ces deux facteurs dans le second rapport de la proportion $S : s :: B \times H : b \times h$, qui deviendra $S : s :: H : h$.

Art. 299. 3.° Que, par une raison semblable, deux triangles de même hauteur sont entr'eux comme leurs bases, puisque H étant égal à h, on aura $S : s :: B : b$.

Art. 300. 4°. Que deux triangles sont égaux en surface, lorsque leurs bases et leurs hauteurs sont en raison inverse. Car si $B : b :: h : H$, on aura $B \times H = b \times h$, et par conséquent $S = s$.

Art. 301. 5.° Que les surfaces de deux triangles semblables sont comme les carrés de leurs dimensions homologues. Car s'ils sont semblables, on aura $B : H :: b : h :$ ou en multipliant le premier rapport par B et le second par b, $B^2 : B \times H :: b^2 : b \times h$. Or on a $S : s :: B \times H : b \times h$; on a donc aussi $S : s :: B^2 : b^2$. De plus quand les bases de deux triangles semblables sont proportionnelles, leurs dimensions homologues le sont de même; ainsi les deux surfaces seront entr'elles comme les carrés des dimensions homologues des deux triangles.

Art. 302. Les dimensions homologues et par conséquent les carrés des dimensions homologues de deux figures semblables étant proportionnels, si l'on partage ces figures en un même nombre de triangles semblables, la surface de chaque triangle de la première figure sera à la surface du triangle semblable de la seconde figure, comme le carré de l'une quelconque des dimensions de la première au carré de la dimension homologue de la seconde. Le rapport de ces deux carrés exprimera donc aussi le rapport de la somme des triangles de la première à la somme des triangles de la seconde. Donc en général les surfaces des figures semblables sont entr'elles comme les carrés de leurs dimensions homologues.

Art. 303. Les surfaces des cercles sont donc entr'elles comme les carrés de leurs diamètres ou de leurs rayons ou de leurs circonférences, etc.

Art. 304. Ainsi les contours des figures

semblables suivent le rapport simple des côtés, et leurs surfaces suivent le rapport simple des carrés des côtés. Si par exemple le côté d'une figure est triple du côté d'une autre figure semblable, le contour de la première sera triple du contour de la seconde, et la surface de la première sera neuf fois aussi grande que la surface de la seconde.

Art. 305. Donc pour construire une figure semblable à une autre, mais dont la surface soit à la surface de la figure donnée, dans un rapport quelconque, par exemple, comme $m : n$, on multipliera par la racine carrée de ce rapport l'un des côtés de la figure donnée; le produit sera le côté homologue de la figure cherchée. Car soit A le côté de la figure donnée; soit B le côté homologue de la surface inconnue. On aura $B^2 : A^2 :: m : n$; donc $B^2 = A^2 \times \dfrac{m}{n}$, ou $B = A \sqrt{\dfrac{m}{n}}$ (*art.* 144.)

Par exemple, pour trouver un cercle qui soit à un cercle donné dans la raison de 9 à 5, en supposant le rayon connu de 15 piés, on aura $15^{\text{p}} \times \sqrt{\frac{9}{5}}$ pour le rayon du cercle cherché.

§. 3. *Des positions des plans, soit entr'eux, soit relativement aux lignes droites.*

Art. 306. Je ne suppose aux plans dont

je vais parler, ni grandeur, ni figure déterminées; et si je me sers de figures pour les
représenter, ce n'est que pour aider l'imagination.

Art. 307. Un *plan* est une surface à laquelle une ligne droite s'applique exactement.

Art. 308. D'où il résulte évidemment que
si une droite quelconque a deux points communs avec un plan, tous les autres points de
cette droite sont aussi dans le même plan.

Art. 309. Une droite A B (*fig.* 30) perpendiculaire à un plan, est nécessairement
perpendiculaire à toutes les droites qui sont
dans ce plan. Car si elle penchait vers l'une
de ces droites, elle serait aussi inclinée sur
le plan.

Art. 310. On ne peut donc mener d'un
point A hors du plan qu'une seule perpendiculaire A B sur ce plan (*fig.* 30): car si l'on
en pouvait mener une autre, par exemple
A F, l'angle A F B, serait droit, ainsi que
l'angle F B A; on pourrait donc, du même
point A, abaisser deux perpendiculaires
sur une même ligne F B, ce qui est impossible (*art.* 230).

Art. 311. On prouverait de même que
d'un point donné B, dans un plan, on ne
peut élever qu'une seule perpendiculaire à
ce plan.

Art. 312. Deux droites A B, M N (*fig.* 3o) perpendiculaires ou également inclinées dans le même sens sur le plan P Q, sont parallèles, ce qui est encore évident.

Art. 313. L'intersection de deux plans ne peut être qu'une ligne droite. Car elle est une ligne, puisque ces plans n'ont point d'épaisseur ; et cette ligne est droite, puisqu'une droite menée par deux points quelconques de cette intersection, se trouvant (*art.* 3o8), en même tems toute entière dans chacun de ces plans, est nécessairement l'intersection même.

Art. 314. Donc trois points, non en ligne droite, déterminent la position d'un plan.

Car il est évident qu'une infinité de plans peuvent avoir les deux points A et B (*fig.* 31) communs entr'eux, mais qu'il n'y a qu'un seul de ces plans qui puisse passer en même tems par le point C hors de la droite A B.

Art. 315. D'où il suit 1.º que trois points qui ne sont pas en ligne droite, ne peuvent être communs à deux plans différens ;

Art. 316. 2.º Que deux droites C A, A D (*fig.* 31), qui se rencontrent, ne peuvent être que dans un seul plan P Q, dont les points C, A, D déterminent la position.

Art. 317. Un angle quelconque C A D détermine donc la position d'un plan.

Art. 318. Une droite A B (*fig.* 30) perpendiculaire à deux droites F B, G B, dans leur point d'intersection B, est aussi perpendiculaire à leur plan P Q.

En effet, si l'on conçoit que F B tourne autour de la ligne immobile A B en lui restant toujours perpendiculaire, le plan qu'elle décrira sera perpendiculaire à A B. Or il est clair que B G est dans ce plan; car l'angle A B G étant droit, ainsi que l'angle A B F, la ligne B F, en tournant autour de A B, aura nécessairement la ligne B G pour une de ses positions. B G est donc dans le plan tracé par B F, qui par conséquent est leur plan commun P Q.

Art. 319. Donc un plan C G (*fig.* 31) étant perpendiculaire à un plan P Q, si d'un point quelconque B du plan C G on abaisse la droite B A perpendiculaire à la commune intersection C F, B A sera perpendiculaire au plan P Q. Car si dans le plan P Q on mène D A, l'angle B A D sera droit, puisque le plan C G est perpendiculaire au plan P Q; donc B A sera perpendiculaire aux deux droites A D et A C ou C F, et par conséquent (*art.* 318) à leur plan P Q.

Art. 320. Si deux plans D H, C G, sont perpendiculaires à un troisième plan P Q (*fig.* 31), leur intersection B A sera aussi perpendiculaire à ce troisième plan. Car B A est alors perpendiculaire aux deux droites A C, A D; elle est donc perpendiculaire à leur plan P Q.

Art. 321. Si un plan coupe deux ou plusieurs plans parallèles, les intersections seront toutes parallèles. Car si elles ne l'étaient pas, elles se rencontreraient si elles étaient prolongées; et leurs plans, prolongés de même, se rencontreraient aussi; ils ne seraient donc pas parallèles.

Art. 322. On appelle *angle-plan* l'inclinaison d'un plan D H (*fig.* 31) à l'égard d'un autre plan C G; en sorte que si l'on mène dans le plan D H la droite A D perpendiculaire à la ligne A B d'intersection, et dans le plan C G la droite A C aussi perpendiculaire à A B, l'angle C A D sera précisément le même que l'angle formé par les deux plans, D H, C G.

Art. 323. D'où il est aisé de conclure, pour les plans, les propositions suivantes, déjà prouvées relativement aux lignes droites.

1.° La rencontre de deux plans forme deux angles dont la somme est de 180°.

2.° Les angles formés par un nombre quelconque de plans ayant tous une même droite pour intersection commune, valent ensemble 360°.

3.º Dans l'intersection de deux plans, les angles opposés au sommet sont égaux.

4.º Deux plans parallèles, coupés par un troisième, ont, dans les angles qu'ils forment avec ce troisième, les mêmes propriétés que deux lignes droites parallèles coupées par une troisième.

§. 4. *Propriétés des lignes droites coupées par des plans parallèles.*

Art. 324. Si d'un point A (*fig.* 32) hors du plan P Q, on mène à différens points de ce plan, des droites A D, A F, etc., et qu'on coupe ces droites par un plan *pq* parallèle au plan P Q; 1.º toutes ces droites seront coupées proportionnellement; 2.º les figures D F G E H, *dfgeh*, seront semblables.

En effet si l'on imagine un plan par les points A, D, F, ses intersections D F, *df*, avec les plans parallèles P Q, *pq*, seront parallèles (*art.* 321). Les triangles A D F, A *df* seront donc semblables. On prouvera de la même manière la similitude des triangles A F G et A *fg*, A G E et A *ge*, etc. On a donc A D : A *d* :: D F : *df* :: A F : A *f* :: F G : *fg* :: A G : A *g*, etc. :: A B perpendiculaire au plan P Q, est à A *b* perpendiculaire au plan *pq*. Donc 1.º toutes les droites

A D, A F, A G, etc., sont coupées proportionnellement par les plans P Q, pq.

2.º Des rapports ci-dessus, on tire D F : df :: F G : fg :: E G : eg :: D G : dg, etc. Les triangles D F G, dfg sont donc semblables; les angles F et f, et D d, G et g sont donc égaux. On prouvera de même, par les triangles semblables, l'égalité des angles E et e, H et h. Tous les angles de la figure D F G E H sont donc égaux, respectivement, aux angles de la figure $dfgeh$; de plus nous venons de prouver que leurs côtés homologues sont proportionnels: donc ces figures sont semblables.

Art. 325. Les surfaces de ces figures sont donc entr'elles :: $\overline{\mathrm{DF}}^2$: $\overline{df}^2$ :: $\overline{\mathrm{AD}}^2$: $\overline{\mathrm{A}d}^2$ :: $\overline{\mathrm{AF}}^2$: $\overline{\mathrm{A}f}^2$ :: $\overline{\mathrm{AB}}^2$: $\overline{\mathrm{A}b}^2$; et leurs contours :: D F : df :: A D : A d :: A F : A f :: A B : A b. Ces rapports doivent toujours avoir lieu, quel que soit le nombre des droites A D, A F, A G, etc., et la grandeur des angles qu'elles forment au point A. Donc puisque A B est d'ailleurs perpendiculaire au plan P Q et A b au plan pq, il faut conclure en général, 1.º que les surfaces de deux figures formées sur deux plans parallèles par des lignes menées d'un même point à travers ces plans, sont toujours entr'elles comme les carrés des deux perpendiculaires abaissées de ce même point à ces deux plans; 2.º que les contours de ces figures sont entr'eux comme ces perpendiculaires.

CHAPITRE III.

Mesure des solides, ou stéréométrie.

Art 326. Après la planimétrie, vient enfin l'étude des corps solides, bien plus difficiles à mesurer que les corps plans. L'art d'y réussir est nommé la *stéréométrie*. On sait (*art* 195) que les géomètres nomment *solide* ou *corps* tout ce qui réunit les trois dimensions de l'étendue.

Art. 327. On appelle *prisme* le solide dont les deux bases, c'est-à-dire les deux faces, l'une supérieure, et l'autre inférieure, sont parallèles, et dont les autres faces sont des parallélogrammes.

Art. 328. On peut concevoir le prisme comme formé par le mouvement d'un plan BDF (*fig.* 33) s'élevant parallèlement à lui-même le long d'une droite AB. Ses bases sont BDF, ACE; sa hauteur est LM, menée de l'une des bases perpendiculairement à l'autre base.

Art. 329. Les droites BA, CD, comprises entre les bases, et qui sont les rencontres de deux faces consécutives du prisme, se nomment les *arrêtes* de ce solide. De la définition du prisme, il suit que ses arrêtes sont toutes égales et parallèles.

Art. 330. Lorsque ces arrêtes sont perpendiculaires aux bases, c'est-à-dire égales à la hauteur, le prisme est *droit*; il est *oblique* lorsque ces arrêtes sont inclinées à l'égard des bases.

Art. 331. Le prisme est *triangulaire* si sa base est un triangle; *quadrangulaire*, si sa base est un quadrilatère, etc. Il se nomme *parallélipipède*, si ce quadrilatère est un parallélogramme; *parallélipipède rectangle*, si ce parallélogramme est un rectangle. Enfin le prisme se nomme *cube* lorsque la base est un carré, et que l'arrête est égale au côté de ce carré.

Art. 332. Le cube est donc un solide compris sous six carrés égaux; et c'est avec ce solide que l'on mesure tous les autres.

Art. 333. Si l'on conçoit qu'un parallélogramme rectangle C D E F (*fig.* 34), tourne autour d'une ligne immobile C F, on aura un solide que l'on appelle *cilindre*, et dont C F est l'*axe*. Le cilindre est *droit*, lorsque C F est perpendiculaire aux cercles qui forment les bases; il est *oblique*, lorsque l'axe C F est incliné à leur égard.

Art. 334. Si la figure C D E F (*fig.* 34), au lieu d'être un rectangle, était la moitié d'un poligone d'un grand nombre de côtés, le solide produit par sa révolution autour de C F, serait un *sphéroïde*; il sera une *sphère*, si cette figure est un demi cercle.

Art. 335. La sphère E O K M (*fig.* 35) est donc un solide terminé par une surface dont tous les points sont également éloignés d'un point intérieur C qu'on nomme *centre*.

Art. 336. D'où il suit que toute ligne droite telle que *ab* ou *cd*, passant par le centre, et aboutissant de part et d'autre à la surface de la sphère, est égale à son axe E K, et peut être prise par conséquent pour axe de la sphère.

Art. 337. Toute section de la sphère par un plan est évidemment un cercle. C'est un *grand* cercle, si ce plan passe par le centre de la sphère; sinon sa section est un *petit* cercle, et d'autant plus petit que son plan est plus éloigné du centre de la sphère.

Art. 338. Le *secteur-sphérique* est le solide qu'engendrerait le secteur de cercle B C A (*fig.* 36), tournant autour du rayon A C. La surface décrite dans ce mouvement par l'arc A B, s'appelle *calotte sphérique*.

Art. 339. Le *segment sphérique* est le solide qu'engendrerait le demi segment circulaire A F B (*fig.* 36) tournant autour de la partie A F du rayon. Il n'est conséquemment qu'une partie du secteur.

Art. 340. La *piramide* (*fig.* 37) est un solide dont la surface est formée par la jonction des côtés de plusieurs plans triangulaires ayant pour bases les côtés d'un poligone qu'on appelle la *base* de la piramide, et pour sommet commun un même point qu'on appelle le *sommet* de la piramide. Sa *hauteur* est la perpendiculaire A M abaissée du sommet A sur la base B C D B.

Art. 341. Une piramide est *régulière*, lorsque sa base est un poligone régulier, et qu'en même tems la perpendiculaire élevée du centre de ce poligone, passe par le sommet. Dans cette piramide, toutes les faces sont évidemment des triangles égaux et isoscèles.

Art. 342. Il est de même évident que toutes les perpendiculaires menées du sommet sur les côtés de la base d'une piramide régulière, sont égales ; ces perpendiculaires se nomment *apothèmes*.

Art. 343. Si la base est un triangle, un quadrilatère, etc., la piramide est *triangulaire, quadrangulaire*, etc. ; ses faces se multipliant dans le même rapport que les côtés de la base.

Art. 344. Si cette base est un cercle, la piramide est un *cône*.

Art. 345. La piramide et le cône sont *droits*, si la perpendiculaire abaissée du sommet sur la base, aboutit au centre de cette base; sinon ils sont *obliques*.

§. 1. *Mesure des surfaces des solides.*

Art. 346. La surface d'un prisme (*fig.* 38), ses bases non comprises, est égale au produit de l'une B C des arrêtes de ce prisme, par le contour G H I G de la section faite par un plan perpendiculaire à B C.

Car alors toutes les arrêtes sont perpendiculaires à la section, puisqu'elles sont toutes parallèles (*art.* 329). D'où il suit que G H est perpendiculaire à A F, H I à B C, et G I à D E. Donc la surface du parallélogramme $ADEF = GH \times AF$ ou $\times BC$; celle du parallélogramme $BCED = GI \times ED$ ou $\times BC$; celle du parallélogramme $ABCF = BC \times HI$. Donc la somme des surfaces de ces parallélogrammes, ou la surface du prisme est $BC \times (GH + HI + IG)$ ou $BC \times GHIG$.

Art. 347. Lorsque le prisme est droit, l'arrête égale la hauteur, et la section G H I G est égale à la base. Donc la surface d'un prisme droit, les bases non comprises, est égale au produit de la hauteur par le contour de la base

Art. 348. Le cilindre n'est qu'un prisme dont la base a un nombre infini de côtés : la surface du cilindre droit est donc égale au produit de sa circonférence par sa hauteur.

Art. 349. La surface du cilindre oblique (*fig.* 39) est, ainsi que celle du prisme oblique, égale à sa longueur A B multipliée par le contour de la section G M I M G perpendiculaire à A B ; cette section est une *ellipse*, courbe dont j'ai expliqué la nature (*art.* 278), mais dont la mesure dépend de connaissances plus étendues que celles que j'ai exposées jusqu'ici. Dans la pratique on peut se contenter de mesurer mécaniquement avec un fil dont on enveloppera le cilindre, et assujéti dans un plan perpendiculaire à A B.

Art. 350. La surface de la piramide est égale à la somme des surfaces des triangles qui la composent ; et par conséquent, lorsqu'elle est régulière, à la moitié du produit du contour de sa base par la hauteur commune de ces triangles, c'est-à-dire, par l'un quelconque de ses apothêmes.

Art. 351. Donc (*art.* 344) la surface convexe du cône droit est égale à la moitié du produit de la circonférence de la base par le côté A B de ce cône, (*fig.* 40) ou au produit de ce côté par la circonférence du cercle O P M R, parallèle à la base, et à égale distance des points A et B; puisque l'on a

$$A B : A O \text{ ou } \frac{AB}{2} :: B D : O M ;$$ d'où il suit

que $O M = \frac{BD}{2}$, et par conséquent (*art.* 325)

que $O P M R = \frac{BGDF}{2}$, et que $\frac{1}{2} A B \times$ B G F D $= A B \times O P M R$.

Art. 352. La mesure de la surface du cône oblique dépend d'une géométrie plus composée. Pour l'avoir à-peu-près, on partagera la circonférence de la base en un grand nombre d'arcs égaux, en sorte que chacun de ces arcs puisse, sans erreur sensible, être considéré comme une ligne droite; et alors on calculera la surface comme pour une piramide dont la base aurait autant de côtés que l'on a d'arcs.

Art. 353. La surface de la piramide régulière, tronquée et à bases parallèles, est composée de trapèzes égaux, qui ont pour hauteur commune le reste de l'apothême, et pour bases supérieures et inférieures les côtés des bases supérieure et inférieure de la piramide. Donc (*art.* 289) cette surface, les bases non comprises, est égale au produit du reste de l'apothême par le contour de la section faite à égale distance des deux bases, et parallèlement à ces bases.

Art. 354. Donc aussi (*art.* 344) la surface convexe du cône droit tronqué et à bases parallèles (*fig.* 41), est égale au produit du reste E C de l'apothême par la circonférence du cercle O P R Q parallèle aux bases et à distance égale de chacune d'elles.

Art. 355. Si un demi-poligone régulier K A S (*fig.* 42) tourne autour de l'axe N S, passant par le centre C, il est évident que le côté I N ou B S décrit un cône droit dans cette révolution ; que le côté A E parallèle à l'axe, décrit un cilindre droit ; et que les côtés compris entre les côtés A E et B S ou A E et I N, décrivent des cônes droits tronqués. Or, de ce qui précède, il résulte que la surface de l'un quelconque de ces solides est égale au côté générateur multiplié par la circonférence du cercle décrit par le milieu de ce côté. Cela posé, inscrivez un cercle au poligone entier ; du centre C à l'un M des points de tangence, c'est-à-dire au milieu de l'un A B des côtés, menez le rayon C M ; menez aussi B Q, M P, A R, perpendiculairement à l'arc S N, et B D parallèle et égale à Q R. Les deux triangles A B D, C M P sont semblables, puisque les côtés de l'un sont perpendiculaires aux côtés homologues de l'autre. Donc A B : B D ou Q R : : C M : M P, ou (*art.* 304) comme la circonférence dont le rayon est C M est à la circonférence dont le rayon est M P , proportion que nous exprimerons ainsi : A B : Q R :: *circ.* C M : *circ.* M P. Donc A B × *circ.* M P (c'est-à-dire l'expression de la surface du solide engendré par A B tournant autour de Q R) = Q R × *circ.* C M.

On prouvera de même que la surface du solide engendré par la révolution de B S autour de S Q est S Q × *circ.* C M ; que celle du solide engendré par la révolution de A E est R K × *circ.* C M , etc. Donc la surface du sphéroïde , engendré par la révolution du demi-poligone régulier N A S autour de son arc S N est égale à S N × *circ.* C M.

Art. 356. Quel que soit le poligone , ces conséquences auront lieu. Donc en général la surface d'un sphéroïde régulier est égale au produit de son axe par la circonférence du cercle inscrit.

Art. 357. La sphère est un sphéroïde d'une infinité de côtés. Donc la surface de la sphère est égale au produit de son axe par la circonférence de l'un de ses grands cercles.

Art. 358. Donc 1°. la surface de la sphère est quadruple de celle de l'un de ses grands cercles, puisque la surface de ce cercle est égale au produit de son rayon ou du demi-

L

axe de la sphère, par sa demi-circonférence.

Art. 359. 2°. La surface de la sphère est égale à la surface convexe du cilindre circonscrit, puisqu'elles ont toutes deux (*art.* 348 *et* 357) pour mesure, le produit de l'axe EK (*fig.* 35) ou de FA par la circonférence MNOP ou ARBS.

§. 2. *Comparaison des surfaces des Solides.*

Art. 360. Si l'on appelle S la surface d'un solide quelconque, et que B et H représentent les deux lignes dont le produit donne la valeur de cette surface, on aura $S = B \times H$. De même si l'on nomme s la surface d'un autre solide, b et h les facteurs de la valeur de cette surface, on aura $s = b \times h$. Donc $S : s :: B \times H : b \times h$.

Art. 361. D'où il suit 1°. que si $B = b$, $S : s :: H : h$ (*art.* 298).

Art. 362. 2°. Que si $H = h$, $S : s :: B : b$ (*art.* 299).

Art. 363. 3°. Que si $B : b :: h : H$, $= S s$ (*art.* 300).

Art. 364. 4°. Que si $B : b :: H : h$, $S : s :: B^2 : b^2$ (*art.* 301); ou comme les carrés de deux autres dimensions homologues quelconques, quand les deux solides sont *semblables*, c'est-à-dire quand toutes les dimensions de l'une sont proportionnelles aux dimensions homologues de l'autre. Par exemple, les sphères sont des solides semblables. Ainsi leurs surfaces sont entr'elles comme les carrés de leurs rayons, ou de leurs diamètres, ou des circonférences de leurs grands cercles, etc.

§. 3. *Mesure des Solidités.*

Art. 365. On entend en géométrie, par la *solidité* d'un corps, la portion d'étendue comprise entre ses faces. Ainsi deux sphères de même diamètre ont même solidité, de quelque matière qu'on les suppose ; l'une, par exemple, étant de plomb massif, et l'autre de carton.

Art. 366. Mesurer la solidité d'un corps, c'est chercher son rapport à un autre solide adopté pour unité, et dont on connaît les dimensions.

Art. 367. De même que le carré a servi à mesurer les surfaces, le cube est employé à mesurer les solides. On prendra pour unité le mètre cube, c'est-à-dire un solide dont la longueur, la largeur et la hauteur sera un mètre, et c'est ce mètre cube qui servira de base à tous nos calculs pour les solides.

Pour mesurer un *parallélipipède rectangle*,

on examinera combien de mètres contient sa longueur, sa largeur et sa hauteur ; et multipliant ces trois dimensions l'une par l'autre, on aura le nombre des mètres cubes contenus dans ce solide. Si, par exemple, la hauteur est de 5 mètres, la longueur de 6, et la largeur de 7, la solidité sera de 210 mètres cubes.

Si le parallélipipède est *obliquangle*, il faudra multiplier la base par la hauteur, et la surface de la base sera calculée par le moyen des règles du chapitre précédent, où j'ai enseigné à mesurer les surfaces. Si donc cette base est un parallélogramme rectangle, on multipliera la longueur par la largeur, si elle est un parallélogramme obliquangle, on calculera d'abord leur distance, et l'on multipliera cette distance par celle des deux dimensions à laquelle elle se trouvera perpendiculaire.

Lorsque la base seule, étant un quadrilatère, les extrémités de cette base, c'est-à-dire son périmètre, sera l'origine d'un nombre infini de lignes, qui toutes iront aboutir à un seul point, on formera ce que j'ai appelé (*art.* 340) une piramide qui sera rectangulaire si sa base est un rectangle, et qui prendra d'autres dénominations, si sa base est un autre poligone (*art.* 343).

On démontre , dans tous les livres élémentaires , que la piramide rectangulaire et quadrangulaire est le tiers du parallélipipède rectangle construit sur sa base. Si donc , par
exemple , une piramide a pour base un carré
dont les côtés soient de 3o mètres , et que
la hauteur perpendiculaire de cette piramide
soit de 15 mètres , on multipliera d'abord 3o
par lui-même pour avoir la surface de la
base qui sera de 9oo mètres carrés ; on prendra ensuite le produit de 9oo par 15 qui est
13500 , et l'on en conclura que la solidité
de la piramide est 45oo mètres cubes , tiers
de 13500.

Si la piramide était tronquée , on obtien-
drait sa solidité en calculant celle de la piramide entière et celle de la piramide retranchée et soustrayant la seconde de la première.

Cette méthode servirait à trouver la solidité d'un corps quelconque où l'on pourra
toujours séparer un certain nombre de pa-
rallélipipèdes et de piramides tronquées dont
l'assemblage sera censé avoir composé le
corps entier.

C'est ainsi que l'on parviendra à déterminer la solidité des *cinq corps réguliers* qui
sont ceux que l'on peut disposer de manière
qu'ils peuvent remplir un espace quelconque

sans laisser aucun vide. Cette propriété a long-tems occupé l'attention des géomètres.

La surface d'un cercle est connue, ainsi que je l'ai précédemment expliqué (*art*. 288). J'ai prouvé qu'elle est égale au produit du rayon par la demi-circonférence. Cette surface, ainsi déterminée, sert à trouver la solidité du *cilindre*, qui (*art*. 333) est un parallélipipède dont la base est un cercle, et qui pourra être rectangle ou obliquangle. On voit qu'il ne s'agira pour calculer cette solidité, que de multiplier la base par la hauteur.

Une piramide dont la base est un cercle, prend le nom de cône (*art*. 344); et le cône a toutes les propriétés de la piramide : c'est-à-dire que sa solidité est égale au tiers du cilindre rectangle de même base et de même hauteur. Sa solidité sera donc le tiers de la surface du cercle qui lui sert de base, multiplié par sa hauteur.

Le cône tronqué se mesure comme la piramide tronquée, et cela est si évident que je ne dois entrer dans aucun détail à ce sujet.

Un corps entièrement rond comme une boule, est ce que j'ai nommé une sphère (*art*. 334) à l'exemple de tous les géomètres; et le célèbre Archimèdes crut avoir fait un si grand effort en déterminant la solidité de la sphère et du cilindre, qu'il fit graver sa découverte sur son tombeau.

On démontre que la solidité de la sphère est égale au tiers du produit de sa surface par son rayon ; or, j'ai prouvé (*art.* 358) que la surface d'une sphère est quadruple de celle d'un de ses grands cercles, et celle d'un de ses grands cercles est le produit de son rayon par sa demi-circonférence. La surface de la sphère est donc égale au double du rayon multiplié par la circonférence, et la solidité au double du carré du rayon multiplié par le tiers de la circonférence.

Si l'on veut comparer ensemble deux lignes, on dit qu'elles sont proportionnelles lorsque l'on a trouvé deux nombres qui ont entr'eux le même rapport que ces lignes ; si, par exemple, ce rapport est celui de 2 à 1, on dit que l'une est double de l'autre.

Si l'on veut comparer deux surfaces, comme chacune de ces surfaces a deux dimensions, une proportion ne suffit plus pour établir leur rapport. Si, par exemple, la longueur et la largeur de l'une des deux surfaces étaient chacune doubles de celles de l'autre, la seconde surface ne serait pas double, mais quadruple de l'autre. C'est pour cela que l'on a dit avec raison (*art.* 301)

que les surfaces semblables sont entr'elles
comme les carrés de l'une de leurs dimensions.

On prouvera de même que les solides ou
les masses semblables sont entr'elles comme
les cubes de l'une de leurs dimensions. Par
exemple, les sphères sont entr'elles comme
les cubes du rayon des cercles qui ont servi
à les former.

Cette dernière proposition est très-importante, et sera d'un grand usage dans les élémens de cosmologie qui suivront ce traité, et
où, ne m'occupant pas de quantités abstraites comme je le fais ici, mais de quantités
réelles et existantes, j'aurai à considérer un
grand nombre de corps solides. Je me suis
déjà livré ici assez long-tems à l'étude de
simples spéculations, et il est tems d'en venir à la pratique de la géométrie, que j'appe-
lerai l'*arpentage*.

CHAPITRE PREMIER.

De la Géométrie pratique, ou de l'Ar-
pentage.

Art. 368. Pour mesurer une ligne droite
sur le terrein, on fait usage d'un *cordeau* ou
de *chaînes* qui ont des anneaux de toise en
toise, ou de mètre en mètre; et l'on plante

des piquets ou *jalons* aux deux extrémités de
la ligne qu'il s'agit de mesurer, afin de ne
point s'écarter de la direction, ce qui rendrait la mesure trop longue. Pour cela il
faut placer deux hommes derrière les piquets, et chacun de ces deux hommes aura
soin d'avertir le mesureur lorsque, plaçant
mal son cordeau, ou sa chaîne, ou les piquets
intermédiaires si la chaîne est trop courte
pour mesurer en une seule fois, il s'écarte à
droite ou à gauche.

S'il y a une ligne trop longue à mesurer,
on pourra donner une lunette à chacun des
hommes, afin qu'il puisse apercevoir aisément le piquet opposé.

Les difficultés de cette opération ne sont
pas bien grandes ; elle ne demande que de
l'application et de la patience. Si cependant
on veut y mettre une grande précision,
après avoir mesuré d'un point à l'autre, on
fera bien de revenir sur ses pas en mesurant
de cet autre point au premier, afin de vérifier le premier compte.

Cela ne suffira même point encore si l'on
observe que les deux extrémités de la ligne
peuvent n'être pas de *niveau*, ou peuvent
être séparées par une hauteur qui force celui qui pose sa chaîne, à s'élever avec le
terrein, ce qui rendra sa mesure trop longue.

Le bon *arpenteur*, on appelle ainsi celui qui s'occupe de la pratique de la géométrie, doit donc encore connaître les principes du *nivellement*, qui enseigne à mesurer la différence des hauteurs de deux points donnés.

Les fluides, tels que l'eau, ont la propriété de se mettre d'eux-mêmes de niveau; leurs parties n'étant point liées par cette force cachée que l'on appelle la *cohésion*, ne résistent point à l'effort que font naturellement tous les corps pour descendre au point le plus bas par cette autre force connue sous le nom de *pesanteur*.

On peut donc avoir un long tube de verre plein d'eau, et dont le tuyau ou l'enveloppe fasse une ligne droite. La transparence du verre fera aisément reconnaître si le vide que laissera l'eau forme une ligne droite parallèle au tuyau. Posant ensuite ce tuyau sur un piquet à hauteur d'homme avec deux lunettes aux extrémités, il sera facile de suivre des ieux cet alignement pour voir à quelle hauteur il va se placer sur la longueur du jalon opposé. On marquera sur ce jalon le point de cette hauteur; et si les jalons sont gradués, on reconnaîtra tout de suite quelle est la différence de niveau qui existe entre le jalon à lunettes et le simple jalon, ce qui donnera la hauteur d'un triangle rectangle, dont la distance mesurée sera l'hipothénuse et la distance réelle la véritable base.

S'il y a une hauteur entre les deux jalons, elle empêchera de voir le second jalon, et prouvera que l'on a pris une mesure trop longue; il faudra la raccourcir et placer le second jalon sur le point le plus élevé, afin de découvrir plus facilement des deux côtés.

Reste une autre difficulté pour la mesure des lignes droites; c'est le cas où ces lignes ne conserveront pas la même direction. Il faudra nécessairement alors se procurer un nouvel instrument qui serve à mesurer les angles. On se sert pour cet objet de trois espèces d'instrumens dont j'indiquerai successivement l'usage. Ce sont le *graphomètre*, la *planchette* et la *boussole*.

§. 1. *Usage du Graphomètre.*

Art. 369. Le *graphomètre* est un demi-cercle divisé en 180^d, ou même en 360 demi-degrés, selon la grandeur de son diamètre. Outre le diamètre DB (*fig.* 42), ce demi-cercle a un second diamètre EC, qu'on nomme *alidade*, qui n'est assujéti à l'instrument que par le centre A, autour duquel l'alidade peut tourner, en fesant parcourir par son extrémité E toutes les divisions du demi-cercle. Chacun de ces deux diamètres est garni, à ses deux extrémités, de pinnules, à travers lesquelles on regarde les objets. La pinnule par laquelle on observe est pleine et a un vide au milieu, qui forme une ligne droite verticale ; celle qui se trouve au côté opposé est vide, et le milieu en est garni par un crin très-mince et bien noir qui doit couper l'objet qu'on observe. L'instrument est porté sur un pié, et la construction est telle qu'on peut incliner le graphomètre dans tous les sens, sans rien changer à la position du pié.

Pour mesurer l'angle que forment deux lignes droites tirées d'un point A où l'on est, à deux objets G et H, on place le centre du graphomètre en A, et l'on dispose l'instrument de manière que, regardant à travers les pinnules du diamètre fixe DAB, on aperçoive l'un H de ces deux objets, et qu'en même tems l'autre objet G se trouve dans le prolongement du plan de l'instrument, ce qui se fait en inclinant plus ou moins le graphomètre ; alors on fait mouvoir l'alidade EC jusqu'à ce que l'on puisse apercevoir l'objet G à travers les pinnules E et C ; l'arc BE compris entre les deux diamètres, est la mesure de l'angle GAH.

D'après ce que je viens de dire, il est aisé de former, sur le terrein, un angle d'un nombre déterminé de degrés.

On fait ordinairement, sur la largeur et à l'extrémité de l'alidade, des divisions qui, selon la manière dont elles correspondent aux divisions du demi-cercle, servent à connaître les parties de degré, de cinq en cinq minutes, ou de trois en trois, ou etc.

On voit que le diamètre du demi-cercle d'un graphomètre quelconque étant placé sur un alignement déjà connu et mesuré, la situation de l'alidade sur la circonférence du même demi-cercle fixe le nombre de degrés d'inclinaison de la nouvelle ligne sur l'ancienne, et détermine ainsi la situation de la nouvelle ligne. C'est ainsi que lorsque la direction d'un chemin, par exemple, que l'on veut mesurer, changera, on pourra la connaître par le moyen du graphomètre.

Cette nouvelle difficulté étant ainsi vaincue, nous passerons à une autre : car lorsque nous voulons faire l'application de nos théories à la pratique, la science se complique toujours ; et quelles qu'aient été nos combinaisons sur les quantités en général, il faut souvent en faire dans la pratique qui nous avaient échappé dans la théorie.

S'il s'agit de mesurer la largeur d'une

rivière sur laquelle on ne peut placer ses piquets, et pour laquelle on n'a point de cordeau assez long pour traverser d'un bord à l'autre, la difficulté que rencontre l'arpenteur devient plus grande que toutes celles qui nous ont occupés jusqu'à présent, et c'est ici que l'on reconnaît l'utilité de la mesure des triangles.

Nous avons vu dans le premier chapitre de ce livre (*art.* 276) que deux triangles dont les angles sont égaux, sont semblables et ont leurs côtés proportionels. Nous avons appris par-là que la grandeur des angles ne dépendait nullement de la longueur de leurs côtés, et qu'un petit triangle pouvait avoir les mêmes angles qu'un grand. C'est cette similitude des triangles qui est le principe de la mesure des distances qui nous séparent d'un lieu que nous pouvons voir, mais que nous n'avons pas la faculté d'atteindre.

En effet, il est clair qu'on la connaîtra en mesurant une ligne droite qui sera l'un des côtés du triangle dont les deux autres côtés partiront des extrémités de cette ligne pour aller au point cherché. On se placera ensuite successivement à chaque extrémité de cette ligne qu'il faudra prendre bien de niveau; et dirigeant sa vue vers le point en question, on déterminera l'angle formé par

le rayon visuel avec la ligne tracée et mesurée pour servir de base au triangle que l'on
veut connaître. Cette détermination se fait
par le moyen du graphomètre, de la manière
précédemment expliquée, en plaçant le diamètre du demi-cercle sur l'alignement de la
base. On se transportera à l'autre extrémité
de cette même base; et y répétant la même
opération, on déterminera un second angle du triangle. Le troisième sera donc
connu.

Ce préliminaire terminé, on tracera sur
le papier une ligne de la grandeur que l'on
voudra. Elle servira d'échelle pour un nombre de petites mesures qui sera absolument
le même que celui des toises ou des mètres
que l'on aura mesurés sur le terrein. Aux
extrémités de cette ligne, on en tirera deux
autres qui feront avec elle les mêmes angles
que ceux qu'aura donnés le graphomètre sur
la base mesurée. Par ce moyen, l'on cons-
truira sur le papier un petit triangle dont la
mesure servira pour déterminer le nombre
de toises ou de mètres qu'il y a sur le terrein.

Si l'on veut encore plus de précision dans
ses résultats, on ne se contentera pas de la
mesure qu'aurait donnée un dessin quelquefois mal tracé; on calculera par le moyen

des trois angles et du côté mesuré sur le terrein, quelle doit être la hauteur du triangle. C'est ce que les formules de la géométrie ou plutôt de la trigonométrie, donneront le moyen de faire aussi exactement que l'on voudra.

Le graphomètre servira aussi à mesurer les hauteurs à l'aide d'un genou flexible sur lequel on fait tourner le demi-cercle et l'alidade qui y est posée.

On voit que le graphomètre oblige à mesurer les angles et à écrire sur des notes séparées la valeur de ces angles pour les rapporter ensuite sur son dessin, si l'on veut en faire un. Dans ce dernier cas, on pourra réduire les deux opérations à une seule en employant la *planchette*, instrument dont je vais parler.

§. 2. *De la planchette.*

Art 370. La *planchette* est définie par son nom : c'est une planche mince montée sur un pié comme le graphomètre avec son alidade, afin de prendre les angles et les alignemens. Il y a de plus un carré de papier de la grandeur nécessaire pour le dessin que l'on veut faire. Les angles s'y tracent avec une règle, sans prendre la peine d'examiner de combien de degrés ils sont, et le dessin se trouve tout fait sur la planchette.

On sent que malgré son peu de grandeur, lorsque le carré aura été rempli, rien n'empêchera d'en substituer un autre sur lequel on continuera le dessin, en ayant soin de faire bien correspondre la fin de l'un au commencement de l'autre, afin de les pouvoir ensuite coller ensemble.

Dans les opérations un peu étendues, les dessins faits à la planchette seront en si grand nombre qu'il pourra facilement s'y glisser quelque faute. Il faudra donc les vérifier sur le graphomètre, qui portant à une distance très-éloignée, peut seul donner la véritable mesure d'un terrein considérable, d'autant plus que les différences de niveau peu sensibles pourront aisément induire en erreur celui qui n'aura travaillé qu'à la planchette.

Lorsque l'on voudra mesurer des étendues d'une grande longueur et de peu de largeur, tels qu'un grand chemin ou une rivière, ou les extrémités d'une forêt, il serait pénible de se servir du graphomètre et de la planchette qui tous deux obligeraient à prendre un grand nombre d'échelles et à construire beaucoup de triangles inutiles. On a donc inventé un troisième instrument qui sans base, sans triangle, sans s'écarter à droite ni à gauche, dessine ces sortes d'objets avec la plus grande facilité. Cet instrument qui nous vient d'Asie, comme tant d'autres découvertes utiles, est la *boussole* de laquelle je vais parler en concluant tout ce que j'ai à dire sur cette partie des sciences mathématiques.

§. 3. *De la boussole.*

Art. 371. La *boussole* a été imaginée d'après la propriété qu'a l'aiguille aimantée, de conserver toujours la même direction qui est celle du nord. On place le sommet de cette aiguille au centre du demi-cercle qui est élevé sur un pié semblable à celui du graphomètre et de la planchette. Pour en faire usage, il suffira de tracer sur son papier que l'on pourra mettre aussi sur la planchette, une ligne appelée *méridienne* et représentant cette direction naturelle de la boussole. On fera ensuite sur cette ligne les mêmes angles que l'objet que l'on veut placer fait par sa direction avec la méridienne de la boussole, et portant cet angle sur son papier avec la longueur que conserve cette direction et qui sera mesurée à la chaîne, on dessinera sur ce même papier l'objet que l'on s'est proposé de mesurer.

Il faut observer que la direction de l'aiguille aimantée est sujète à quelques varia-

tions , ce qui rend ici nécessaire encore plus
que pour les dessins faits à la planchette ,
la vérification opérée par le moyen du graphomètre, seul régulateur des grandes opérations.

On est même dans l'usage, après avoir
pris les principaux points d'un grand pays
au graphomètre, d'en dessiner les détails à
la planchette ou à la boussole, suivant les circonstances, mais, lorsqu'on le peut, à la
boussole , qui est extrêmement commode
dans la pratique.

Tels sont les principes de toutes les mesures et de l'art de les employer pour connaître la figure et les distances de tous les objets.
On comprend que l'application peut s'en
faire à tout ; mais afin que l'on puisse juger
plus aisément si la distance qui nous sépare
du soleil , nous permet de l'effectuer, j'observe d'abord que le soleil nous paraissant
dans un mouvement continuel , ce mouvement doit nécessairement influer sur le jugement que nous en portons. Il faut donc
d'abord connaître les lois du mouvement.
La mesure de cette nouvelle espèce de quantités est bien digne de nous occuper ici. La
science qui en est l'objet, se nomme la *méca-*
nique ; mais je traiterai seulement ici des
lois générales de la mécanique.

LIVRE QUATRIEME.

Principes généraux de la mécanique, ou lois du mouvement.

Art. 372. Ceux qui se sont livrés les premiers à l'étude des sciences, n'ont pas commencé par faire des abstractions. On a considéré le mouvement dans ses effets avant d'en découvrir le principe. On a vu les hommes se mouvoir dans tous les sens et les astres parcourir successivement divers points du ciel, et les spéculateurs ont calculé après que les observateurs ont décrit.

Au milieu de l'infinie variété des phénomènes qui se succèdent continuellement dans les cieux et sur la terre, on est enfin parvenu à reconnaître le petit nombre de lois générales que la matière suit dans ses mouvemens. Tout leur obéit dans la nature; tout en dérive aussi nécessairement que le retour des saisons; et la courbe décrite par l'atôme léger que les vents semblent emporter au hazard, est réglée d'une manière aussi certaine, que les orbes planétaires. L'importance de ces lois dont nous dépendons sans cesse, aurait dû exciter la curiosité dans tous les tems; mais soit que l'histoire ne nous ait pas transmis le succès des premiers efforts qui ont été faits par les anciens philosophes, soit qu'une indifférence trop ordinaire à l'esprit humain en ait retardé les progrès, nous ne connaissons ces lois que depuis le commencement de l'avant-dernier siècle, époque à laquelle Galilée jeta les premiers fondemens de la science du mouvement, par ses belles découvertes sur la chute des corps. Les géomètres marchant sur les traces de ce grand homme, ont enfin réduit la mécanique entière à des formules générales qui ne laissent plus à désirer que la perfection de l'analise.

CHAPITRE PREMIER.

Des forces, de leur composition, et de l'équilibre d'un point matériel.

Art. 373. Un corps nous paraît en mouvement, lorsqu'il change de situation par rapport à un système de corps que nous jugeons en repos. Ainsi dans un vaisseau mû d'une manière uniforme, les corps nous semblent se mouvoir, lorsqu'ils répondent successivement à ses diverses parties. Ce mouvement n'est que relatif; car le vaisseau se meut sur la surface de la mer qui tourne autour de l'axe de la terre dont le centre se meut autour du soleil qui lui-même est emporté dans l'espace, avec la terre et les planètes. Pour concevoir un terme à ces mouvemens, et pour arriver enfin à des points fixes d'où l'on puisse compter le mouvement absolu des corps ; on imagine un espace sans bornes, immobile et pénétrable à la matière. C'est aux parties de cet espace réel ou idéal, que nous rapportons par la pensée, la position des corps ; et nous les concevons en mouvement, lorsqu'ils répondent successivement à divers lieux de cet espace.

La nature de cette modification singulière en vertu de laquelle un corps est transporté d'un lieu dans un autre, est et sera toujours inconnue. Elle a été désignée sous le nom de *force* : on ne peut déterminer que ses effets et la loi de son action.

L'effet d'une force agissant sur un point matériel, est de le mettre en mouvement, si rien ne s'y oppose. La direction de la force, est la droite qu'elle tend à lui faire décrire. Il est visible que si deux forces agissent dans le même sens, elles s'ajoutent l'une à l'autre, et que si elles agissent en sens contraire, le point ne se meut qu'en vertu de leur différence, en sorte qu'il resterait en repos, si elles étaient égales.

Si les directions de deux forces font entr'elles un angle quelconque, leur résultante prendra une direction moyenne. On démontre par la seule géométrie, que si, à partir du point de concours des forces, on prend sur leurs directions, des droites pour les représenter; si l'on forme ensuite sur ces droites, un parallélogramme; sa diagonale représente pour la direction et la quantité, leur résultante.

On peut, à deux forces composantes, substituer leur résultante; et réciproquement on peut, à une force quelconque, en substituer deux autres dont elle serait la résultante; on peut donc décomposer une force, en deux autres parallèles à deux axes perpendiculaires entr'eux et situés dans un plan qui passe par sa direction. Il suffit pour cela, de mener par la première extrémité de la droite qui représente cette force, deux lignes parallèles à ces axes, et de former sur ces lignes, un rectangle dont cette droite soit la diagonale. Les deux côtés du rectangle représenteront les forces dans lesquelles la proposée peut se décomposer parallèlement aux axes.

Si la force est inclinée à un plan donné de position; en prenant sur sa direction, à partir du point où elle rencontre le plan, une ligne pour la représenter; la perpendiculaire abaissée de l'extrémité de cette ligne sur le plan, sera la force primitive décomposée perpendiculairement à ce plan. La droite qui menée dans le plan, joint la force et la perpendiculaire, sera cette force décomposée parallèlement au plan. Cette seconde force partielle peut elle-même se décomposer en deux autres parallèles à deux axes situés dans le plan et perpendiculaires l'un à l'autre. Ainsi toute force peut être décomposée en trois autres parallèles à trois axes perpendiculaires entr'eux.

De là naît un moyen simple d'avoir la résultante d'un nombre quelconque de forces qui agissent sur un point matériel ; car en décomposant chacune d'elles, en trois autres parallèles à trois axes donnés de position, et perpendiculaires entr'eux ; il est clair que toutes les forces parallèles au même axe, se réduisent à une seule égale à la somme de celles qui agissent dans un sens, moins la somme de celles qui agissent en sens contraire. Ainsi le point sera sollicité par trois forces perpendiculaires entr'elles ; et si l'on prend sur chacune de leurs directions, à partir du point de concours, trois droites pour les représenter ; si l'on forme ensuite sur ces droites, un parallélipipède rectangle, la diagonale de ce solide représentera pour la quantité et pour la direction, la résultante de toutes les forces qui agissent sur le point.

Quels que soient le nombre, la grandeur et la direction de ces forces, si l'on fait varier infiniment peu d'une manière quelconque, la position du point, le produit de la résultante, par la quantité dont le point s'avance suivant sa direction, est égal à la somme des produits de chaque force par la quantité correspondante. La quantité dont le point s'avance suivant la direction d'une force, est la projection de la droite qui joint les deux positions du point, sur la direction de la force: cette quantité doit être prise négativement, si le point s'avance en sens contraire de cette direction.

Dans l'état d'équilibre, la résultante de toutes les forces est nulle, si le point est libre. S'il ne l'est pas, la résultante doit être perpendiculaire à la surface ou à la courbe sur laquelle il est assujéti; et alors en changeant infiniment peu la position du point, le produit de la résultante par la quantité dont il s'avance suivant sa direction, est nul; ce produit est donc généralement nul, soit que l'on suppose le point libre, soit qu'on l'imagine assujéti sur une courbe ou sur une surface. Ainsi dans tous les cas, lorsque l'équilibre a lieu, la somme des produits de chaque force par la quantité dont le point s'avance suivant sa direction, en changeant infiniment peu de position, est nulle ; et l'équilibre subsiste, si cette condition est remplie.

CHAPITRE II.

Du Mouvement d'un point matériel.

Art. 374. Un point en repos, ne peut se donner aucun mouvement ; puisqu'il ne renferme pas en soi, de raison pour se mouvoir dans un sens plutôt que dans un autre. Lorsqu'il est sollicité par une force quelconque et abandonné ensuite à lui-même, il se meut constamment d'une manière uniforme dans la direction de cette force, s'il n'éprouve aucune résistance ; c'est-à-dire qu'à chaque instant, sa force et la direction de son mouvement sont les mêmes. Cette tendance de la matière à persévérer dans son état de mouvement ou de repos, est ce que l'on nomme *inertie :* c'est la première loi du mouvement des corps.

La direction du mouvement en ligne droite, suit évidemment de ce qu'il n'y a aucune raison pour que le point s'écarte plutôt à droite, qu'à gauche de sa direction primitive ; mais l'uniformité de son mouvement n'est pas de la même évidence. La nature de la force motrice étant inconnue, il est impossible de savoir *à priori*, si cette force doit se conserver sans cesse. A la vérité, un corps étant incapable de se donner aucun mouvement, il paraît également incapable d'altérer celui qu'il a reçu ; en sorte que la loi d'inertie est au moins la plus naturelle et la plus simple que l'on puisse imaginer. Elle est d'ailleurs confirmée par l'expérience : En effet, nous observons sur la terre, que les mouvemens se perpétuent plus long-tems, à mesure que les obstacles qui s'y opposent, viennent à diminuer, ce qui nous porte à croire que sans ces obstacles, ils dureraient toujours : mais l'inertie de la matière est principalement remarquable dans les mouvemens célestes qui, depuis un grand nombre de siécles, n'ont point éprouvé d'altération sensible. Ainsi nous regardons l'inertie comme une loi de la nature; et lorsque nous observerons de l'altération dans le mouvement d'un corps, nous supposerons qu'elle est due à l'action d'une cause étrangère.

Dans le mouvement uniforme, les espaces parcourus sont proportionnels aux tems ; mais le tems employé à décrire un espace déterminé, est plus ou moins long, suivant la grandeur de la force motrice. Cette différence a fait naître l'idée de la *vitesse* qui, dans le mouvement uniforme, est le rapport de l'espace au tems employé à

le parcourir. Pour ne pas comparer ensemble des quantités hétérogènes, telles
que l'espace et le tems; on prend un intervalle de tems, la seconde par exemple, pour
unité de tems; on choisit pareillement une
unité d'espace, telle que le mètre; et alors
l'espace et le tems sont des nombres abstraits
qui expriment combien ils renferment d'unités de leur espèce; on peut donc les comparer l'un à l'autre. La vitesse devient ainsi le
rapport de deux nombres abstraits, et son
unité est la vitesse d'un corps qui parcourt
un mètre dans une seconde. En réduisant de
cette manière, l'espace, le tems et la vitesse,
à des nombres abstraits; on voit que l'espace
est égal au produit de la vitesse par le tems
qui conséquemment est égal à l'espace divisé
par la vitesse.

La force n'étant connue que par l'espace
qu'elle fait décrire dans un tems déterminé,
il est naturel de prendre cet espace pour sa
mesure. Mais cela suppose que plusieurs
forces agissant à-la-fois et dans le même
sens, sur un corps, lui feront parcourir durant une unité de tems, un espace égal à la
somme des espaces que chacune d'elles eût
fait parcourir séparément; ou, ce qui revient
au même, que la force est proportionnelle à
la vitesse. C'est ce que nous ne pouvons pas

savoir *à priori*, vu notre ignorance sur la nature de la force motrice; il faut donc encore sur cet objet, recourir à l'expérience; car tout ce qui n'est pas une suite nécessaire du peu de données que nous avons sur la nature des choses, n'est pour nous qu'un résultat de l'observation.

La force peut être exprimée par une infinité de *fonctions* de la vitesse, qui n'impliquent pas contradiction. Il n'y en a point, par exemple, à la supposer proportionnelle au carré de la vitesse. Dans cette hipothèse, il est facile de déterminer le mouvement d'un point sollicité par un nombre quelconque de forces dont les vitesses sont connues; car si l'on prend sur les directions de ces forces, à partir de leur point de concours, des droites pour représenter leurs vitesses, et si l'on détermine sur ces mêmes directions, en partant du même point, de nouvelles droites qui soient entr'elles comme les carrés des premières; ces droites pourront représenter les forces elles-mêmes. En les composant ensuite par ce qui précède, on aura la direction de la résultante, ainsi que la droite qui l'exprime, et qui sera au carré de la vitesse corespondante, comme la droite qui représente une des forces composantes, est au carré de sa vitesse. On voit par là comment on peut déterminer le mouvement d'un point, quelle que soit la fonction de la vitesse qui exprime la force. Parmi toutes les fonctions mathématiquement possibles, examinons quelle est celle de la nature.

On observe sur la terre, qu'un corps sollicité par une force quelconque, se meut de la même manière, quel que soit l'angle que la direction de cette force, fait avec la direction du mouvement commun au corps et à la partie de la surface terrestre, à laquelle il répond. Une légère différence à cet égard, ferait varier très-sensiblement la durée des oscillations du pendule, suivant la position du plan vertical dans lequel il oscille; et l'expérience fait voir que dans tous les plans verticaux, cette durée est exactement la même. Dans un vaisseau dont le mouvement est uniforme, un mobile soumis à l'action d'un ressort, de la pesanteur, ou de toute autre force, se meut relativement aux parties du vaisseau, de la même manière, quelles que soient la vitesse du vaisseau et sa direction. On peut donc établir comme une loi générale des mouvemens terrestres, que si dans un sistème de corps emportés d'un mouvement commun, on imprime à l'un d'eux, une force quelconque; son mouvement relatif ou apparent, sera le même, quel que soit le mouvement général du sistème, et l'angle que fait sa direction avec celle de la force imprimée.

La proportionnalité de la force à la vitesse, résulte de cette loi supposée rigoureuse; car si l'on conçoit deux corps mus sur une même droite avec des vitesses égales, et qu'en imprimant à l'un d'eux une force qui s'ajoute à la première, sa vitesse relativement à l'autre corps, soit la même que si les deux corps étaient primitivement en repos; il est visible que l'espace décrit par le corps en vertu de sa force primitive, et de celle qui lui est ajoutée, est alors égal à la somme des espaces que chacune d'elles eût fait décrire dans le même tems; ce qui suppose la force proportionnelle à la vitesse.

Réciproquement, si la force est proportionnelle à la vitesse, les mouvemens relatifs d'un sistème de corps animés de forces quelconques, sont les mêmes, quel que soit leur mouvement commun; car ce mouvement décomposé en trois autres parallèles à trois axes fixes, ne fait qu'accroître d'une même quantité, les vitesses partielles de chaque corps, parallèlement à ces axes; et comme la vitesse relative ne dépend que de la différence de ces vitesses partielles, elle est la même, quel que soit le mouvement commun

M 4

à tous les corps. Il est donc impossible alors de juger du mouvement absolu d'un sistème dont on fait partie, par les apparences que l'on y observe. C'est ce qui caractérise cette loi dont l'ignorance a retardé la connaissance du vrai sistème du monde, par la difficulté de concevoir les mouvemens relatifs des projectiles, au dessus de la terre emportée par un double mouvement de rotation sur elle-même, et de révolution autour du soleil.

Mais vu l'extrême petitesse des mouvemens les plus considérables que nous puissions imprimer aux corps, eu égard au mouvement qui les emporte avec la terre ; il suffit, pour que les apparences d'un sistème de corps soient indépendantes de la direction de ce mouvement, qu'un petit accroissement dans la force dont la terre est animée, soit à l'accroissement correspondant de sa vitesse, dans le rapport de ces quantités elles-mêmes. Ainsi nos expériences prouvent seulement la réalité de cette proposition qui, si elle avait lieu quelle que fût la vitesse de la terre, donnerait la loi de la vitesse proportionnelle à la force. Elle donnerait encore cette loi, si la fonction de la vitesse, qui exprime la force, n'était composée que d'un seul terme. Il faudrait donc, si la vitesse n'était pas proportionnelle à la force, supposer que dans la nature, la fonction de la vitesse, qui exprime la force, est formée de plusieurs termes, ce qui est peu probable. Il faudrait supposer de plus, que la vitesse de la terre est exactement celle qui convient à la proportion précédente, ce qui est contre toute vraisemblance. D'ailleurs la vitesse de la terre varie dans les diverses saisons de l'année; elle est d'un trentième environ plus grande en hiver qu'en été. Cette variation est plus considérable encore si, comme tout l'indique, le sistême solaire est en mouvement dans l'espace; car selon que ce mouvement progressif, est contraire au mouvement terrestre, ou conspire avec lui, de grandes variations annuelles doivent en résulter dans le mouvement absolu de la terre; ce qui devrait altérer la proportion dont il s'agit, et le rapport de la force imprimée à la vitesse relative qu'elle produit; si cette proportion et ce rapport n'étaient pas indépendans de la vitesse absolue.

Tous les phénomènes célestes viennent à l'appui de ces preuves. La vitesse de la lumière, déterminée par les éclipses des satellites de Jupiter, se compose avec celle de la terre, exactement comme dans la loi de la proportionnalité de la force à la vitesse; et tous les mouvemens du sistême solaire, calculés d'après cette loi, sont entièrement conformes aux observations.

Voilà donc deux lois du mouvement, savoir, la loi d'inertie et celle de la force proportionelle à la vitesse, qui sont données par l'observation. Elles sont les plus naturelles et les plus simples que l'on puisse imaginer, et sans doute elles dérivent de la nature même de la matière; mais cette nature étant inconnue, ces lois ne sont pour nous que des faits observés, les seuls au reste que la mécanique emprunte de l'expérience.

§. 1. *Des forces accélératrices, et de la Pesanteur.*

Art. 375. La vitesse étant proportionnelle à la force, ces deux quantités peuvent être représentées l'une par l'autre; on aura donc, par ce qui précède (*art.* 372), la vitesse d'un point sollicité par un nombre quelconque de forces dont on connaît les directions et les vitesses.

Si le point est sollicité par des forces agissant d'une manière continue, il décrira d'un mouvement sans cesse variable, une courbe dont la nature dépend des forces qui la font décrire. Pour la déterminer, il faut considérer la courbe dans ses élémens, voir comment ils naissent les uns des autres, et remonter de la loi d'accroissement des coordonnées à leur expression finie. C'est précisément l'objet du calcul infinitésimal dont l'heureuse découverte a procuré tant d'avantages à la mécanique; et l'on sent combien il est utile de perfectionner ce puissant instrument de l'esprit humain.

Nous avons, dans la pesanteur, un exemple journalier d'une force qui semble agir sans interruption. A la vérité nous ignorons si ses actions successives sont séparées par des intervalles de tems, dont la durée est insensible; mais les phénomènes étant à très-peuprès les mêmes, dans cette hipothèse et dans celle d'une action continue; les géomètres ont préféré celle-ci, comme étant plus commode et plus simple. Développons les lois de ces phénomènes.

La pesanteur paraît agir de la même manière sur les corps, dans l'état de repos et dans celui du mouvement. Au premier instant, un corps abandonné à son action, acquiert un degré de vitesse infiniment petit : un nouveau degré de vitesse s'ajoute au premier, dans le second instant, et ainsi de suite; en sorte que la vitesse augmente en raison du tems.

M 6

Si l'on imagine un triangle rectangle dont un des côtés représente le tems et croisse avec lui, l'autre côté pourra représenter la vitesse. L'élément de la surface de ce triangle étant égal au produit de l'élément du tems, par la vitesse, il représentera l'élément de l'espace que la pesanteur fait décrire ; cet espace sera ainsi représenté par la surface entière du triangle qui, croissant comme le carré d'un de ses côtés, fait voir que dans le mouvement accéléré par la pesanteur, les vitesses augmentent comme les tems ; et les hauteurs, dont le corps tombe en partant du repos, croissent comme les carrés des tems ou des vitesses. En exprimant donc par l'unité, l'espace dont un corps descend dans la première seconde ; il descendra de quatre unités en deux secondes ; de neuf unités, en trois secondes, et ainsi du reste ; en sorte qu'à chaque seconde, il décrira des espaces croissans comme les nombres impairs 1, 3, 5, 7, etc.

L'espace qu'un corps, en vertu de la vitesse acquise à la fin de sa chute, décrirait pendant un tems égal à sa durée, serait le produit de ce tems par sa vitesse ; ce produit est le double de la surface du triangle ; ainsi le corps mû uniformément en vertu de sa vitesse acquise, décrirait, dans un tems égal à celui de sa chute, un espace double de celui qu'il a parcouru.

Le rapport de la vitesse acquise, au tems, est constant pour une même force accélératrice : il augmente ou diminue, suivant que ces forces sont plus ou moins grandes ; il peut donc servir à les exprimer. Le double de l'espace parcouru, étant le produit du tems par la vitesse ; la force accélératrice est égale à ce double espace divisé par le carré du tems. Elle est encore égale au carré de la vitesse, divisé par ce double espace. Ces trois manières d'exprimer les forces accélératrices, sont utiles dans diverses circonstances ; elles ne donnent pas les valeurs absolues de ces forces, mais seulement leurs rapports entre elles ; et dans la mécanique, on n'a besoin que de ces rapports.

Sur un plan incliné, l'action de la pesanteur se décompose en deux autres ; l'une perpendiculaire au plan, est détruite par la résistance ; l'autre parallèle au plan, est à la pesanteur primitive comme la hauteur du plan est à sa longueur. Le mouvement est donc uniformément accéléré sur les plans inclinés ; mais les vitesses et les espaces parcourus, sont aux vitesses et aux espaces parcourus dans le même tems, suivant la verticale, dans le rapport de la hauteur du plan à sa longueur. Il suit de là que toutes les cordes d'un cercle qui aboutissent à l'une des extrémités de son diamètre vertical , sont décrites par l'action de la pesanteur, dans le même tems que son diamètre.

Un projectile lancé suivant une droite quelconque, s'en écarte sans cesse, en décrivant une courbe concave vers l'horizon, et dont cette droite est la première tangente. Son mouvement rapporté à cette droite par des lignes verticales, est uniforme ; mais il s'accélère suivant ces verticales , conformément aux lois que nous venons d'exposer ; en élevant donc de chaque point de la courbe des verticales sur la première tangente , elles seront proportionnelles aux carrés des parties correspondantes de cette tangente, propriété qui caractérise la parabole. Si la force de projection est dirigée suivant la verticale elle-même , la parabole se confond alors avec elle ; ainsi les formules du mouvement parabolique , embrassent les mouvemens accélérés ou retardés dans la verticale.

Telles sont les lois de la chute des graves, découvertes par Galilée. Il nous semble aujourd'hui qu'il était facile d'y parvenir ; mais puisqu'elles avaient échappé aux recherches des philosophes, malgré les phénomènes qui les reproduisaient sans cesse, il fallait un rare génie pour les démêler dans ces phénomènes.

Cette semence, une fois jetée, a germé dans les bons esprits, et de plus grandes découvertes en ont résulté, comme je vais l'expliquer.

§. 2. *Variation de la pesanteur; description et usage du pendule.*

Art. 376. Un phénomène très-remarquable dont nous devons la connaissance aux voyages astronomiques, est la variation de la pesanteur à la surface de la terre. Cette force singulière anime dans le même lieu, comme je viens de l'observer (*art.* 373), tous les corps proportionellement à leurs masses, et tend à leur imprimer, dans le même tems, des vitesses égales. Il est impossible, au moyen d'une balance, de reconnaître ses variations, puisqu'elles affectent également le corps que l'on pèse, et le poids auquel on le compare; mais on peut les déterminer, en comparant ce poids à une force constante, telle que le ressort de l'air à la même température. Ainsi en transportant, dans divers lieux, un *manomètre* rempli d'un volume d'air dont la tension élève une colonne de mercure dans un tube placé dans son intérieur; il est visible que le poids de cette colonne, devant toujours faire équilibre au ressort de cet air,

sa hauteur, lorsque la température sera la
même, sera réciproque à la force de la pesanteur dont elle indiquera conséquemment
les variations. Les observations du *pendule*
offrent encore un moyen très-précis pour les
déterminer ; car il est clair que ses oscillations doivent être plus lentes dans les lieux
où la pesanteur est moindre. Cet instrument
dont l'application aux horloges a été l'une
des principales causes des progrès de l'astronomie moderne et de la géographie, consiste dans un corps suspendu à l'extrémité
d'un fil ou d'une verge mobile autour d'un
point fixe placé à l'autre extrémité. On écarte
un peu l'instrument de sa situation verticale ;
en l'abandonnant ensuite à l'action de la pesanteur, il fait de petites oscillations qui
sont à très-peu-près de même durée, malgré
la différence des arcs décrits. Cette durée dépend de la grandeur et de la figure du corps
suspendu, de la masse et de la longueur de
la verge ; mais les géomètres ont trouvé des
règles générales pour déterminer par l'observation des oscillations d'un pendule composé, de figure quelconque, la longueur d'un
pendule dont les oscillations auraient une
durée connue, et dans lequel la masse de la
verge serait supposée nulle par rapport à celle
du corps considéré comme un point infini-

ment dense. C'est à ce pendule idéal, nommé *pendule simple*, que l'on a rapporté toutes les expériences du pendule faites dans divers lieus de la terre.

Richer, envoyé, en 1672, à Caïenne, par l'académie des sciences, pour y faire des observations astronomiques, trouva que son horloge réglée à Paris, sur le tems moyen, retardait chaque jour, à Caïenne, d'une quantité sensible. Cette intéressante observation donna la première preuve directe de la diminution de la pesanteur à l'équateur. Elle a été répétée avec beaucoup de soin dans un grand nombre de lieus, en tenant compte de la résistance de l'air et de la température. Il résulte de toutes les mesures observées du pendule à secondes, qu'il augmente de l'équateur aux pôles, et que son accroissement est proportionnel au carré du sinus de la hauteur du pôle, sous lequel il est égal à cinq cent soixante-neuf fois, la cent millième partie de la pesanteur à l'équateur.

Borda, par une expérience très-exacte, a trouvé que la longueur du pendule à secondes, à l'observatoire de Paris, et réduite au vide, est de $0^{me},741887$; d'où il suit que sa longueur en France, sous le parallèle de 50^d, est égale à $0^{me},741606$, et qu'ainsi le pendule simple de la longueur du mètre, ferait 86 116,5 oscillations dans un jour. Ces résultats et la mesure du degré du méridien, correspondant au même parallèle, serviront à retrouver nos mesures, si, par la suite des tems, elles viennent à s'altérer.

On a remarqué encore, au moyen du pendule, une petite diminution dans la pesanteur, au sommet des hautes montagnes. Bouguer a fait, sur cet objet, un grand nombre d'expériences au Pérou. Il a trouvé que la pesanteur à l'équateur et au niveau de la mer, étant exprimée par l'unité, elle est $0,999249$ à Quito élevé de 2857me au dessus de ce niveau, et $0,998316$ sur le Pichincha, à 4744me de hauteur. Cette diminution de la pesanteur, à des hauteurs toujours très-petites relativement au rayon terrestre, donna lieu de penser que cette force diminue considérablement, à de grandes distances du centre de la terre.

Les observations du pendule, en fournissant une longueur invariable et facile à retrouver dans tous les tems, ont fait naître l'idée de l'employer comme mesure universelle. On ne peut voir le nombre prodigieux de mesures en usage, non seulement chez les différens peuples, mais dans la même nation; leurs divisions bizarres et incommodes pour les calculs; la difficulté de les connaître et de les comparer; enfin l'embarras et les fraudes qui en résultent dans le commerce; sans regarder comme l'un des plus grands services que les gouvernemens puissent rendre à la société, l'adoption d'un sistême de mesures dont les divisions uniformes se prêtent le plus facilement au calcul, et qui dérivent de la manière la moins arbitraire, d'une mesure fondamentale indiquée par la nature elle-même. Un peuple qui se donnerait un semblable sistême, réunirait à l'avantage d'en recueillir les premiers fruits, celui de voir son exemple suivi par les autres peuples dont il deviendrait ainsi le bienfaiteur; car l'empire lent, mais irrésistible de la raison, l'emporte à la longue, sur les jalousies nationales, et sur tous les obstacles qui s'opposent au bien d'une utilité généralement sentie. Tels furent les motifs qui déterminèrent l'assemblée constituante, à charger de cet important objet, l'académie des sciences. Le nouveau sistême des poids et mesures, est le résultat du travail de ses commissaires, secondés par le zèle et les lumières de plusieurs membres de la représentation nationale. Je crois devoir exposer ici les principes de ce grand travail où toutes les ressources de la mécanique moderne ont été si utilement employées.

§. 3. *Principes du sistême métrique et de la détermination du mètre.*

Art. 377. L'identité du calcul décimal et de celui des nombres entiers, ne laisse aucun doute sur les avantages de la division de toutes les espèces de mesures, en parties décimales : il suffit, pour s'en convaincre, de comparer les difficultés des multiplications et des divisions complexes (*art.* 30, 31 et 32), avec la facilité des mêmes opérations sur les nombres entiers, facilité qui devient encore plus grande au moyen des logarithmes dont on peut rendre, par des instrumens simples et peu coûteux, l'usage extrêmement populaire. A la vérité, notre échelle arithmétique n'est point divisible par trois et par quatre, deux diviseurs que leur simplicité rend très-usuels. L'addition de deux nouveaux caractères eût suffi pour lui procurer cet avantage; mais un changement aussi considérable aurait été infailliblement rejeté avec le sistême de mesures qu'on lui aurait subordonné. D'ailleurs, l'échelle duodécimale a l'inconvénient d'exiger que l'on retienne les produits des douze premiers nombres ; ce qui surpasse l'étendue ordinaire de la mémoire, à laquelle l'échelle décimale est bien

roportionnée. Enfin, on aurait perdu l'avantage qui probablement a donné naissance à
notre arithmétique, celui de faire servir à la
numération, les doigts de la main. On ne
balança donc point à adopter la division
décimale, et pour mettre de l'uniformité dans
le sistème entier des mesures, on résolut de
les dériver toutes, d'une même mesure linéaire
et de ses divisions décimales. La question
fut ainsi réduite au choix de cette mesure
universelle à laquelle on donna le nom de
MÈTRE.

La longueur du pendule et celle du méridien, sont les deux principaux moyens qu'offre la nature, pour fixer l'unité des mesures
linéaires. Indépendans l'un et l'autre, des
révolutions morales, ils ne peuvent éprouver
d'altération sensible, que par de très-grands
changemens dans la constitution phisique de
la terre. Le premier moyen, d'un usage facile,
a l'inconvénient de faire dépendre la mesure
de la distance, de deux élémens qui lui sont
hétérogènes, la pesanteur et le tems, dont
la division est d'ailleurs arbitraire, et dont
on ne pouvait pas admettre la division sexa-
gésimale, pour fondement d'un sistème décimal de mesures. On se détermina donc
pour le second moyen qui paraît avoir été
employé dans la plus haute antiquité; tant

il est naturel à l'homme, de rapporter les mesures itinéraires, aux dimensions mêmes du globe qu'il habite, en sorte qu'en se transportant sur ce globe, il connaisse par la seule dénomination de l'espace parcouru, le rapport de cet espace, au circuit entier de la terre. On trouve encore à cela, l'avantage de faire correspondre les mesures nautiques avec les mesures célestes. Souvent le navigateur a besoin de déterminer l'un par l'autre, le chemin qu'il a décrit, et l'arc céleste compris entre les deux zéniths des lieus de son départ et de son arrivée; il est donc intéressant que l'une de ces mesures soit l'expression de l'autre, à la différence près de leurs unités. Mais pour cela, l'unité fondamentale des mesures linéaires doit être une partie aliquote du méridien terrestre, qui corresponde à l'une des divisions de la circonférence. Ainsi le choix du mètre fut réduit à celui de l'unité des angles.

L'angle droit est la limite des inclinaisons d'une ligne sur un plan, et de la hauteur des objets sur l'horizon : d'ailleurs c'est dans le premier quart de la circonférence, que se forment les sinus et généralement toutes les lignes que la trigonométrie emploie, et dont les rapports avec le rayon, ont été réduits en tables; il était donc naturel de prendre l'angle droit, pour l'unité des angles, et le quart de la circonférence, pour l'unité de leur mesure. On le divisa en parties décimales, et pour avoir des mesures correspondantes sur la terre, on divisa dans les mêmes parties, le quart du méridien terrestre, ce qui a été fait dans l'antiquité; car la mesure de la terre, citée par Aristote, et dont l'origine est regardée comme inconnue, donne cent mille stades ou le quart du méridien. Mais cette origine tient comme celle de nos constellations et de nos idées religieuses à cet ancien Zoroastre, législateur de la Bactriane, dont les mages Caldéens ont survécu à son empire, et ont civilisé Babilone où les Hébreux ont puisé leurs anciens livres pendant la captivité. C'est ce que je ferai voir dans la suite, lorsque je m'occuperai de l'histoire. Revenons à la détermination du mètre.

L'unité étant ainsi arrêtée, il ne s'agissait plus que d'avoir exactement sa longueur. Ici, plusieurs questions se présentent à résoudre. Quel est le rapport d'un arc du méridien, mesuré à une latitude donnée, au méridien entier? Dans les hipothèses les plus naturelles sur la constitution du sphéroïde terrestre, la différence des méridiens est insensible, et le degré décimal dont le milieu répond à cin-

quante degrés de latitude, est la centième
partie du quart du méridien : l'erreur de ces
hipothèses, ne pourrait influer que sur les
distances géographiques où elle n'est d'aucune importance. On pouvait donc conclure
la grandeur du quart du méridien, de celle
de l'arc qui traverse la France depuis Dunkerque jusqu'aux Pirénées, et qui fut mesuré
en 1740 par les académiciens français. Mais
une nouvelle mesure d'un arc plus grand encore, faite avec des moyens plus exacts, devant inspirer en faveur du nouveau sistême
des poids et mesures, un intérêt propre à le
répandre ; on résolut de mesurer l'arc du méridien terrestre, compris entre Dunkerque et
Barcelone. Les opérations que MM. Delambre
et Méchain viennent de faire, ont donné cet
arc dont l'amplitude est de 10^d, 748663 en
degré décimaux, égal à cinquante-cinq millions cent cinquante-huit mille quatre cent
soixante-douze centièmes de la toise de fer
qui a servi à la mesure du degré à l'équateur,
cette toise étant supposée à la température
de $16^d \frac{1}{4}$. Le milieu de l'arc étant d'un degré
un tiers, plus au nord que le parallèle
moyen, on ne peut pas déterminer par cette
mesure, le quart du méridien, sans adopter
une hipothèse sur l'ellipticité de la terre :
celle qui résulte de l'arc mesuré en France,

comparé à l'arc mesuré au Pérou , a paru mériter la préférence par la grandeur et l'éloignement de ces deux arcs , et par les soins et la réputation des observateurs. On a trouvé ainsi le quart du méridien égal à 5130 740 toises. On a pris la dix-millionième partie de cette longueur , pour le mètre ou l'unité des mesures linéaires. La décimale au-dessus , eût été trop grande : la décimale au dessous, trop petite , et le mètre dont la longueur est de 0^m;513074 remplace , avec avantage , la toise et l'aune, deux de nos mesures les plus usuelles.

L'unité étant ainsi déterminée , le sistême entier des poids et mesures en a découlé naturellement , ainsi que je vais l'expliquer.

§. 4. *Nouveau sistême des poids et mesures.*

Art. 378. Toutes les mesures dérivent du mètre , de la manière la plus simple : les mesures linéaires en sont des multiples et des sous-multiples décimaux.

L'unité des mesures de capacité , est le cube de la dixième partie du mètre : on lui a donné le nom de *litre.*

L'unité des mesures superficielles pour le terrein , est un carré dont le côté est de dix mètres : elle se nomme *are.*

On a nommé *stère* un volume de bois de chauffage, égal à un mètre cube.

L'unité de poids, que l'on a nommée *gramme*, est le poids de la millionième partie d'un mètre d'eau distillée et considérée dans le vide et à son *maximum* de den ité. Par une singularité remarquable, ce *maximum* ne répond point au degré de congélation; mais au dessus, vers quatre degrés du thermomètre. En se refroidissant au dessous de cette température, l'eau commence à se dilater de nouveau, et se prépare ainsi à l'accroissement de volume qu'elle reçoit dans son passage de l'état fluide à l'état solide. On a préféré l'eau, comme étant l'une des substances les plus homogènes, et celle que l'on peut amener le plus facilement à l'état de pureté. Le Fèvre-Gineau a déterminé le gramme, par une longue suite d'expériences délicates sur la pesanteur spécifique d'un cilindre creux de cuivre, dont il a mesuré le volume, avec un soin extrême : il en résulte que la livre supposée la vingt-cinquième partie de la pile de cinquante marcs, que l'on conserve à la monnaie de Paris, est au gramme, dans le rapport de 489, 5058 à l'unité, le poids de mille grammes, que l'on nomme *kilogramme* ou *livre décimale*, est donc égal à la livre, poids de marc, multipliée par 2,04288.

Pour conserver les mesures de longueur et de poids; des étalons du mètre et du kilogramme exécutés sous les ieux des commissaires chargés de déterminer ces mesures, et vérifiés par eux, sont déposés dans les archives impériales et à l'observatoire de Paris. Les étalons du mètre ne le représentent qu'à un degré déterminé de température. On a choisi celui de la glace fondante, comme le plus fixe et le plus indépendant des modifications de l'atmosphère. Les étalons du kilogramme ne représentent son poids, que dans le vide, ou à une pression insensible de l'atmosphère. Pour retrouver le mètre dans tous les tems, sans être obligé de recourir à la mesure du grand arc qui l'a donné; il est important de fixer son rapport à la longueur du pendule à secondes : cet objet a été rempli par Borda, de la manière la plus précise.

Toutes les mesures étant comparées, sans cesse, à la monnaie; il était surtout important de la diviser en parties décimales. On a donné à son unité, le nom de *franc* d'argent : sa dixième partie s'appelle *décime*, et sa centième partie, *centime*. On a rapporté au franc, les valeurs des pièces de monnaie de cuivre et d'or.

Pour faciliter le calcul de l'or et de l'argent fins, contenus dans les pièces de monnaie; on a fixé l'alliage, au dixième de leur poids, et l'on a égalé celui du franc, à cinq grammes. Ainsi le franc étant un multiple exact de l'unité de poids; il peut servir à peser les corps, ce qui est utile au commerce.

Enfin, l'uniformité du système entier des poids et mesures, a exigé que le jour fût divisé en dix heures, l'heure en cent minutes, et la minute en cent secondes. Cette division qui va devenir nécessaire aux astronomes, est moins avantageuse dans la vie civile où l'on a peu d'occasions d'employer le tems, comme multiplicateur ou comme diviseur. La difficulté de l'adapter aux horloges et aux montres, et nos rapports commerciaux en horlogerie avec les étrangers, ont fait suspendre indéfiniment son usage. On peut croire cependant qu'à la longue, la division décimale du jour, remplacera sa division actuelle qui contraste trop avec les divisions des autres mesures, pour n'être pas abandonnée.

Tel est le nouveau système des poids et mesures, que les savans ont offert à la Convention nationale qui s'est empressée de le sanctionner. Ce système fondé sur la mesure des méridiens terrestres, convient également à tous les peuples. Il n'a de rapport avec la France, que par l'arc du méridien qui le tra-

verse; mais la position de cet arc est si avantageuse, que les savans de toutes les nations,
réunis pour fixer la mesure universelle, n'eussent point fait un autre choix. Pour multiplier les avantages de ce sistème, et pour le
rendre utile au monde entier, le gouvernement français a invité les puissances étrangères à prendre part à un objet d'un intétêt aussi général. Plusieurs ont envoyé à
Paris des savans distingués, qui réunis aux
commissaires de l'institut national, ont déterminé par la discussion des observations et
des expériences, les unités fondamentales de
poids et de longueur; en sorte que la fixation de ces unités, doit être regardée comme
un ouvrage commun aux savans qui y ont
concouru, et aux peuples qu'ils ont représentés. Il est donc permis d'espérer qu'un
jour, ce sistème qui réduit toutes les mesures
et leurs calculs, à l'échelle et aux opérations les plus simples de l'arithmétique décimale, sera aussi généralement adopté, que
le sistème de numération dont il est le complément, et qui, sans doute, eut à surmonter les mêmes obstacles que les préjugés et
les habitudes opposent à l'introduction des
nouvelles mesures.

Ces détails étaient en quelque sorte indispensables dans un ouvrage ou l'art de mesu rer (*art.* 3) a été donné comme notre principal objet. Revenons à présent à l'utilité du pendule dans la mécanique.

§. 5. *Usage du pendule dans la mécanique.*

Art. 379. J'ai dit (*art.* 376) qu'un point matériel suspendu à l'extrémité d'une droite sans masse, et fixe à son autre extrémité, formait le pendule simple. Ce pendule écarté de la verticale, tend à y revenir par sa pesanteur, et cette tendance est à très peu près proportionnelle à cet écart, s'il est peu considérable. Imaginons deux pendules de même longueur, et partant au même instant avec des vitesses très-petites, de la situation verticale. Ils décriront au premier instant, des arcs proportionnels à ces vitesses. Au commencement d'un second instant égal au premier, les vitesses seront retardées proportionnellement aux arcs décrits, et aux vitesses primitives; les arcs décrits dans cet instant, seront donc encore proportionnels à ces vitesses. Il en sera de même des arcs décrits au troisième instant, au quatrième, etc. Ainsi à chaque instant, les vitesses et les arcs mesurés depuis la verticale, seront proportionnels aux vitesses primitives; les pendules arriveront donc au même moment, à l'état du repos, ils reviendront ensuite vers la verticale, par un mouvement accéléré suivant les mêmes lois, par lesquelles leur vitesse avait été retardée, et ils y parviendront au même instant, et avec leur vitesse primitive. Ils oscilleront de la même manière, de l'autre côté de la verticale, et ils continueraient d'osciller à l'infini, sans les résistances qu'ils éprouvent. Il est visible que l'étendue de leurs oscillations est proportionnelle à leur vitesse primitive; mais la durée de ces oscillations est la même, et par conséquent indépendante de leur grandeur. La force qui accélère ou retarde le pendule, n'étant pas exactement en raison de l'arc mesuré depuis la verticale, cet *isochronisme* n'est qu'approché relativement aux petites oscillations d'un corps pesant, mû dans un cercle; il est rigoureux dans la courbe sur laquelle la pesanteur décomposée parallélement à la tangente, est proportionnelle à l'arc compté du point le plus bas; ce qui donne immédiatement son équation différencielle. Huighens à qui l'on doit l'application du pendule aux horloges, avait intérêt de connaître cette courbe, et la manière de la faire décrire au pendule. Il trouva qu'elle est une cicloïde placée verticalement, en sorte que son sommet soit le point le plus bas; et que pour la

N 4

faire décrire à un corps suspendu à l'extrémité d'un fil inextensible, il suffit de fixer l'autre extrémité, à l'origine commune de deux cicloïdes égales à celles que l'on veut faire décrire, et placées verticalement en sens contraire, de manière que le fil, en oscillant, enveloppe alternativement chacune de ces courbes. Quelqu'ingénieuses que soient ces recherches, l'expérience a fait préférer le pendule circulaire, comme étant beaucoup plus simple, et d'une précision suffisante même à l'astronomie. Mais la théorie des *développées*, qu'elles ont fait naître, est devenue très-importante par ses applications au système du monde.

La durée des oscillations fort petites d'un pendule circulaire, est au tems qu'un corps pesant emploierait à tomber d'une hauteur égale au double de la longueur du pendule, comme la demi-circonférence est au diamètre. Ainsi le tems de la chûte, le long d'un petit arc terminé par un diamètre vertical, est au tems de la chûte le long de ce diamètre; ou, ce qui revient au même, par la corde de l'arc, comme le quart de la circonférence est au diamètre; la droite menée entre deux points donnés, n'est donc pas la ligne de la plus vite descente de l'un à l'autre. La recherche de cette ligne a excité la curiosité des géomètres : et ils ont trouvé qu'elle est une cicloïde dont l'origine est au point le plus élevé.

La longueur du pendule simple qui bat les secondes, est au double de la hauteur dont la pesanteur fait tomber les corps dans la première seconde de leur chûte, comme le carré du diamètre, est au carré de la circonférence. Cette longueur pouvant être mesurée avec une grande précision ; on aura, au moyen de ce théorème, le tems de la chûte des corps, d'une hauteur déterminée, avec une plus grande précision que par des expériences directes. On a vu (*art.* 376), que des expériences très exactes ont donné la longueur du pendule à secondes à Paris, de 0me, 741 887 ; d'où il résulte que la pesanteur y fait tomber les corps de 3me, 66107 dans la première seconde. Ce passage du mouvement d'oscillation, dont on ne peut observer la durée avec une grande précision, au mouvement rectiligne des graves, est une remarque ingénieuse dont on est encore redevable à Huighens.

Les durées des oscillations fort petites des pendules de longueurs différentes, et animés par la même pesanteur, sont comme les racines carrées de ces longueurs. Si les pendules sont de même longueur, et animés de pesanteurs différentes; les durées des oscillations sont réciproques aux racines carrées des pesanteurs.

C'est au moyen de ces théorèmes, que l'on a déterminé la variation de la pesanteur, à la surface de la terre et au sommet des montagnes. Les observations du pendule ont pareillement fait connaître que la pesanteur ne dépend ni de la surface, ni de la figure des corps; mais qu'elle pénètre leurs parties les plus intimes, et qu'elle tend à leur imprimer dans le même tems, des vitesses égales. Pour s'en assurer, Neuton a fait osciller un grand nombre de corps du même poids, et différens soit par la figure, soit par la matière, en les plaçant dans l'intérieur d'une même surface, afin que la résistance de l'air fût la même. Quelque précision qu'il ait apportée dans ses expériences, il n'a point remarqué de différences sensibles entre les longueurs du pendule simple à secondes, conclues des durées des oscillations de ces corps; d'où il suit que sans les résistances qu'ils éprouvent, leur vitesse acquise par l'action de la pesanteur, serait la même en tems égal.

§. 6. *De la force centrifuge et centripète.*

Art. 380. Nous avons encore dans le mouvement circulaire, l'exemple d'une force agissant d'une manière continue. Le mouvement de la matière abandonnée à elle-même, étant uniforme et rectiligne; il est clair qu'un corps mû sur une circonférence, tend sans cesse à s'éloigner du centre, par la tangente. L'effort qu'il fait pour cela, se nomme *force centrifuge*; et l'on nomme *force centrale* ou *centripète*, toute force dirigée vers un centre. Dans le mouvement circulaire, la force centrale est égale et directement contraire à la force centrifuge: elle tend sans cesse à rapprocher le corps, du centre de la circonférence; et dans un intervalle de tems, très-court, son effet est mesuré par le sinus verse du petit arc décrit.

On peut, au moyen de ce résultat, comparer à la pesanteur, la force centrifuge due au mouvement de la rotation de la terre. À l'équateur, les corps décrivent en vertu de cette rotation, dans chaque seconde de tems, un arc de $40''$, 1095 de la circonférence de l'équateur terrestre, en mesures décimales. Le rayon de cet équateur étant 6375793^{ms} à fort peu près; le sinus verse de cet arc est de 0^m, 0126541. Pendant une seconde, la pesanteur fait tomber les corps à l'équateur, de 3me, 64927; ainsi la force centrale nécessaire pour retenir les corps à la surface de la

terre, et par conséquent, la force centrifuge
due à son mouvement de rotation, est à la
pesanteur, à l'équateur, dans le rapport de
l'unité à 288, 4. La force centrifuge diminue la pesanteur, et les corps ne tombent à
l'équateur, qu'en vertu de la différence de
ces deux forces. En nommant donc *gravité*,
la pesanteur entière qui aurait lieu sans la
diminution qu'elle éprouve; la force centri-
fuge à l'équateur est à fort peu près $\frac{1}{289}$ de la
gravité. Si la rotation de la terre étoit dix-sept
fois plus rapide; l'arc décrit dans une seconde
à l'équateur, serait dix-sept fois plus grand,
et son sinus verse serait 289 fois plus considérable; la force centrifuge serait donc alors
égale à la gravité, et les corps cesseraient de
peser sur la terre à l'équateur.

En général, l'expression d'une force accélératrice constante, qui agit toujours dans le
même sens, est égale au double de l'espace
qu'elle fait décrire, divisé par le carré du
tems : toute force accélératrice, dans un
intervalle de tems, très-court, peut être supposée constante et agir suivant la même direction; d'ailleurs, l'espace que la force centrale fait décrire dans le mouvement circulaire, est le sinus verse du petit arc décrit,
et ce sinus est à très-peu près égal au carré
de l'arc, divisé par le diamètre; l'expression

de cette force est donc le carré de l'arc décrit, divisé par le carré du tems et par le
rayon du cercle. L'arc divisé par le tems,
est la vitesse même du corps; la force centrale et la force centrifuge, sont donc égales
au carré de la vitesse, divisé par le rayon.

Rapprochons ce résultat, de celui que
nous avons trouvé précédemment (*art.* 376),
et suivant lequel la pesanteur est égale au
carré de la vitesse acquise, divisée par le
double de l'espace parcouru suivant la verticale; nous verrons que la force centrifuge
est égale à la pesanteur, si la vitesse du corps
qui circule, est la même que celle acquise
par un corps pesant qui tomberait d'une hauteur égale à la moitié du rayon de la circonférence décrite.

Les vitesses de plusieurs corps mus circu-
lairement, sont égales aux circonférences
qu'elles décrivent, divisées par les tems de
leurs révolutions : les circonférences sont
comme les rayons; ainsi les carrés des vitesses sont comme les carrés des rayons, divisés
par les carrés de ces tems. Les forces centrifuge sont donc entr'elles comme les rayons
des circonférences, divisés par les carrés des
tems des révolutions. Il suit de là que, sur
divers parallèles terrestres, la force centrifuge due au mouvement de rotation de la

terre, est proportionnelle aux rayons de ces
parallèles.

Ces beaux théorèmes découverts par Huighens, ont conduit Neuton à la théorie générale du mouvement dans les courbes, et à la
loi de la pesanteur universelle, ou plutôt de
l'attraction universelle. Car l'amour et l'amitié qui sont le charme de notre vie, ont leur
analogie dans la nature où une tendance au
rapprochement et à l'union, entretient le
mouvement et la vie dans tous les êtres.

§. 7. *Loi de la Pesanteur universelle, ou de l'Attraction.*

Art. 381. Un corps qui décrit une courbe
quelconque, tend à s'en écarter par la tangente; or on peut toujours imaginer un cercle qui passe par deux élémens contigus de
la courbe, et que l'on nomme *cercle osculateur.* Dans deux instans consécutifs, le corps
est mu sur la circonférence de ce cercle; sa
force centrifuge est donc égale au carré de
sa vitesse, divisée par le rayon du cercle
osculateur; mais la position et la grandeur
de ce cercle, varient sans cesse.

Si la courbe est décrite en vertu d'une
force dirigée vers un point fixe; on peut décomposer cette force en deux, l'une suivant

le rayon osculateur, l'autre suivant l'élément de la courbe. La première fait équilibre à la force centrifuge : la seconde augmente ou diminue la vitesse du corps; cette vitesse est donc continuellement variable. Mais elle est toujours telle que les aires décrites par le rayon vecteur, autour de l'origine de la force, sont proportionnelles aux tems. Réciproquement, si les aires tracées par le rayon vecteur autour d'un point fixe, croissent comme les tems, la force qui les fait décrire, est constamment dirigée vers ce point. Ces propositions fondamentales dans la théorie du sistéme du monde, se démontrent aisément de cette manière.

La force accélératrice peut être supposée n'agir qu'au commencement de chaque instant pendant lequel le mouvement du corps est uniforme : le rayon vecteur trace alors un petit triangle. Si la force cessait d'agir dans l'instant suivant, le rayon vecteur tracerait dans ce nouvel instant, un nouveau triangle égal au premier; puisque ces deux triangles ayant leur sommet au point fixe origine de la force, leurs bases situées sur une même droite seraient égales, comme étant décrites avec la même vitesse, pendant des instans que nous supposons égaux; mais au commencement du nouvel instant, la force

accélératrice se combine avec la force tan-
gentielle du corps, et fait décrire la diagonale du parallélogramme dont les côtés
représentent ces forces. Le triangle que le
rayon vecteur décrit en vertu de cette force
combinée, est égal à celui qu'il eût décrit
sans l'action de la force accélératrice; car ces
deux triangles ont pour base commune, le
rayon vecteur de la fin du premier instant,
et leurs sommets sont sur une droite parallèle à cette base; l'aire tracée par le rayon
vecteur est donc égale, dans deux instans
consécutifs égaux; et par conséquent le secteur décrit par ce rayon, croît comme le
nombre de ces instans, ou comme les tems.
Il est visible que cela n'a lieu qu'autant que
la force accélératrice est dirigée vers le point
fixe; autrement, les triangles que nous venons
de considérer, n'auraient pas la même hauteur.
Ainsi la proportionalité des aires aux tems,
démontre que la force accélératrice est dirigée constamment vers l'origine du rayon vecteur.

Dans ce cas, si l'on imagine un très-petit
secteur décrit pendant un intervalle de tems,
fort court; que de la première extrémité de
l'arc de ce secteur, on mène une tangente à la
la courbe, et que l'on prolonge jusqu'à cette
tangente, le rayon mené de l'origine de la

force, à l'autre extrémité de l'arc; la partie
de ce rayon, interceptée entre la courbe et
la tangente, sera visiblement l'espace que la
force centrale a fait décrire. En divisant le
double de cet espace, par le carré du tems,
on aura l'expression de la force; or le secteur est proportionel au tems; la force centrale est donc comme la partie du rayon
vecteur, interceptée entre la courbe et la tangente, divisée par le carré du secteur. A la
rigueur, la force centrale dans les divers
points de la courbe, n'est pas proportionelle
à ces quotiens; mais elle approche d'autant
plus de l'aire, que les secteurs sont plus petits, en sorte qu'elle est exactement proportionelle à la limite de ces quotiens. L'analise
différentielle donne cette limite, en fonction
du rayon vecteur, lorsque la nature de la
courbe est connue; et alors on a la fonction
de la distance, à laquelle la force centrale
est proportionelle.

Si la loi de la force est donnée, la recherche de la courbe qu'elle fait décrire, présente plus de difficulté. Mais quelles que
soient les forces dont le corps est animé, on
déterminera facilement de la manière suivante, les équations différentielles de son
mouvement. Imaginons trois axes fixes perpendiculaires entr'eux; la position du corps

à un instant quelconque, sera déterminée par trois coordonnées parallèles à ces axes. En décomposant chacune des forces qui agissent sur ce point, en trois autres dirigées parallèlement aux mêmes axes; le produit de la résultante de toutes les forces parallèles à l'une des coordonnées, par l'élément du tems pendant lequel elle agit, exprimera l'accroissement de la vitesse du corps, parallélement à cette coordonnée; or cette vitesse peut être supposée égale à l'élément de la coordonnée divisée par l'élément du tems; la différentielle du quotient de cette division, est donc égale au produit précédent. La considération des deux autres coordonnées fournit deux égalités semblables; ainsi la détermination du mouvement du corps, devient une recherche de pure analise, qui se réduit à l'intégration de ces équations différentielles.

L'élément du tems étant supposé constant, la différence seconde de chaque ordonnée, divisée par le carré de cet élément, représente donc une force qui, appliquée en sens contraire au point, ferait équilibre à la force qui le sollicite suivant cette coordonnée. En multipliant la différence de ces forces, par la variation arbitraire de la coordonnée, et ajoutant les trois produits semblables relatifs aux trois coordonnées; leur somme sera nulle par la condition de l'équilibre. Si le point est libre, les variations des trois coordonnées seront toutes arbitraires; et en égalant à zéro le coëfficient de chacune d'elles, on aura les trois équations différentielles du mouvement du point. Mais si le point n'est pas libre, on aura entre les trois coordonnées, une ou deux relations, qui donneront un pareil nombre d'équations entre leurs variations. En éliminant donc par leur moyen, autant de ces variations, on égalera les coëfficiens des variations restantes, à zéro; et on aura les équations différentielles du mouvement, équations qui, combinées avec les relations des coordonnées, détermineront pour un instant quelconque, la position du point.

L'intégration de ces équations est facile, quand la force est dirigée vers un centre fixe; mais souvent, la nature des forces la rend impossible. Cependant, la considération des équations différentielles, conduit à quelques principes intéressans de mécanique, tels que le suivant. La différentielle du carré de la vitesse d'un point soumis à l'action des forces accélératrices, est égale au double de la somme des produits de chaque force, par le petit espace dont le point s'avance suivant la direction de cette force. Il est aisé d'en conclure que la vitesse acquise par un corps pesant, le long d'une ligne ou d'une surface courbe, est la même que s'il tombait verticalement de la même hauteur.

§. 8. *Du Principe de la moindre action.*

Art. 382. Plusieurs philosophes, frappés de l'ordre qui règne dans la nature, et de la fécondité de ses moyens dans la production des phénomènes, ont pensé qu'elle parvient toujours à son but par les voies les plus simples. En étendant cette manière de voir, à la mécanique; ils ont cherché l'économie que la nature avait eue pour objet, dans l'emploi des forces et du tems. Ptolémée avait reconnu que la lumière réfléchie parvient d'un point à un autre, par le chemin le plus court, et par conséquent, dans le moins de tems possible, en supposant la vitesse du rayon lumineux, toujours la même. Fermat, l'un des plus beaux génies dont la France s'honore, généralisa ce principe, en l'étendant à la réfraction de la lumière. Il suppose donc qu'elle parvient d'un point pris au dehors d'un milieu diaphane, à un point intérieur, dans le tems le plus court; regardant ensuite comme très-vraisemblable, que sa vitesse devait être plus petite dans ce milieu, que dans le vide; il chercha, dans ces hipothèses, la loi de la réfraction de la lumière. En appliquant à ce problème, sa belle méthode *de maximis et minimis*, que l'on doit considérer comme le véritable germe du calcul différentiel ; il trouva conformément à l'expérience, que les sinus d'incidence et de réfraction, devaient être dans un rapport constant, plus grand que l'unité. La manière heureuse dont Neuton a déduit ce rapport, de l'attraction des milieus, fit voir à Maupertuis, que la vitesse de la lumière augmente dans les miliens diaphanes, et qu'ainsi ce n'est point, comme Fermat le prétendait, la somme des quotiens des espaces décrits dans le vide et dans le milieu, et divisés par les vitesses correspondantes, mais la somme des produits de ces quantités, qui devait être un *minimum*. Euler étendit cette supposition, aux mouvemens variables à chaque instant ; et il prouva par divers exemples, que parmi toutes les courbes qu'un corps peut décrire en allant d'un point à un autre, il choisit toujours celle dans laquelle l'intégrale du produit de sa masse par sa vitesse et par l'élément de la courbe, est un *minimum*. Ainsi la vitesse d'un point mu dans une surface courbe et qui n'est sollicité par aucune force, étant constante ; il parvient d'un point à un autre, par la ligne la plus courte sur cette surface. On a nommé l'intégrale précédente, *action d'un corps*, et la réunion des intégrales semblables relatives à chaque corps d'un sistème, a été nommée *action du sistême*. Euler établit donc que cette action est toujours un *minimum*, en sorte que l'économie de la nature consiste à l'épargner; c'est là ce qui constitue le *principe de la moindre action*, dont on doit regarder Euler comme le véritable inventeur; et qu'ensuite M. de Lagrange a dérivé des lois primordiales du mouvement. Ce principe n'est au fond, qu'un résultat curieux de ces lois, qui, comme on l'a vu, sont les plus naturelles et les plus simples que l'on puisse imaginer, et qui par là, semblent découler de l'essence même de la matière. Il convient à toutes les relations mathématiquement possibles entre la force et la vitesse, en substituant dans ce principe, au lieu de la vitesse, la fonction de la vitesse, par laquelle la force est exprimée. Le principe de la moindre action ne doit donc point être érigé en cause finale; et loin d'avoir donné naissance aux lois du mouvement, il n'a pas même contribué à leur découverte sans laquelle on disputerait encore sur ce qu'il faut entendre par la moindre action de la nature. Rien n'est plus dangereux que d'appliquer les raisonnemens admis par les métaphisiciens, dans les sciences soumises à des principes aussi sévères que les mathématiques où la vérité ne craint point les formes les plus austères, et repousse tout ornement étranger.

J'ai épuisé dans ce chapitre tout ce qui concerne le mouvement d'un point matériel, et j'ai même étendu ces principes aux lois du mouvement d'un corps isolé : ils deviennent plus compliqués lorsque l'on veut en faire usage pour connaitre les lois du mouvement d'un grand nombre de corps, et ces lois mêmes, pour être bien expliquées, doivent être précédées par celles de l'équilibre de plusieurs corps. Cette dernière théorie sera donc celle dont je m'occuperai d'abord, et qui fera l'objet du chapitre suivant.

CHAPITRE III.

De l'équilibre d'un sistéme de corps.

Art 383. Le cas le plus simple de l'équilibre de plusieurs corps, est celui de deux points matériels qui se rencontrent avec des vitesses égales et directement contraires. Leur impénétrabilité mutuelle, propriété de la matière, en vertu de laquelle deux corps ne peuvent pas occuper le même lieu au même

instant; anéantit évidemment leurs vitesses et
les réduit à l'état du repos. Mais si deux
corps de masses différentes viennent à se cho-
quer avec des vitesses opposées, quel est le
rapport des vitesses aux masses, dans le cas
de l'équilibre? Pour résoudre ce problème,
imaginons un sistême de points matériels
contigus, rangés sur une même droite, et animés d'une vitesse commune, dans sa direction : Concevons pareillement un second sistême de points matériels contigus, disposés
sur la même droite, et animés d'une vitesse
commune et contraire à la précédente, de
manière que les deux sistêmes se choquent
mutuellement en fesant équilibre. Il est clair
que si le premier sistême n'était composé que
d'un seul point matériel, chaque point du
second sistême éteindrait dans le point choquant, une partie de sa vitesse, égale à la
vitesse de ce sistême; la vitesse du point choquant, doit donc être, dans le cas de l'équilibre, égale au produit de la vitesse du second
sistême, par le nombre de ses points; et l'on
peut substituer au premier sistême, un seul
point animé d'une vitesse égale à ce produit.
On peut semblablement substituer au second
sistême, un point matériel animé d'une vitesse
égale au produit de la vitesse du premier
sistême, par le nombre de ses points. Ainsi

au lieu des deux sistêmes, on aura deux points qui se feront équilibre avec des vitesses contraires, dont l'une sera le-produit de la vitesse du premier sistême par le nombre de ses points, et dont l'autre sera le produit de la vitesse des points du second sistême, par leur nombre; ces produits doivent donc être égaux dans le cas de l'équilibre.

La masse d'un corps est la somme de ses points matériels. On nomme *quantité de mouvement*, le produit de la masse par la vitesse: c'est aussi ce que l'on entend par la *force d'un corps*. Pour l'équilibre de deux corps ou de deux sistêmes de points matériels qui se choquent en sens contraires, les quantités de mouvement ou les forces opposées doivent être égales, et par conséquent, les vitesses doivent être réciproques aux masses.

Deux points matériels ne peuvent évidemment agir l'un sur l'autre, que suivant la droite qui les joint : l'action que le premier exerce sur le second, lui communique une certaine quantité de mouvement; or on peut avant l'action, concevoir le second corps sollicité par cette quantité et par une autre égale et directement opposée; l'action du premier corps se réduit ainsi à détruire cette dernière quantité de mouvement; mais pour cela, il doit employer une quantité de mouvement

égale et contraire, qui sera détruite. On voit
donc généralement, que dans l'action mutuelle des corps, la réaction est toujours
égale et contraire à l'action. On voit encore
que cette égalité ne suppose point une force
particulière dans la matière: elle résulte de
ce qu'un corps ne peut acquérir de mouvement, par l'action d'un autre corps, sans l'en
dépouiller; de même qu'un vase se remplit
aux dépens d'un vase plein qui communique
avec lui.

L'égalité de l'action à la réaction, se ma-
nifeste dans toutes les actions de la nature:
le fer attire l'aimant comme il en est attiré:
on observe la même chose dans les attractions et dans les répulsions électriques, et
même dans le développement des forces ani-
males; car quel que soit le principe moteur
de l'homme et des animaux, il est constant
qu'ils reçoivent par la réaction de la matière,
une force égale et contraire à celle qu'ils lui
communiquent, et qu'ainsi sous ce rapport,
ils sont assujétis aux mêmes lois que les êtres
inanimés.

La réciprocité des vitesses aux masses, dans
le cas de l'équilibre, sert à déterminer le
rapport des masses des différens corps. Celles
des corps homogènes sont proportionelles à
leurs volumes que la géométrie apprend à

mesurer. Mais tous les corps ne sont pas de même nature, et les différences qui existent, soit dans leurs molécules intégrantes, soit dans le nombre et la grandeur des intervalles ou pores qui séparent ces molécules, en apportent de très-grandes entre leurs masses renfermées sous le même volume. La géométrie devient alors insuffisante pour déterminer le rapport de ces masses, et il est indispensable de recourir à la mécanique.

§. 1. *Des Corps de différentes matières et de la densité.*

Art. 384. Si l'on imagine deux globes de différentes matières, et que l'on fasse varier leurs diamètres jusqu'à ce qu'en les animant de vitesses égales et directement contraires, ils se fassent équilibre ; on sera sûr qu'ils renfermeront le même nombre de points matériels, et par conséquent, de masses égales. On aura donc ainsi le rapport des volumes de ces substances à égalité de masse, ensuite, à l'aide de la géométrie, on en conclura le rapport des masses de deux volumes quelconques des mêmes substances. Mais cette méthode serait d'un usage très-pénible dans les comparaisons nombreuses qu'exigent à chaque instant, les besoins du commerce.

Heureusement, la nature nous offre dans la pesanteur des corps, un moyen très-simple de comparer leurs masses.

On a vu dans le chapitre précédent (*art* 375), que chaque point matériel dans le même lieu de la terre, tend à se mouvoir avec la même vitesse par l'action de la pesanteur : la somme de ces tendances est ce qui constitue le poids d'un corps; ainsi les poids sont proportionels aux masses. Il suit de là que si deux corps suspendus aux extrémités d'un fil qui passe sur une poulie, se font équilibre lorsque les deux parties du fil sont égales de chaque côté de la poulie; les masses de ces corps sont égales, puisque tendant à se mouvoir avec la même vitesse par l'action de la pesanteur, elles agissent l'une sur l'autre, comme si elles se choquaient avec des vitesses égales et directement contraires. On peut encore mettre les deux corps en équilibre, au moyen d'une balance dont les bras et les bassins sont parfaitement égaux, et alors on sera sûr de l'égalité de leurs masses. On aura ainsi le rapport des masses de différens corps, au moyen d'une balance exacte et sensible, et d'un grand nombre de petits poids égaux; en déterminant le nombre de ces poids, nécessaire pour tenir ces masses en équilibre.

La *densité* d'un corps dépend du nombre de ses points matériels renfermé sous un volume donné; elle est donc proportionelle au rapport de la masse au volume. Une substance qui n'aurait point de pores, aurait la plus grande densité possible: en lui comparant la densité des autres corps, on aurait la quantité de matière qu'ils renferment. Mais ne connaissant point de substance semblable, nous ne pouvons avoir que les densités relatives des corps. Ces densités sont en raison des poids sous un même volume, puisque les poids sont proportionels aux masses: en prenant ainsi pour unité, la densité d'une substance quelconque, à une température constante, par exemple, le *maximum* de densité de l'eau distillée; la densité d'un corps sera le rapport de son poids à celui d'un pareil volume d'eau réduite à ce *maximum*. Ce rapport est ce que l'on nomme *pesanteur spécifique*.

Tout cela semble supposer que la matière est homogène, et que les corps ne diffèrent que par la figure et la grandeur de leurs pores et de leurs molécules intégrantes. Il est cependant possible qu'il y ait des différences essentielles dans la nature même de ces molécules; et il ne répugne point au peu de notions que nous avons de la matière, de supposer l'espace céleste plein d'un fluide dénué de pores, et cependant tel qu'il n'oppose qu'une résistance insensible, aux mouvemens planétaires. On pourrait ainsi concilier l'inaltérabilité de ces mouvemens, prouvée par les phénomènes, avec l'opinion de ceux qui regardent le vide comme impossible. Mais cela est indifférent à la mécanique qui ne considère dans le corps que l'étendue et le mouvement. On peut alors, sans craindre aucune erreur, admettre l'homogénéité des élémens de la matière; pourvu que l'on entende par masses égales, des masses qui, animées de vitesses égales et directement contraires, se font équilibre.

Dans la théorie de l'équilibre et du mouvement des corps, on fait abstraction du nombre et de la figure des pores dont ils sont parsemés. On peut avoir égard à la différence de leurs densités respectives, en les supposant formés de points matériels plus ou moins denses, parfaitement libres dans les fluides, unis entr'eux par des droites sans masse, inflexibles dans les corps durs, flexibles et extensibles dans les corps élastiques et mous. Il est clair que dans ces suppositions, les corps offriraient les apparences qu'ils nous présentent.

§. 2. *Conditions de l'équilibre d'un sistême de corps. Du levier, et des momens.*

Art. 385. Les conditions de l'équilibre d'un sistême de corps, peuvent toujours être déterminées par la loi de la composition des forces, exposée dans le premier chapitre de ce livre (*art.* 373). Car on peut concevoir la force dont chaque point matériel est animé, appliquée au point de sa direction, où vont concourir les forces qui la détruisent ou qui, en se composant avec elle, forment une résultante anéantie, dans le cas de l'équilibre, par les points fixes du sistême. Considérons, par exemple, deux points matériels attachés aux extrémités d'un levier inflexible, et supposons ces points sollicités par des forces dont les directions soient dans le plan du levier. En concevant ces forces réunies au point de concours de leurs directions, leur résultante doit, pour l'équilibre, passer par le point d'appui qui peut seul la détruire, et suivant la loi de la composition des forces, les deux composantes doivent être alors réciproques aux perpendiculaires menées du point d'appui sur leurs directions.

Si l'on imagine deux corps pesans attachés aux extrémités d'un levier inflexible, dont la masse soit supposée infiniment petite par rapport à celle des corps; on pourra concevoir les directions parallèles de la pesanteur, réunies à une distance infinie. Dans ce cas, les forces dont chaque corps pesant est animé, ou, ce qui revient au même, leurs poids, doivent pour l'équilibre, être réciproques aux perpendiculaires menées du point d'appui, sur les directions de ces forces: ces perpendiculaires sont proportionnelles aux bras du levier; ainsi les poids de deux corps en équilibre sont réciproques aux bras du levier auquel ils sont attachés.

Un très-petit poids peut donc, au moyen du levier et des machines qui s'y rapportent, faire équilibre à un poids très-considérable, et l'on peut, de cette manière, soulever un énorme fardeau avec un léger effort; mais il faut pour cela que le bras du levier auquel la puissance est attachée, soit fort long par rapport à celui qui soulève le fardeau, et que la puissance parcoure un grand espace, pour élever le fardeau à une petite hauteur. Alors on perd en tems ce que l'on gagne en force, et c'est ce qui a lieu généralement dans les machines. Mais souvent on peut disposer du tems à volonté, tandis que l'on ne peut employer qu'une force limitée. Dans d'autres circonstances où il faut se procurer une grande vitesse, on peut y parvenir au moyen du levier, en appliquant la puissance au bras le plus court. C'est dans la possibilité d'augmenter suivant les besoins, la masse ou la vitesse des corps à mouvoir, que consiste le principal avantage des machines.

La considération du levier a fait naître l'idée des *momens*. On nomme moment d'une force, pour faire tourner le système autour d'un point, le produit de cette force par la distance du point à sa direction. Ainsi, dans le cas de l'équilibre d'un levier aux extrémités duquel deux forces sont appliquées, les momens de ces forces par rapport au point d'appui, doivent être égaux et contraires, ou, ce qui revient au même, la somme des momens doit être nulle, relativement à ce point.

La projection d'une force sur un plan mené par un point fixe, multipliée par la distance du point à cette projection, est ce que l'on nomme moment de la force pour faire tourner le système autour de l'axe qui, passant par le point fixe, est perpendiculaire au plan.

Le moment de la résultante d'un nombre quelconque de forces, par rapport à un point, ou à un axe quelconque, est égal à la somme des momens semblables des forces composantes.

Les forces parallèles, pouvant être supposées se réunir à une distance infinie, elles sont réductibles à une résultante égale à leur somme, et qui leur est parallèle; en décomposant donc chaque force d'un sistème de corps, en deux, l'une située dans un plan, l'autre perpendiculaire à ce plan; toutes les forces situées dans le plan seront réductibles à une seule, ainsi que toutes les forces perpendiculaires au plan. Il existe toujours un plan passant par le point fixe, et tel que la résultante des forces qui lui sont perpendiculaires, est nulle ou passe par ce point : dans ces deux cas, le moment de cette résultante est nul relativement aux axes qui ont ce point pour origine ; et le moment des forces du sistème par rapport à ces axes, se réduit au moment de la résultante située dans le plan dont il s'agit. L'axe autour duquel ce moment est un *maximum*, est celui qui est perpendiculaire à ce plan ; et le moment des forces du sistème, relatif à un axe qui, passant par le point fixe, forme un angle quelconque avec l'axe du plus grand moment, est égal au plus grand moment du sistème, multiplié par le cosinus de cet angle; en sorte que ce moment est nul pour tous les axes situés dans le plan auquel l'axe du plus grand moment est perpendiculaire.

La somme des carrés des cosinus des angles formés par l'axe du plus grand moment, et par trois axes quelconques perpendiculaires entr'eux, et passant par le point fixe, étant égale à l'unité; les carrés des trois sommes de momens des forces, relativement à ces axes, sont égaux au carré du plus grand moment.

Pour l'équilibre d'un sistême de corps liés invariablement entr'eux et pouvant se mouvoir autour d'un point fixe; la somme des momens des forces doit être nulle par rapport à un axe quelconque, passant par ce point. Il suit de ce qui précède, que cela aura lieu généralement, si cette somme est nulle, relativement à trois axes fixes perpendiculaires entr'eux. S'il n'y a pas de point fixe dans le sistême; il faut de plus, pour l'équilibre, que les trois sommes des forces décomposées parallélement à ces axes, soient nulles séparément.

§. 3. *Du centre de gravité, et d'une règle générale pour l'équilibre d'un sistême de corps.*

Art. 386. Considérons un sistême de points

pesans attachés fixement ensemble , et rap-
portés à trois plans perpendiculaires entre
eux et liés au sistème. En décomposant l'action de la pesanteur , parallèlement aux intersections de ces plans ; toutes les forces parallèles au même plan peuvent se réduire à
une seule résultante parallèle à ce plan , et
égale à leur somme. Les trois résultantes relatives aux trois plans doivent concourir au même
point ; puisque les actions de la pesanteur
sur les divers points du sistème , étant parallèles , elles ont une résultante unique que
l'on obtient en composant d'abord deux de
ces forces ; ensuite leur résultante, avec une
troisième ; la résultante des trois forces avec
une quatrième, et ainsi du reste. La situation de ce point de concours , par rapport
au sistème , est indépendante de l'inclinaison des plans sur la direction de la pesanteur ; car une inclinaison plus ou moins
grande ne fait que changer les valeurs des
trois résultantes partielles , sans altérer leur
position relative aux plans ; en supposant
donc ce point fixe , tous les efforts des poids
du sistème seront anéantis, dans toutes les
positions qu'il peut prendre en tournant autour de ce point que l'on a nommé , par
cette raison , *centre de gravité* du sistème.

Concevons la position de ce centre , et

celle des divers points du sistême, déterminées par des coordonnées parallèles à trois
axes perpendiculaires entr'eux. Les actions
de la pesanteur étant égales et parallèles, et
la résultante de ces actions sur le sistême,
passant dans toutes ses positions, par son
centre de gravité; si l'on suppose cette résultante successivement parallèle à chacun
des trois axes; l'égalité du moment de la résultante, à la somme des momens des composantes, donne l'une quelconque des coordonnées de ce centre, multipliée par la masse
entière du sistême, égale à la somme des
produits de la masse de chaque point, par
sa coordonnée correspondante. Ainsi la détermination du centre de gravité, dont la
pesanteur a fait naître l'idée, en est indépendante. La considération de ce centre,
étendue à un sistême de corps pesans ou non
pesans, libres ou liés entr'eux d'une manière quelconque, est très-utile dans la mécanique.

En généralisant le théorême que nous
avons donné à la fin du premier chapitre
sur l'équilibre d'un point (*art.* 373); on
est conduit au théorême suivant qui renferme, de la manière la plus générale, les
conditions de l'équilibre d'un sistême de
points matériels animés par des forces quelconques.

Si l'on change infiniment peu la position du système, d'une manière compatible avec la liaison de ses parties ; chaque point matériel s'avancera dans la direction de la force qui le sollicite, d'une quantité égale à la partie de cette direction, comprise entre la première position du point et la perpendiculaire abaissée de la seconde position du point, sur cette direction. Cela posé : DANS L'ÉTAT D'ÉQUILIBRE, LA SOMME DES PRODUITS DE CHAQUE FORCE PAR LA QUANTITÉ DONT LE POINT AUQUEL ELLE EST APPLIQUÉE, S'AVANCE DANS SA DIRECTION, EST NULLE ; ET RÉCIPROQUEMENT, SI CETTE SOMME EST NULLE, QUELLE QUE SOIT LA VARIATION DU SISTÈME, IL EST EN ÉQUILIBRE. C'est en cela que consiste le principe des vitesses virtuelles, principe dont on est redevable à Jean Bernoulli. Mais pour en faire usage, il faut observer de prendre négativement les produits que nous venons d'indiquer, relatifs aux points qui, dans le changement de position du système, s'avancent en sens contraire de la direction de leurs forces : il faut se rappeler encore que la force est le produit de la masse d'un point matériel, par la vitesse qu'elle lui ferait perdre, s'il était libre.

En concevant la position de chaque point du système, déterminée par trois coordonnées rectangles ; la somme des produits de chaque force, par la quantité dont le point qu'elle sollicite, s'avance dans sa direction, lorsqu'on fait varier infiniment peu le sistème, sera exprimée par une fonction linéaire des variations des coordonnées de ses différens points : ces variations ont entr'elles des rapports résultans de la liaison des parties du sistème ; en réduisant donc au moyen de ces rapports, les variations arbitraires, au plus petit nombre possible, dans la somme précédente qui doit être nulle pour l'équilibre ,il faudra, pour qu'il ait lieu dans tous les sens, égaler séparément à zéro, le coéfficient de chacune des variations restantes, ce qui donnera autant d'équations qu'il y aura de ces variations arbitraires. Ces équations réunies à celles que donne la liaison des parties du sistème, renfermeront toutes les conditions de son équilibre.

Il existe deux états d'équilibre très-distincts. Dans l'un, si l'on trouble un peu l'équilibre, tous les corps du sistème ne font que de petites oscillations autour de leur position primitive ; et alors l'équilibre est *ferme* ou *stable*. Cette stabilité est absolue si elle a lieu, quelles que soient les oscillations du sistème : elle n'est que relative, si elle n'a lieu que par rapport aux oscillations

d'une certaine espèce. Dans l'autre état d'é-
quilibre, les corps s'éloignent de plus en
plus de leur position primitive, lorsqu'on
les en écarte. On aura une juste idée de ces
deux états, en considérant une ellipse placée verticalement sur un plan horizontal. Si
l'ellipse est en équilibre sur son petit axe,
il est clair qu'en l'écartant un peu de cette
situation, par un petit mouvement sur elle-
même, elle tend à y revenir en fesant des
oscillations que les frottemens et la résistance de l'air auront bientôt anéanties. Mais
si l'ellipse est en équilibre sur son grand axe,
une fois écartée de cette situation, elle tend
à s'en éloigner davantage, et finit par se ren-
verser sur son petit axe. La stabilité de l'é-
quilibre dépend donc de la nature des petites oscillations que le sistème troublé d'une
manière quelconque, fait autour de cet état.
Pour déterminer généralement de quelle
manière les divers états d'équilibre, stable ou
non stable, se succèdent, considérons une
courbe rentrante placée verticalement dans
une situation d'équilibre stable. Dérangée un
peu de cet état, elle tend à y revenir : cette
tendance varie à mesure que l'écartement
augmente, et lorsqu'elle devient nulle, la
courbe se retrouve dans une situation nouvelle d'équilibre, mais qui n'est point stable,

puisque la courbe, avant d'y arriver, tendait encore vers son premier état. Au-delà de cette dernière situation, la tendance vers le premier état et par conséquent vers le second, devient négative jusqu'à ce qu'elle redevienne encore nulle; et alors, la courbe est dans une situation d'équilibre stable. En continuant ainsi, on voit que les états d'équilibre stable et non stable, se succèdent alternativement, comme les *maxima* et les *minima* dans les ordonnées des courbes. Il est facile d'étendre le même raisonnement, aux divers états d'équilibre d'un sistème de corps.

CHAPITRE IV.

De l'équilibre des fluides.

Art. 387. La propriété caractéristique des fluides, soit élastiques, soit incompressibles, est l'extrême facilité avec laquelle chacune de leurs molécules obéit à la plus légère pression qu'elle éprouve d'un côté plutôt que d'un autre. Nous allons donc établir, sur cette propriété, les lois de l'équilibre des fluides, en les considérant comme étant formés d'un nombre infini de molécules parfaitement mobiles entr'elles.

Il suit d'abord de cette mobilité, que la

force dont une molécule de la surface libre d'un fluide est animée, doit être perpendiculaire à cette surface; car si elle lui était inclinée, en la décomposant en deux autres, l'une perpendiculaire, et l'autre parallèle à cette surface, la molécule glisserait en vertu de cette dernière force; la pesanteur est donc perpendiculaire à la surface des eaux stagnantes, qui par conséquent est horizontale. Par la même raison, la pression que chaque molécule fluide exerce contre une surface, doit lui être perpendiculaire.

Chaque molécule intérieure d'une masse fluide, éprouve une pression qui, dans l'atmosphère, est mesurée par la hauteur du baromètre, et qui ne peut l'être d'une manière semblable pour tout autre fluide. En considérant le molécule comme un prisme rectangle infiniment petit, la pression du fluide environnant sera perpendiculaire aux faces de ce prisme, qui tendra par conséquent à se mouvoir perpendiculairement à chaque face, en vertu de la différence des pressions que le fluide exerce sur les deux faces opposées. De ces différences de pressions, résultent trois forces perpendiculaires entr'elles, qu'il faut combiner avec les autres forces qui sollicitent la molécule. Il est facile d'en conclure que la différentielle de la pression est, dans l'état d'équilibre, égale à la densité de la molécule fluide, multipliée par la somme des produits de chaque force par l'élément de sa direction : cette somme est donc une différence exacte, si le fluide est incompressible et homogène ; résultat important auquel Clairaut est parvenu le premier, dans son bel ouvrage sur la figure de la terre.

Quand les forces sont produites par des attractions qui sont toujours une fonction de la distance aux centres attirans ; le produit de chaque force par l'élément de sa direction, est une différentielle exacte ; la densité de la molécule fluide doit donc être alors une fonction de la pression, puisque la différentielle de la pression divisée par cette densité, est égale à une différence exacte. Ainsi toutes les couches de la masse fluide dans lesquelles la pression est constante, sont de même densité dans toute leur étendue. La résultante de toutes les forces qui animent chaque molécule de la surface de ces couches, est perpendiculaire à cette surface sur laquelle la molécule glisserait, si cette résultante lui était inclinée. Ces couches ont été nommées, par cette raison, *couches de niveau.*

La densité d'une molécule d'air atmosphérique, est une fonction de la pression et de la chaleur : sa pesanteur est à très-peu-près une fonction de sa hauteur au-dessus de la surface de la terre. Si sa chaleur était pareillement une fonction de cette hauteur, l'équation de l'équilibre de l'atmosphère serait une équation différentielle entre la pression et la hauteur ; et par conséquent l'équilibre serait toujours possible. Mais dans la nature, la chaleur des diverses parties de l'atmosphère, dépend encore de la latitude, de la présence du soleil, et de mille autres causes variables ou constantes qui doivent exciter dans cette grande masse fluide, des mouvemens souvent très-considérables.

En vertu de la mobilité de ses parties, un fluide pesant peut exercer une pression beaucoup plus grande que son poids : un filet d'eau, par exemple, qui se termine par une large surface horizontale, presse autant la base sur laquelle il repose, qu'un cilindre d'eau de même base et de même hauteur. Pour rendre sensible la vérité de ce paradoxe, imaginons un vase cilindrique fixe, et dont le fond horizontal soit mobile : supposons ce vase rempli d'eau, et son fond maintenu en équilibre par une force égale et contraire à la pression qu'il éprouve. Il est clair que l'équilibre subsisterait toujours, dans le cas où une partie de l'eau viendrait à se consolider et à s'unir aux parois du vase ; car l'équilibre d'un sistème de corps n'est point troublé, en supposant que dans cet état, plusieurs d'entr'eux viennent à s'unir, ou à s'attacher à des points fixes. On peut donc former ainsi une infinité de vases de figures différentes, qui tous auront même fond et même hauteur que le vase cilindrique, et dans lesquels l'eau exercera la même pression sur le fond mobile.

En général, lorsqu'un fluide n'agit que par son poids, la pression qu'il exerce contre une surface, équivaut au poids d'un prisme de ce fluide, dont la base est égale à la surface pressée, et dont la hauteur est la distance du centre de gravité de cette surface, au plan de niveau du fluide.

Un corps plongé dans un fluide, y perd une partie de son poids, égale au poids du volume de fluide déplacé ; car avant l'immersion, le fluide environnant fesait équilibre au poids de ce volume de fluide qui, sans troubler l'équilibre, pouvait être supposé former une masse solide ; la résultante de toutes les actions du fluide sur cette masse, doit donc faire équilibre à son poids, et passer par son centre de gravité : or il est clair que ses actions sont les mêmes sur le corps qui en oc-

cupe la place; l'action du fluide détruit donc
une partie du poids de ce corps, égale au
poids du volume du fluide déplacé. Ainsi les
corps pèsent moins dans l'air que dans le
vide : la différence très peu sensible pour la
plupart, n'est point à négliger dans des expériences délicates.

On peut, au moyen d'une balance qui
porte à l'extrémité d'un de ses fléaux, un
corps que l'on plonge dans un fluide, mesurer exactement la diminution du poids que
le corps éprouve dans cette immersion, et
déterminer sa pesanteur spécifique ou sa densité relative à celle du fluide. Cette pesanteur est le rapport du poids du corps dans
le vide, à la diminution de ce poids, lorsque
le corps est entièrement plongé dans le fluide.
C'est ainsi que l'on a déterminé les pesanteurs spécifiques des corps, comparés au
maximum de densité de l'eau distillée.

Pour qu'un corps plus léger qu'un fluide,
soit en équilibre à sa surface; il faut que son
poids soit égal à celui du volume du fluide
déplacé. Il faut de plus que les centres de
gravité de cette portion du fluide, et du corps,
soient sur une même verticale; car la résultante des actions de la pesanteur sur toutes
les molécules du corps, passe par son centre
de gravité, et la résultante de toutes les ac-

tions du fluide sur ce corps, passe par le centre de gravité du volume de fluide déplacé : ces résultantes devant être sur la même ligne pour se détruire, les centres de gravité sont sur la même verticale. Mais il est nécessaire pour la stabilité de l'équilibre, de joindre d'autres conditions aux deux précédentes. On pourra toujours la déterminer par la règle suivante.

Si par le centre de gravité de la section à fleur d'eau, d'un corps flottant, on conçoit un axe horizontal, tel que la somme des produits de chaque élément de la section, par le carré de sa distance à cet axe, soit plus petite que relativement à tout autre axe horizontal mené par le même centre; l'équilibre est stable dans tous les sens, lorsque cette somme surpasse le produit du volume du fluide déplacé, par la hauteur du centre de gravité du corps, au dessus du centre de gravité de ce volume. Cette règle est principalement utile dans la construction des vaisseaux, auxquels il importe de donner une stabilité suffisante pour résister aux efforts des vagues et des vents. Dans un vaisseau, l'axe mené de la poupe à la proue, est celui par rapport auquel la somme dont on vient de parler est un *minimum*; il est donc facile au moyen de la règle précédente, d'en déterminer la stabilité.

Deux fluides renfermés dans un vase, s'y disposent de manière que le plus pesant occupe le fond du vase, et que la surface qui les sépare, est horizontale.

Si deux fluides communiquent au moyen d'un tube recourbé; la surface qui les sépare dans l'état d'équilibre, est à très-peu près horizontale, lorsque le tube est fort large : leurs hauteurs au dessus de cette surface, sont réciproques à leurs pesanteurs spécifiques. En supposant donc à toute l'atmosphère, la densité de l'air à la température de la glace fondante et comprimé par une colonne de mercure de soixante-seize centimètres; sa hauteur serait de 7963.me Mais parceque la densité des couches atmosphériques diminue à mesure qu'elles sont plus élevées au dessus du niveau des mers, la hauteur de l'atmosphère est beaucoup plus grande.

CHAPITRE V.

Du Mouvement d'un sistême de corps.

Art. 388. Considérons d'abord l'action de deux points matériels de masses différentes, et qui, mus sur une même droite, viennent à se rencontrer. On peut concevoir immédiatement avant le choc, leurs mouve-

mens décomposés de manière qu'ils aient une
vitesse commune, et deux vitesses contraires
telles qu'en vertu d'elles seules, ils se feraient
mutuellement équilibre. La vitesse commune
aux deux points n'est pas altérée par leur
action mutuelle ; cette vitesse doit donc sub-
sister après le choc. Pour la déterminer,
nous observerons que la quantité de mouvement des deux points en vertu de cette commune vitesse, plus la somme des quantités de
mouvement dues aux vitesses détruites, représente la somme des quantités de mouvement avant le choc, pourvu que l'on prenne
avec des signes contraires, les quantités de
mouvement dues aux vitesses contraires :
mais par la condition de l'équilibre, la somme
des quantités de mouvement dues aux vitesses détruites, est nulle; la quantité de mouvement due à la vitesse commune, est donc
égale à celle qui existait primitivement dans
les deux points; par conséquent, cette vitesse
est égale à la somme des quantités de mouvement, divisée par la somme des masses.

Le choc de deux points matériels est purement idéal ; mais il est facile d'y ramener
celui de deux corps quelconques, en observant que si ces corps se choquent suivant une
droite passant par leur centre de gravité, et
perpendiculaire à leurs surfaces de contact,

ils agissent l'un sur l'autre, comme si leurs masses étaient réunies à ces centres; le mouvement se communique donc alors entr'eux, comme entre deux points matériels dont les masses seraient respectivement égales à ces corps.

La démonstration précédente suppose qu'après le choc, les deux corps doivent avoir la même vitesse. On conçoit que cela doit être pour les corps mous dans lesquels la communication du mouvement a lieu successivement et par nuances insensibles; car il est visible que dès l'instant où le corps choqué a la même vitesse que le corps choquant, toute action cesse entr'eux. Mais entre deux corps d'une dureté absolue, le choc est instantané, et l'on ne voit point de nécessité qu'après, leur vitesse soit la même : leur impénétrabilité mutuelle exige seulement que la vitesse du corps choquant soit la plus petite; d'ailleurs elle est indéterminée. Cette indétermination prouve l'absurdité de l'hipothèse d'une dureté absolue. En effet, dans la nature, les corps les plus durs, s'ils ne sont pas élastiques, ont une mollesse imperceptible qui rend leur action mutuelle, successive, quoique sa durée soit insensible.

Quand les corps sont parfaitement élastiques, il faut, pour avoir leur vitesse après le choc, ajouter ou retrancher de la vitesse commune qu'ils prendraient s'ils étaient sans ressort, la vitesse qu'ils acquerraient ou qu'ils perdraient dans cette hipothèse; car l'élasticité parfaite double ces effets, par le rétablissement des ressorts que le choc comprime; on aura donc la vitesse de chaque corps après le choc, en retranchant sa vitesse avant le choc, du double de cette vitesse commune.

De là il est aisé de conclure que la somme des produits de chaque masse par le carré de sa vitesse, est la même avant et après le choc des deux corps; ce qui a lieu généralement dans le choc d'un nombre quelconque de corps parfaitement élastiques, de quelque manière qu'ils agissent les uns sur les autres.

Telles sont les lois de la communication du mouvement, lois que l'expérience confirme, et qui dérivent mathématiquement des deux lois fondamentales du mouvement, qui ont été exposées dans le second chapitre de ce livre. Plusieurs philosophes ont essayé de les déterminer par la considération des causes finales. Descartes, persuadé que la quantité de mouvement devait se conserver toujours la même dans l'univers, sans égard à sa direction, a déduit de cette fausse hipothèse, de fausses lois de la communication du mouvement, qui sont un exemple remarquable des erreurs auxquelles on s'expose en cherchant à deviner les lois de la nature, par les vues qu'on lui suppose.

C'est par l'observation que nous devons diriger nos raisonnemens. C'est en allant du simple au composé que nous réussissons à découvrir le peu de vérités qui sont à notre portée. Avant donc d'appliquer les principes que l'on vient de lire, aux astres éloignés de la terre, il faut étudier la terre elle-même. C'est le globe terrestre qui doit le premier fixer notre attention, et pour le bien connaître, il faut d'abord lui appliquer les principes de la géométrie. Ce que j'ai dit en traitant de cette science dans le troisième livre de cet ouvrage, et surtout dans le quatrième chapitre de ce livre, suffit pour mesurer un terrein un peu vaste; essayons de parcourir la terre entière, le compas à la main, et d'en déterminer la forme et l'étendue. Ce sera le premier livre d'un nouveau traité que j'appellerai la *Cosmologie*, et où je m'efforcerai d'utiliser les sciences mathématiques, en les fesant servir à la description et à la connaissance du monde entier, que les Grecs nommaient *cosmos*.

HISTOIRE

DES

MATHÉMATICIENS ILLUSTRES.

Art. 389. J'ai nommé, dans ces Élémens des sciences mathématiques, quinze mathématiciens célèbres, sur lesquels je vais donner ici une notice, afin que l'histoire vienne délasser le lecteur de la sécheresse des calculs. Je les placerai par ordre chronologique, le seul qui me paraisse véritablement instructif. La table alfabétique par laquelle je terminerai ce volume, donnera le moyen de le consulter facilement pour les divers objets particuliers que j'y aurai traités.

1. ZOROASTRE.

Zoroastre étant le plus ancien de tous les auteurs connus (1), mérite une attention particulière. C'est le fondateur des mages et l'inventeur de la magie. Pline, dans son admirable ouvrage sur l'Histoire naturelle, est

---

(1) Poisinet de Sivry dans ses notes sur la traduction de Pline. Paris, 1771, t. I, p. 279.

P 3

celui qui nous a transmis les détails les plus curieux à ce sujet. C'est au trentième livre pour lequel il nous dit avoir consulté les auteurs suivans (1).

Parmi les auteurs latins : Marcus Varron, Nigidius, Marcus Cicéron, Sextius Niger, qui a écrit en grec ; Licinius Macer.

Parmi les auteurs étrangers : Eudoxe, Aristote, Hermippe, Homère, Apion, Orphée, Démocrite, Anaxilaüs.

Parmi les médecins : Botrys, Horus, Apollodore, Ménandre, Archidême (2), Aristogènes (3), Xénocrates, Diodore, Chrysippe, Nicandre, et Apollonius, de Pitane.

Ce n'est qu'après avoir ainsi donné les bases de ses récits, que Pline entre en matière, et qu'il nous parle de la magie. Je rapporterai ici en entier le premier chapitre du trentième livre, seul chapitre de ce livre où Zoroastre soit nommé (4).

---

(1) Liv. I ; voyez, dans l'édition que je viens de citer, la page 180 pour le texte, et 181 pour la traduction.

(2) Comme écrit le père Hardouin d'après le manuscrit royal, et non *Archimède* comme écrivent les anciennes éditions.

(3) Et non *Ariston*, sur la même autorité.

(4) Histoire naturelle de Pline, traduite en français. Paris, 1778, t. 10, p. 137 et suivantes. J'adopte la traduction française avec de légères corrections.

« Nous avons précédemment fait voir, en
« nombre d'occasions, et partout où nous l'a-
« vons cru nécessaire, les impostures de la
« magie : nous allons achever de les décou-
« vrir ; car toute frivole qu'est la magie,
« elle mérite cependant qu'on en parle avec
« étendue : ne fût-ce que parce qu'étant l'art
« le plus trompeur, elle a eu, dans tous les
« tems et partout, le plus grand crédit.
« Faut-il, au reste, s'étonner qu'elle se soit
« accréditée puissamment chez les hommes,
« puisque c'est le seul art qui comprenne en
« soi, qui ose embrasser les trois arts qui
« ont le plus de pouvoir sur l'esprit hu-
« main ? Personne ne doute que la magie
« ne soit née d'abord de la médecine, et
« que, sous l'apparence d'avoir pour objet
« notre conservation, elle ne se soit glissée
« parmi nous comme un nouveau genre de
« médecine plus profond et plus respec-
« table ; ce qu'elle a fait en réunissant aux
« promesses les plus flatteuses et les plus
« séduisantes, les forces de la religion, res-
« sort puissant, dont le genre humain n'a
« jusqu'à présent qu'un sentiment obscur qui
« l'aveugle. Et comme si c'était peu d'y
« avoir intéressé la religion, elle a encore
« imaginé d'y mêler les arts mathémati-
« ques, parce qu'il n'y a point d'homme

« au monde qui ne désire avidement de sa-
« voir ce qui doit lui arriver, et qui ne croie
« en effet que cette connaissance se tire très-
« certainement du ciel. C'est ainsi que l'art
« magique, après s'être emparé des esprits
« qu'il tient enchaînés par ce triple lien,
« s'est élevé à un si haut degré de puis-
« sance, qu'il domine encore aujourd'hui
« chez un grand nombre de nations, et
« que dans l'Orient il commande aux rois
« des rois.

« C'est là sans doute que la magie, inven-
« tée par Zoroastre, a pris naissance dans
« la Perside, et tous les auteurs s'accordent
« en ce point; mais il n'est pas décidé s'il
« n'y a eu qu'un Zoroastre, ou s'il y en
« a eu plusieurs. Eudoxe, qui veut nous
« faire regarder la magie comme une des
« sectes de philosophie des plus utiles et des
« plus célèbres, écrit que Zoroastre vivait
« six mille ans avant la mort de Platon; c'est
« ce qu'on lit aussi dans Aristote. Hermip-
« pus, qui a traité fort exactement de toutes
« les parties de l'art magique, qui a com-
« menté les deux millions de vers composés
« par Zoroastre, et mis des tables à ses ou-
« vrages, rapporte qu'il eut pour maître
« Azonacès, et qu'il existait cinq mille ans
« avant la guerre de Troie. Or, il y a d'a-

« bord lieu de s'étonner que l'art même,
« ainsi que le nom de son inventeur, ait
« subsisté pendant tant de siècles, sans que
« les mémoires de ces tems reculés aient
« péri, cette invention ne s'étant sur-tout
« conservée que par une succession mal sui-
« vie d'hommes même assez peu célèbres
« d'ailleurs. Car à peine se trouve-t-il un très-
« petit nombre de personnes qui connais-
« sent, pour en avoir seulement entendu
« parler, les mages et magiciens, dont il
« ne reste plus que les noms, un Apuscorus et
« un Zaratus, mèdes de nation ; un Mar-
« marus et un Arabantiphocus, Babiloniens ;
« ou l'Assirien Tarmoëndas, dont nous n'a-
« vons aucuns monumens. Ce qu'il y a de
« plus étonnant encore, c'est qu'Homère
« garde, sur cet art, un si grand silence
« dans l'Iliade ; et que dans l'Odissée au
« contraire il soit si souvent question de
« magie, que tout ce poëme n'a guère d'au-
« tre fondement. Car les magiciens ne veu-
« lent pas qu'on explique autrement qu'en
« faveur de leur art, la fable de Prothée et
« le chant des Sirènes ; comme ils préten-
« dent qu'il n'est pas question d'autre chose
« dans l'épisode de Circé et dans l'évoca-
« tion des enfers. Personne n'a dit, depuis
« Homère, comment la magie était venue à

« Telmesse, ville extrèmement religieuse,
« ni quand elle a passé chez les sorcières de
« Thessalie, dont le nom, quoiqu'il indi-
« que une nation étrangère, a long-tems eu
« cours dans notre monde. C'est pourquoi
« je suis surpris que dans les tems de Troie,
« où l'on était borné aux pratiques médi-
« cinales de Chiron, et où dominait seul Mars
« le foudroyant, les peuples d'Achilles
« aient été tellement en réputation de ma-
« gie, que Ménandre, avec qui aucun poéte
« n'a partagé la palme de la littérature la
« plus exquise, a donné le titre de la Thes-
« salienne à une de ses pièces dans laquelle
« il représentait les manœuvres obscures et
« embarrassées des femmes qui tiraient la lune
« du ciel. Je croirais qu'Orphée a le premier
« apporté, du canton le plus proche dans
« les contrées voisines, les superstitions ma-
« giques avec les découvertes de la méde-
« cine, si la Thrace, où il fesait son séjour,
« n'eût été totalement préservée des illusions
« de la magie.

« Je trouve que le premier qui ait traité
« de cet art, et dont les écrits subsistent
« encore, est cet Ostanès qui accompagna
« Xerxès, roi de Perse, dans la guerre qu'il
« fit à la Grèce. Ce fut lui qui répandit les
« germes de cet art prodigieux, et qui en

« infecta le monde partout où il passa. Ceux
« qui ont fait plus de recherches sur cette
« matière, mettent un peu avant lui un autre
« Zoroastre, de Proconnèse. Ce qu'il y a de
« certain, c'est que cet Ostanès a principa-
« lement porté les Grecs à se livrer à cette
« science, non plus avec l'avidité qu'ils ont
« ordinairement pour les nouveautés de tout
« genre, mais avec une vraie fureur : ce qui
« n'empêche pas de remarquer qu'ancienne-
« ment et presque toujours on a cherché à
« tirer de cette même science beaucoup
« d'honneur et de célébrité. Il est sûr au
« moins que, pour l'apprendre, Pithagore,
« Empédocles, Démocrite et Platon passè-
« rent les mers, et s'engagèrent hors de leur
« patrie dans de longs exils, plutôt que
« dans de simples voyages. De retour parmi
« leurs concitoyens, ils en publièrent des
« merveilles, et pourtant en firent un grand
« secret. Démocrite commenta les écrits phé-
« niciens d'Apollobéchès, le Coptite, et de
« Dardanus. Il demanda ceux du dernier
« pour les faire mettre dans son tombeau.
« C'est dans ces deux auteurs qu'il avait puisé
« ce qu'il a écrit sur cette matière; et rien
« ne m'étonne plus au monde que de voir
« toutes ces rêveries accueillies par d'autres
« hommes et passer par tradition jusqu'à

« nous. Car ici tout est si peu croyable et si
« contraire à l'honnêteté, que ceux qui re-
« connaissent les autres écrits de Démocrite
« pour être véritablement de lui, nient qu'il
« soit l'auteur des derniers. Mais il n'est
« que trop constant que c'est Démocrite qui
« a le plus fortement imprimé dans les es-
« prits cette attrayante chimère. Il me pa-
« raît d'ailleurs aussi merveilleux qu'on ait
« vu fleurir également ensemble ces deux
« arts, la médecine et la magie; ou que
« dans le même âge Hippocrates ait illustré la
« première et Démocrite la seconde; ce qu'on
« peut rapporter au tems de la guerre du
« Péloponèse, qui se fit l'an 360 de Rome.
« Il est une autre secte de magie, formée
« par Moïse, Jamnès et Jotapès, tous trois
« juifs, mais plusieurs milliers d'années
« après Zoroastre. La secte de l'ile de
« Chipre est beaucoup plus récente. Le se-
« cond Ostanès donna une grande réputa-
« tion à la magie du tems d'Alexandre-le-
« Grand, qu'il eut l'honneur d'accompagner
« à la guerre, et l'on sait qu'il parcourut
« presque toute la terre.

« Il existe aussi certainement chez plu-
« sieurs peuples d'Italie des vestiges de cette
« magie, ainsi que dans nos lois des douze
« tables et d'autres monumens, comme je

« l'ai fait voir dans l'avant dernier livre. Enfin
« l'an 657 de Rome, sous le consulat de
« Cnéius Cornélius Lentulus et de Publius
« Licinius Crassus, il y eut un décret du
« sénat qui défendit d'immoler aucun homme;
« ce qui prouve que jusqu'à ce tems on fesait
« publiquement de ces horribles sacrifices.
   « Cette barbare superstition s'est encore
« emparée des Gaules, et même a duré jus-
« qu'à notre tems. Car c'est l'empereur Ti-
« bère qui, pendant son gouvernement, leur
« a ôté leurs druides et toute cette espèce de
« devins et de médecins. Prohibitions bien
« impuissantes, et bien inutiles à rapporter,
« au sujet d'un art qui n'en a pas moins passé
« l'océan, et qui est parvenu jusqu'aux lieus
« où la nature se termine au néant! La Bre-
« tagne cultive encore aujourd'hui l'art ma-
« gique avec un tel appareil, qu'elle semble-
« rait l'avoir transmis aux Perses. Ainsi ces
« sortes de folies se sont, comme de concert,
« établies partout, malgré la discordance
« des peuples et le défaut de communica-
« tion. On ne saurait donc trop apprécier
« les obligations qu'a toute la terre aux Ro-
« mains de l'avoir délivrée de ces abus mons-
« trueux qui fesaient un acte de religion d'ô-
« ter la vie à un homme, et de manger de

« la chair humaine, une pratique très-salu-
« taire. »

On voit que Pline, dans ce chapitre, fait
vivre, d'après l'autorité d'Aristote et d'Eudoxe, le mage Zoroastre, six mille ans avant
la mort de Platon, et cinq mille ans avant la
guerre de Troie. Ces deux opinions ne sont
point inconciliables. Platon étant mort l'an
352 avant l'ère chrétienne, si Zoroastre vivait
six mille ans avant cette mort, il a vécu l'an
6352 avant l'ère chrétienne; et si Zoroastre
d'un autre côté a vécu 5000 ans avant la
guerre de Troie, en plaçant la prise de Troie
sous l'an 1209 et le commencement de la
guerre sous l'an 1218 avec les marbres de
Paros, Zoroastre aura vécu l'an 6218 avant
l'ère chrétienne. Il faudrait donc supposer
que la première de ces dates est celle de la
naissance et la seconde celle de la mort, ce
qui le ferait vivre 134 ans.

Un autre passage de Pline nous fournit un
nouveau rapport sous lequel nous pouvons
déterminer le tems auquel Zoroastre a vécu.
Ce passage est tiré du dix-huitième livre de
l'Histoire naturelle, où l'Auteur a consulté
des ouvrages fort différens de ceux qu'il cite
pour le trentième. Il paraît que Pline s'était
attaché pour le dix-huitième aux Auteurs

originaux puisqu'il nomme entr'autres (1)
Accius, (2) auteur des Praxidiques, parmi
les latins, et Zoroastre lui-même parmi les
étrangers. Or ces deux Auteurs sont ceux
dont il est question dans le passage que je
rappelle ici et qui se trouve au chapitre 24.

« Accius, dans son Praxidique, dit qu'il
« est bon de semer lorsque la lune est dans
« les signes du bélier, des gémeaux, du lion,
« de la balance et du verseau ; et Zoroastre,

---

(1) Histoire naturelle de Pline, traduite en français.
Paris, 1771, t. 1, p. 137.

(2) Accius ; quelques-uns lisent Attius, d'autres Actius. Son prénom était Lucius. Il naquit de parens de race affranchie, sous le consulat de Lucius Hostilius Mancinus et d'Atilius Serranus, l'an 584 de la fondation de Rome (171 avant l'ère chrétienne). Il fut poëte tragique latin. Cicéron le traite de duriuscule, défaut que Quintilien rejette sur le tems où vivait Accius. Il était cependant plus jeune de 50 ans, que Pacuvius. Il écrivit aussi des Annales en vers, dont Macrobe fait mention, dans ses Saturnales, livre I, chap. 7. Festus, au mot METELLI, cite le vingt-septième livre de ces Annales. Aulugelle, livre 20, chap. 3, cite aussi les *Pragmatiques* d'Accius. La plupart des savans pensent que c'est le même ouvrage que Pline cite ici sous le nom de *Praxidiques*. (Histoire naturelle de Pline, traduite en français. Paris, 1771, t. 1, p. 208. Note du Traducteur). On trouvera quelques détails intéressans sur cet auteur à l'article Accius, page 124 du tome premier de la Biographie universelle, ancienne et moderne, imprimée à Paris cette année 1811.

« avant la guerre de Troie. On lui attribue
« quatre livres sur la nature, un sur les pier-
« res précieuses et cinq sur les prédictions que
« l'on peut tirer de l'inspection des étoiles ».

Ζωροάστρης, Περσομήδης, σοφὸς παρὰ τοῖς ἐν τῇ ἀστρο-
νομίᾳ, ὃς δὲ πρῶτος ἤρξατο τι παρ' αὐτοῖς πολιτευο-
μένους ὀνόματος τῶν μάγων, ἐγένετο δὲ πρὸ τῶν Τρωικῶν
ἔτεσι φ'. Φέρεται δὲ αὐτοῦ περὶ φύσεως βιβλία δ', περὶ
λίθων τιμίων ἕν, ἀστεροσκοπικὰ ἀποτελεσματικὰ
βιβλία ε' (1).

Cinq cens ans avant la guerre de Troie pla-
ceraient Zoroastre sous l'an 1718 avant l'ère
chrétienne, 1578 ans avant Accius, ce qui
ne suffirait pas pour faire la différence d'un
signe. Au lieu de cinq cens ans, il est clair
que c'est cinq mille ans qu'il faut lire, et
c'est ce que nous confirme Diogènes Laërce,
comme Pline, quoiqu'il cite un auteur dont
Pline ne parle point : « Hermodoros, dit-il (2),
« Platonicien, dans son livre des disciplines,
« compte cinq mille ans depuis l'établisse-
« ment des mages jusqu'à la ruine de Troie ».

εἰς τὴν Τροίας ἅλωσιν ἔτη γεγονέναι πεντακισχίλια.

---

(1) *Oracula metrica Jovis, Apollinis, Hecates, Serapidis, et aliorum, a Joanne Opsopoeo collecta, græcè
et latinè.* p. 74.

(2) *Diogenis Laertii libri decem. Græcè et latinè.
Lipsiæ* 1759. p. 4. *Prœmium*, n°. 2.

A la vérité Diogènes ajoute que selon Xanthos le Lidien, il ne s'est écoulé que six cens ans depuis Zoroastre jusqu'à la descente de Xerxès en Grèce. Mais Pline lui a répondu d'avance en disant qu'il y avait plusieurs Zoroastres, et entr'autres un Zoroastre de Proconnèse qui vivait avant Xerxès : c'est sans doute de ce second Zoroastre qu'a parlé Xanthos de Lidie.

Quant au roi des Bactriens appelé Zoroastre par Justin, et contemporain de Ninus, Diodore de Sicile nous donne son véritable nom, en parlant des victoires de Ninus, et le nom de Zoroastre ne lui est sans doute attribué par Justin, que parceque ce prince gouvernait conformément aux lois établies longtems auparavant par Zoroastre (1).

C'est donc environ 6300 ans avant l'ère chrétienne, que Zoroastre devint le chef des

-----

(1) M. de Volney, dans son ingénieux ouvrage sur la chronologie d'Hérodote, Paris, 1808, pag. 209 et suivantes, s'attache à l'opinion de Justin; mais il est clair que les institutions de Zoroastre appartiennent au commencement et non à la fin de l'existence de l'empire des Bactriens, si célèbre chez les Anciens et chez les Orientaux. Pline dit formellement que Zoroastre était antérieur à Moïse, et M. de Volney lui-même a toujours pensé que les institutions de Moïse étaient postérieures à celles de Zoroastre, ce qui paraît évident.

mages, c'est-à-dire de ces philosophes qui, joignaient à l'étude de la religion celle de la métaphisique, de la phisique et de l'histoire naturelle. Après avoir établi sa doctrine dans la Bactriane et dans la Médie, il se retira dans une caverne, et y vécut longtems en reclus. Les sectateurs de Zoroastre subsistent encore en Asie, et principalement dans la Perse et dans les Indes. Ils ont pour cet ancien philosophe la plus profonde vénération; et le regardent comme le grand prophète que Dieu leur avait envoyé, pour leur communiquer sa loi. Ils lui attribuent même un livre qui renferme sa doctrine. Cet ouvrage, apporté en France par l'infatigable et savant M. Anquetil, a été traduit par le même Écrivain dans le Recueil qu'il a publié en 1770, sous le titre de *Zend-Avesta*, en deux volumes in-4°. L'original a été déposé à la Bibliothèque impériale. Ce livre est divisé en cent articles; voici les principaux: « 1. Le « décret du très-juste Dieu est que les hom- « mes soient jugés par le bien et le mal qu'ils « auront fait. Leurs actions seront pesées dans « les balances de l'équité. Les bons habite- « ront la lumière : la foi les délivrera de « Satan. 2. Si les vertus l'emportent sur les « péchés, le ciel est ton partage; si les péchés « l'emportent, l'enfer est ton châtiment. 3.

« Qui donne l'aumône, est véritablement un
« homme. 4. Estime ton père et ta mère, si
« tu veux vivre à jamais. 5. Quelque chose
« qu'on te présente, bénis Dieu. 6. Marie-
« toi dans ta jeunesse; ce monde n'est qu'un
« passage; il faut que ton fils te suive, et que
« la chaîne des êtres ne soit point interrom-
« pue. 7. Il est certain que Dieu a dit à
« Zoroastre: Quand on sera dans le doute si
« une action est bonne ou mauvaise, qu'on
« ne la fasse pas. 8. Que les grandes libé-
« ralités ne soient répandues que sur les plus
« dignes: ce qui est confié aux indignes, est
« perdu. 9. Mais s'il s'agit du nécessaire,
« quand tu manges, donne aussi à manger
« aux chiens. 10. Quiconque exhorte les
« hommes à la pénitence, doit être sans pé-
« ché; qu'il ait du zèle, et que le zèle
« ne soit point trompeur; qu'il ne mente
« jamais; que son caractère soit bon, son
« âme sensible à l'amitié, son cœur et sa
« langue toujours d'intelligence; qu'il soit
« éloigné de toute débauche, de toute injus-
« tice, de tout péché; qu'il soit un exemple
« de bonté, de justice devant le peuple de
« Dieu. 11. Ne mens jamais: cela est infâme,
« quand même le mensonge serait utile. 12.
« Point de familiarité avec les courtisanes;
« ne cherche à séduire la femme de per-

« sonne. 13. Qu'on s'abstienne de tout vol,
« de toute rapine. 14. Que ta main, ta lan-
« gue et ta pensée soient pures de tout pé-
« ché. 15. Dans les afflictions, offre à Dieu
« ta patience; dans le bonheur, rends-lui
« des actions de graces. 16. Jour et nuit pense
« à faire du bien, la vie est courte. Si, devant
« servir aujourd'hui ton prochain, tu attends
« à demain, fais pénitence. » Ces préceptes de
morale sont mêlés d'observances, les unes
raisonnables, les autres ridicules, et de dogmes plus absurdes encore; je ne me suis arrêté
qu'aux règlemens sur les mœurs, comme
plus importans et plus faciles à entendre (1).
Peut-être d'ailleurs le ridicule que nous trou-
vons aux dogmes de Zoroastre tient - il à
l'ignorance parfaite où nous sommes de l'histoire du tems auquel il a vécu et même du
royaume auquel il a donné des lois. Ce qui
prouve que ses intitutions étaient bonnes, c'est
qu'elles n'ont point encore péri.

Le nom de *Gaure* ou *Guèbre*, que portent
les sectateurs de Zoroastre, est odieux en
Perse: il signifie en arabe *infidèle*; mais on
le donne aussi à ceux de cette secte comme

---

(1) Nouveau dictionnaire historique, par Chaudon et
Delandine. Lyon, 1804, t. 12, p. 583 et 584, *art.* Zoroastre.

un nom de nation. Ils ont à Ispahan un fau-
bourg appelé *Gaurabard*, ou la ville des
Gaures, et ils y sont employés aux plus bas-
ses et aux plus viles occupations. Les Gaures
sont ignorans, pauvres, simples, patiens, su-
perstitieux, d'une morale rigide, francs et sin-
cères dans leurs procédés, et très-zélés pour
leurs rits. Ils croient à la résurrection des morts,
au jugement dernier, et n'adorent que Dieu
seul. Quoiqu'ils pratiquent leur culte en présence du feu, en se tournant vers le soleil,
ils protestent n'adorer ni l'un ni l'autre. Le
feu et le soleil étant les simboles les plus frap-
pans de la divinité, ils lui rendent hommage
en se tournant vers eux. Les Persans et les
autres Mahométans les persécutent partout,
et les traitent à peu près comme les Chré-
tiens traitent les Juifs. Les Guèbres ne se
marient qu'à des femmes élevées dans leur
religion, et qui y persévèrent. Si dans les
neuf premiers mois de mariage elles sont sté-
riles, ils peuvent en prendre une seconde. Ils
ont enfin un goût qui leur est particulier
pour les mariages incestueux (1).

On a sous le nom de Zoroastre des Oracles
magiques; Louis Tilétanus les publia à Paris

______

(1) *Id.* p. 584.

en 1563, avec les Commentaires de Pléthon
Gémistus. François Patrice, savant Vénitien,
en donna une édition en latin, 1593; in-8°
sous le titre de *Magia philosophica, hoc est
Zoroaster et ejus cccxx oracula Chaldaïca.*
On les trouve aussi dans le *Trinum magicum*
de César Longinus, Frankfort, 1673, in-12 (1),
et à la suite des *Oracula sibyllina cum vario-
rum commentariis, gr. et lat. Amstelodami*
1689, in-4.° Dans cette dernière édition, que
j'ai sous les ieux, ils sont avec une pagina-
tion particulière dont le premier titre est :
*Oracula metrica Jovis, Apollinis, Hecates,
Serapidis et aliorum deorum ac vatum tàm
virorum quàm fœminarum à Joanne Opsopoeo collecta. Item Astrampsychi oneiro-
criticon, a Jos. Scaligero, digestum et cas-
tigatum. Græcè et latinè* et dont le titre particulier pour ce qui regarde Zoroastre ou ses
disciples est: *Oracula magica Zoroastris cum
Scholiis Plethonis et Pselli, nunc primùm
edita. Ex bibliothecâ regiâ : studio Johan-
nis Opsopoei.* Ce dernier article occupe depuis la page 71 jusqu'à la page 117 qui est
la dernière du volume. On y trouve 1°. les
passages de Platon, Clément d'Alexandrie
et autres Anciens sur Zoroastre; 2.° le texte

____

(1) *Id. Ibidem.*

grec des 30 Oracles donnés aux mages par
Zoroastre, dont il y en a un assez grand
nombre qui sont composés de plusieurs vers,
avec une version latine. Le dernier signifie :
« Un père ne donne point de crainte ; mais
« il inspire l'affection ». 3.º De longues explications par Pléthon, en grec, avec une version latine ; 4.º une autre exposition plus
détaillée par Psellus, qualifié très-sage, et
un sommaire de la doctrine des Caldéens,
par le même Auteur, le tout en grec et en
latin ; 5.º une seconde version latine des Oracles de Zoroastre par Jacques *Marthænus*,
de Poitiers, et du commentaire de Pléthon ;
6.º quelques notes de Jean Opsopœus.

Thomas Stanlei publia ces mêmes oracles
à la suite de son histoire de la philosophie
orientale en anglais ; Jean le Clerc fit repa-
raître aussi ces Oracles en grec, avec une
version latine, accompagnée de notes savan-
tes à la fin de ses œuvres philosophiques, cinquième édition, Amsterdam, 4 vol. in-12. (1).

On attribue encore à Zoroastre l'*Izeschne*,
ouvrage composé de 72 *has* ou chapitres.
Le nom d'*Izeschne* signifie Prière sur la grandeur de l'Être suprême (2).

____

(1) *Id. Ibidem.*
(2) *Id. Ibidem.*

Q

On trouve enfin quelques chapitres attribués à Zoroastre dans les *Geoponici veteres, gr. lat. Needhami.* in-8.º *Cantabrigiæ* 1704; réimprimés en 4 vol. in-8.º *Lipsiæ* 1781 (1). J'ai parlé de Zoroastre à l'article 377 de cet ouvrage.

Nota. Ce serait ici le lieu où l'on pourrait placer Méton que j'ai cité à l'article 87. Cet astronome Athénien observa le solstice d'été arrivé le 27 juin de l'an 432 avant l'ère chrétienne ; et d'après ses calculs, le cicle d'or fut établi à Athènes le 16 juillet suivant.

2. ARCHIMÈDES.

Archimèdes, le plus célèbre des Géomètres anciens, est peut-être celui de tous les Savans qui a eu la réputation la plus étendue et la plus populaire, parce qu'à ses travaux sur les théories abstraites, il a joint des inventions mécaniques d'une utilité frappante, et qu'il s'est trouvé dans les circonstances les plus propres à les faire valoir. Il naquit à Siracuses, vers l'an 287 avant l'ère chrétienne. Il était parent d'Hiéron, roi de cette ville ; mais il ne paraît pas qu'il ait occupé aucune place dans le gouvernement ; il s'est

---

(1) Catalogue de la bibliothèque du comte de Rewiczky, contenant les auteurs classiques grecs et latins. *Editio alter.1. Berolini.* 1794, p. 294.

renfermé tout entier dans la culture des sciences. Considérons-le d'abord dans les progrès qu'il a fait faire aux théories mathématiques. Pour l'apprécier complètement sous ce rapport, il nous manque une connaissance exacte de l'état de la science avant lui, et des travaux des Géomètres qui l'ont précédé; il ne nous reste de ce tems, que les écrits d'Euclides, et quelques fragmens, ou plutôt des indications données par ses commentateurs Théon et Proclus, et par Pappus, dans ses Collections mathématiques (1). On peut cependant présumer qu'Archimèdes s'instruisit à l'école d'Alexandrie et qu'il prit des leçons d'Aristarque de Samos, dont je publie en ce moment pour la première fois l'ouvrage sur les distances de la terre, du soleil et de la lune, en grec et en français, avec des scolies.

Quoiqu'Archimèdes ait pu devoir à ses devanciers, il a enrichi la science de découvertes de la plus haute importance, et que l'on peut regarder comme la base sur laquelle

---

(1) Biographie universelle, ancienne et moderne. Paris, 1811, t. 2, p. 378, *art.* Archimède, dont le portrait y est gravé. L'article qui est très bien fait, a pour auteur le savant géomètre Lacroix, qui semble n'avoir pas connu l'ouvrage d'Aristarque de Samos.

les modernes se sont appuyés pour mesurer les espaces terminés par des lignes ou par des surfaces courbes. Dans ses Élémens, Euclides considère seulement le rapport que quelques grandeurs de cette espèce ont entr'elles; il ne dit rien sur leur mesure absolue, c'est-à-dire sur leur rapport avec les figures terminées par des lignes droites ou par des plans. A la vérité, le moyen employé pour parvenir au premier de ces rapports, devait mettre sur la voie qui conduit au second; néanmoins il y avait encore bien des propositions intermédiaires à développer : c'est ce qu'Archimèdes a fait dans ses Traités de la sphère et du cilindre, des sphéroïdes et des conoïdes, et dans celui de la mesure du cercle. Il s'est élevé à des considérations encore plus difficiles dans un Traité des spirales, courbes qui sont regardées aujourd'hui comme transcendantes, et dont il sut cependant mener les tangentes, et mesurer les aires. Il y a lieu de penser que ce n'est point de la manière dont il les présente, qu'il a découvert ses principaux théorêmes. Si l'on s'arrêtait au sens propre des expressions dont il se sert dans les lettres d'envoi qui précèdent les ouvrages que nous avons cités, on serait autorisé à croire qu'il connaissait ces théorêmes, avant d'en avoir la démonstration; c'est pour cela qu'il serait curieux de posséder le tableau de la science, à l'époque où il écrivait, afin de saisir le fil qui a pu le diriger (1). Il le serait surtout de connaître quelque livre égiptien sur les mathématiques, afin de distinguer si les Grecs ont inventé quelque proposition de mathématique, ou plutôt s'ils n'ont fait que s'approprier les découvertes ou la science du peuple qu'ils avaient vaincu. Cette dernière opinion est celle qui me parait la plus probable.

Quoi qu'il en soit, on peut remarquer, par la comparaison des Traités de la sphère et du cilindre, et de la mesure du cercle, avec les propositions correspondantes, dans quelques élémens de géométrie où l'on s'est relâché sur la rigueur des démonstrations, que c'est seulement cette rigueur, et les détours qu'il faut employer pour l'obtenir, qui ont dû coûter de la peine à Archimèdes, et qui rendent difficile la lecture de ses écrits. La vérité des propositions se trouve en quelque sorte le dernier terme d'une approximation qui se présente d'elle-même, et que la considération des indivisibles de Cavalieri, ou celle des infiniment petits de Leibnitz, transforment en une évaluation ri-

(1) *Id.* p. 378 et 379.

goureuse. Comme je l'ai déjà dit , le Traité
des spirales renferme des propositions d'un
ordre plus élevé ; mais il est aussi plus obscur. Bouillaud (1) , astronome célèbre , et
géomètre instruit , déclarait n'y rien comprendre ; et Viète l'accusait de fausseté :
mais c'est à tort ; car le calcul différentiel
et le calcul intégral en ont fait retrouver
tous les résultats. Ce Traité est donc la preuve
d'une grande force de tête dans son auteur ;
et celui de la quadrature de la parabole ,
n'annonce pas moins de sagacité. Archimèdes
est le seul des anciens qui nous ait laissé
quelque chose de satisfaisant sur la théorie
de la mécanique , et sur l'hidrostatique ,
dans ses Traités sur les centres de gravité
des lignes et des plans , et sur l'équilibre
des corps plongés dans un fluide. Il a le
premier fait connaître ce principe : « qu'un
« corps plongé dans un fluide perd une
« partie de son poids , égale à celui du vo-
« lume de fluide qu'il déplace ». Il s'en est
servi pour déterminer l'alliage introduit en

---

(1) Son nom n'est pas Boulliau ; il s'agit ici d'Ismaël
Bouillaud ou le Bouilleau , né à Loudun le 28 septembre
1605 , et mort à l'abbaye de Saint-Victor le 25 novem-
bre 1694. Voyez l'article Bouillaud , dans le dictionnaire
de Chaudon et Delandine. Lyon , 1804 , t. 2 , p. 448.

fraude dans une couronne que le roi Hiéron avait commandée en or pur. La solution
de ce problème lui causa tant de joie, dit-on,
qu'il sortit tout nu du bain, et courut dans
Siracuses, en criant : « Je l'ai trouvé, je
« l'ai trouvé! » Cette anecdote, qu'on lit
dans toutes les vies d'Archimèdes, pourrait
bien n'être qu'une de ces exagérations dont
le vulgaire croit devoir embellir l'histoire
des grands hommes ; elle a sans doute pour
fondement la préoccupation assez ordinaire
aux esprits livrés à des méditations profondes, et qu'Archimèdes, à ce qu'il paraît, portait très-loin. Il fut ainsi consulté,
dans plus d'une occasion, par les premières
personnes de l'état ; c'est au roi Gélon, fils
d'Hiéron, qu'il adressa le livre intitulé : *Psam-*
mitès ou *Arénaire*, dans lequel il se montre astronome et arithméticien habile, à une époque
où les calculs numériques n'étaient pas réduits en règles, comme ils le sont maintenant. Cet ouvrage, qui semble d'abord
n'être qu'un jeu d'esprit, avait pourtant un
but très-philosophique, puisqu'en donnant
la formation d'une progression numérique,
au moyen de laquelle on pouvait exprimer,
non seulement le nombre des grains de sable
contenus dans un volume égal à celui de
la terre, mais encore dans une sphère de

même rayon que celle à la surface de laquelle on supposait alors les étoiles fixes attachées, il tendait à préciser les idées qu'on se fesait sur le sistème du monde. Ce problème indiquait un esprit de calcul peu commun, à ce qu'il paraît, dans ce tems, et sa solution n'était pas sans quelque difficulté, parce que les Grecs n'avaient point de notation commode pour représenter de grands nombres. Il semble aussi que la mécanique pratique était une science toute nouvelle au tems d'Archimèdes ; car Pappus, en lui fesant dire qu'il ne demandait qu'un point d'appui pour mouvoir la terre, exprime l'espèce d'enthousiasme que lui avait inspiré la puissance que les machines ajoutent aux efforts de l'homme. Il est peut-être le premier inventeur des *moufles*, c'est-à-dire d'une combinaison de poulies avec laquelle on élève les plus grands fardeaux : ce n'est du moins que de cette manière qu'on peut comprendre ce que dit Athénée de la machine qu'employait Archimèdes pour mouvoir un vaisseau d'une grandeur extraordinaire. Probablement il y a encore de l'exagération dans ce que l'on raconte à ce sujet, et je renvoie sur cela le lecteur aux réflexions judicieuses de Montucla (1).

---

(1) *Id.* 379 et 380. L'auteur cite ici l'Histoire des Mathématiques, seconde édition, t. 1ᵉʳ, p. 230.

On met encore au nombre des inventions d'Archimèdes, la vis sans fin et la vis creuse, dans laquelle l'eau monte par son propre poids. Il imagina cette dernière pendant le voyage qu'il fit en Egipte, où il l'appliqua à dessécher des terres inondées par le Nil; mais c'est pendant le siége de Siracuses, qu'Archimèdes déploya tous ses moyens pour la défense de sa patrie. Polibe et Tite-Live, dans leurs histoires; Plutarque, dans la vie de Marcellus, parlent en détail et avec admiration des machines puissantes et variées qu'il opposa aux attaques des Romains. On sait que ce ne fut que par surprise qu'ils parvinrent à s'introduire dans la place. On dit qu'Archimèdes , absorbé par ses méditations , ignorant que la ville était tombée au pouvoir de l'ennemi ; fut tué par un soldat romain, qui venait le chercher de la part de Marcellus , et qui fut irrité de ne pouvoir l'arracher aux réflexions dans lesquelles il était plongé. En racontant cette mort , Plutarque ajoute que Marcellus eut en horreur le meurtrier d'Archimèdes , et qu'il rechercha, caressa et honora les parens de ce grand géomètre. On fixe la prise de Siracuse à l'an 212 avant l'ère chrétienne; ainsi Archimèdes avait 75 ans lorsqu'il perdit la vie. Ses intentions furent suivies après sa mort, puis-

qu'on lui éleva un tombeau surmonté d'une
colonne, ou cilindre, sur lequel on grava le
rapport de la capacité de ce corps, à celle
de le sphère inscrite, découverte à laquelle
Archimèdes attachait un grand prix. Le souvenir de la forme de ce tombeau se conser-
vait à Rome, lorsque les compatriotes d'Archimèdes croyaient que le monument n'existait plus. Cicéron, étant questeur en Sicile,
le découvrit au milieu des ronces qui le ca-
chaient en partie. Plutarque dit qu'Archimèdes mettait un beaucoup plus grand prix
à ses découvertes géométriques qu'à ses inventions mécaniques, et qu'il n'écrivit point
sur ces dernières; du moins ne nous est-il
resté aucune indication précise d'ouvrages
où elles soient décrites, si ce n'est à l'égard
d'une sphère qui, suivant Cicéron, représentait les mouvemens des astres, dans les
rapports de leurs vitesses respectives : Clau-
dien en parle aussi. Par ce que tous deux en
ont dit, on reconnaît que ce devait être une
sphère mouvante; ou, s'il faut douter qu'elle
se soit mue d'elle-même, par un mouvement
d'horlogerie, il est facile de concevoir qu'elle
pouvait ressembler à ces machines inventées
pour rendre sensibles les phénomènes astronomiques, et que l'on fait mouvoir à la main.
Tzetzès, et d'autres écrivains du Bas-Empire,

en citant des passages perdus d'historiens plus anciens , ont affirmé qn'Archimèdes , au moyen de miroirs ardens, incendia la flotte des Romains au siége de Siracuses ; mais sans entrer dans aucune discussion sur la forme que devaient avoir ces miroirs pour produire l'effet indiqué , je me bornerai à dire que puisque Polibe , Tite-Live et Plutarque , écrivains beaucoup plus rapprochés de l'événement, surtout le premier, ne parlent point d'un fait si merveilleux et si nouveau , il est au moins très-douteux , et pourrait bien n'être encore qu'un conte, auquel aura donné lieu la haute réputation qu'avait laissée Archimèdes (1). Cependant M. Dupuy, secrétaire perpétuel de l'académie des inscriptions , a donné un fragment d'Anthémius, architecte et sculpteur, né à Tralles en Lidie , et qui vivait sous l'empereur Justinien, contenant des problémes de mécanique et de dioptrique, auquel il a joint des notes et des observations (1). Dans ce morceau , Anthémius donne la manière de construire les miroirs ardens, et explique, en quelque façon, comment Archimèdes a pu ,

---

(1) *Id.* p. 380 et 381.

(2) *In-4°.* , 1777. Mémoires de l'Académie des Inscriptions et Belles-Lettres.

à l'aide de ces miroirs, brûler les vaisseaux des Romains (1). Ce fait, joint aux expériences de M. de Buffon, suffit pour détruire à mes ieux les inductions que l'on a pu tirer du silence d'historiens peu instruits dans les sciences, et qui ne nous sont parvenus qu'incomplets.

Les ouvrages d'Archimèdes nous sont tous parvenus en original, à l'exception des deux livres sur l'équilibre des corps plongés dans un fluide, et d'un livre de *Lemmes*, que Borelli trouva à la suite des trois livres d'Apollonius qu'il découvrit dans un manuscrit arabe (2). Quelques personnes ne regardent cependant point ce dernier livre comme authentique. Le plus grand nombre des Traités d'Archimèdes est accompagné d'un commentaire d'Eutocius, où l'on trouve, sur l'histoire des mathématiques, des particularités remarquables, et des indications d'ouvrages inconnus aujourd'hui, parcequ'ils ont péri, sans doute, avec la bibliothèque d'Alexandrie. Voici la notice des principales éditions d'Archimèdes.

---

(1) Biographie universelle. Paris, 1811, t. 2, p. 247 et 248, *art.* Anthémius, composé par M. la Salle.

(2) Voyez l'article d'Apollonius de Perge dans la Biographie universelle, t. 2, p. 316.

I. *Archimedis Syracusani, philosophi ac Geometræ excellentissimi, opera quæ quidem extant, atque à quàm paucissimis hactenùs visa nuncque primùm et græcè et latinè in lucem edita; adjecta quoque sunt Eutocii Ascalonitæ in eosdem Archimedis libros commentaria; item græcè et latinè, nunquàm anteà excusa, Basileæ, Jo. Hervagius excud. fecit, an.* 1544, in-folio. C'est l'*editio princeps.* Elle fut faite par les soins de Thomas Geckauff, surnommé *Venatorius.*

II. *Archimedis opera quæ extant, gr. et latin. novis demonstrationibus commentariisque illustrata per Davidem Rivaltum à Florentiâ,* Paris, 1615, in-folio (1). Jean-Albert Fabricius se trompe lorsqu'il croit que dans cette édition on a donné les Commentaires d'Eutocius, tandis que non seulement ils ont été omis, mais la plupart même des propositions d'Archimèdes sont abrégées, mutilées, et fort différentes de l'édition précédente (2).

III. *Admirandi Archimedis Syracusani monumenta omnia mathematica quæ extant,*

---

(1) Biographie universelle. Paris, 1811, t. 2, p. 381, *art.* Archimède.

(2) Catalogue de la Bibliothèque du comte de Rewiczky, contenant les auteurs classiques grecs et latins, *editio altera. Berolini,* 1794, p. 72.

ex traditione Francisci Maurolici, Panormi,
1685, in-folio. Cette édition n'est encore
qu'une imitation des écrits d'Archimèdes.

IV. *Archimedis opera, Apollonii Pergæi
conicorum libri* IV, *etc. methodo novâ illustrata et succinctè demonstrata, per Is. Bar-
row, Londini,* 1675, in-4.°

V. *Archimedis quæ supersunt omnia cum
Eutocii Ascalonitæ commentariis, ex recen-
sione Josephi Torelli Veronensis cum novâ
versione latinâ; accedunt lectiones variantes
ex cod. Mediceo et Parisiensibus, Oxonii,*
1793, in-folio. Cette belle édition, qui fait
suite à l'Euclides de Grégori et à l'Apollonius de Hallei, est la première vraiment
complète que l'on ait donnée d'Archimèdes.
Sa publication est due aux soins de l'université d'Oxford, sollicitée d'abord par M. Phi-
lippe Stanhope, à se charger de l'impression
du manuscrit resté entre les mains des héri-
tiers de Torelli.

Les œuvres d'Archimèdes ont aussi été
traduites dans quelques langues vivantes,
savoir : en allemand, par Sturmius, en 1670;
et en français, par M. Peyrard, en 1807,
in-4.°; 1808, 2 vol. in-8°. A la suite de cette
dernière traduction, M. Delambre a joint un
mémoire sur l'arithmétique des Grecs, sujet
très-curieux ; car il ne nous est resté, pour

ainsi dire, que quelques indices sur les procédés qu'ils employaient pour effectuer de grands calculs (1).

J'ai parlé d'Archimèdes aux articles 3 et 367.

3. GALILÉE.

Galilée Galiléi naquit à Pise le 15 février 1564. Je ne sais d'où est venu le conte de l'illégitimité de Galilée ; peut être l'envie se plut à le répandre. Mais il est prouvé, dit M. Landi, par les actes publics, qu'il naquit d'un mariage légitime et solennel, entre Vincent Galiléi, Gentilhomme Florentin, et Julie Ammanati, dame noble de Pescia en Toscane (2).

Vincent Galiléi, père du célèbre Galilée, savant dans les mathématiques, et surtout dans la musique, fit instruire son fils avec le plus grand soin. Il lui inspira son goût pour les mathématiques ; mais il ne put jamais lui donner celui de la musique. Ses ouvrages prouvent des connaissances. Les plus estimés sont cinq dialogues en italien sur la musique,

---

(1) Biographie universelle. Paris, 1811, t. 2, p. 381 et 382, *art.* Archimède.

(2) Nouveau dictionnaire historique, par Chaudon et Delandine. Lyon, 1804, t. 5, p. 317, *art.* Galilée.

Florence 1581 et 1602, in-folio. Il attaque, dans le dernier, Joseph Zarlin, et y traite de la musique ancienne et moderne. Descartes a confondu plusieurs fois le père avec le fils (1).

Le jeune Galilée eut, dès son enfance, une passion si forte pour les mathématiques, qu'on peut dire qu'il naquit philosophe. Après avoir étudié quelque tems la nature à Venise, il obtint une chaire de philosophie à Padoue, et la remplit, pendant dix-huit ans, avec le plus grand succès. Cosme II, grand duc de Toscane, l'envia à cette ville, et le lui enleva pour le fixer à Florence. Il l'y attacha par les titres de son premier philosophe et de son premier mathématicien. Lorsque Galilée était à Venise, il avait eu occasion de voir une des lunettes d'approche que Jacques Métius avait inventées en Hollande. Cette découverte le frappa tellement, qu'il fit une lunette semblable. Métius avait dû cette invention en partie au hasard; Galilée ne la dut qu'à la force de son génie. Aidé de cet instrument, il vit, le premier, plusieurs étoiles inconnues jusqu'alors: le croissant de l'astre de Vénus, les quatre satellites de Jupiter, appelés d'abord les astres de Médicis; les taches du

----

(1) *Id.* p. 320, *art.* Galiléi.

soleil et de la lune, etc. Il aurait été à sou-
haiter pour son repos, qu'il se fût borné à
faire des observations dans le ciel; mais il
crut devoir embrasser un sistème : il se
détermina pour celui de Copernic. Cet
astronome avait discuté ce sistème avec la
simplicité et le sang-froid teutoniques. Il
s'était bien gardé de faire intervenir dans
cette hipothèse, aucun passage des livres
saints. Plus vif, plus dissertateur, plus amou-
reux de renommée, Galilée ne se contenta
point de l'adopter : il s'échauffa pour mettre
d'accord ses opinions astronomiques et la
Bible. Déféré à l'inquisition de Rome, en
1615, il publia mémoires sur mémoires,
pour que le pape et le saint office décla-
rassent le sistème de Copernic fondé sur
l'Écriture sainte. Mais une congrégation
nommée par le pontife, décida précisément
le contraire. Galilée, dont on respectait les
talens en attaquant ses idées, en fut quitte
pour une défense de ne plus soutenir, ni de
vive voix, ni par écrit, que l'opinion du
mouvement de la terre s'accordait avec les
livres saints. Le cardinal Bellarmin, chargé
de lui faire cette défense, lui donna un écrit
par lequel il déclarait « que Galilée n'avait
« été ni puni, ni même obligé à se rétracter;
« mais qu'on avait seulement exigé de lui

« qu'il abandonnât ce sentiment , et qu'il ne
« le soutint plus à l'avenir ». Galilée pro-
mit tout ce qu'on voulut : Il tint sa parole
jusqu'en 1632 ; mais, cette année , ayant publié des dialogues pour établir l'immobilité
du soleil et le mouvement de la terre autour
de cet astre , l'inquisition le cita de nouveau.
Il y parut avec confiance. On lui rappela
ses promesses ; on prétend qu'il se défendit
mal , et il fut condamné , le 21 juin 1633 ,
par un décret , signé de sept cardinaux , à
être emprisonné , et à réciter les sept pseau-
mes pénitenciaux une fois chaque semaine ,
pendant trois ans , comme relaps. Son sistème
fut déclaré « absurde et faux en bonne phi-
« losophie , et erroné dans la Foi , en tant
« qu'il est expressément contraire à la sainte
« Écriture !.... ». Galilée , à l'âge de 70 ans,
demanda pardon d'avoir soutenu ce qu'il
croyait la verité , et l'abjura , les genoux à
terre et les mains sur l'évangile , comme une
absurdité , une *erreur* et une *hérésie....*
Corde sincero et fide non fictâ , abjuro , ma-
ledico et detestor suprà dictos errores et
hereses. Au moment qu'il se releva , agité
par les remords d'avoir fait un faux serment,
les ieux baissés vers la terre, on prétend qu'il
dit en la frappant du pié : CEPENDANT ELLE
SE MEUT, *e pur si move !* Les cardinaux in-

quisiteurs, contens de sa soumission, le ren-
voyèrent dans les états du duc de Florence.
La sévérité dont ils usèrent à son égard, fut
adoucie par les traitemens les plus honnêtes.
Il eut la liberté de la promenade; il fut logé
au palais de la Minerve, non comme un cap-
tif, mais comme un étranger distingué. Il
souffrit si peu pendant sa détention, que,
malgré son âge, il fit à pié une partie de la
route de Rome à Viterbe. Il est donc faux
que le saint office l'ait traité aussi durement
que le prétendent plusieurs historiens modernes. « On voit par l'exemple de Galilée, »
dit l'abbé Ladvocat, « jusqu'à quels excès
« les corps les plus respectables sont capa-
« bles de se laisser emporter, même à l'égard
« des plus grands hommes, lorsqu'ils sont
« aveuglés par leurs préjugés, et qu'ils se
« mêlent de décider sur des matières qu'ils
« n'entendent pas, et qui ne sont pas de leur
« compétence. » Mais on voit aussi par l'opi-
niâtreté et la vivacité de Galilée, combien il
est dangereux et imprudent de vouloir faire
dégénérer en question dogmatique la rotation du globe sur son axe (1). A la vérité ce
tort lui appartient beaucoup moins qu'aux

-----

(1) *Id.* p. 317 , 318 et 319.

théologiens qui ont entrepris l'examen d'une
opinion étrangère à leur doctrine.

La vieillesse de cet astronome fut affligée
par un autre malheur ; il perdit la vue
trois ans avant sa mort, arrivée à Florence
le 8 Janvier 1642, à 78 ans. Il fut enterré
dans l'église de Sainte Croix, où on lui a
élevé un mausolée en 1737, vis-à-vis celui de
Michel-Ange. Ce grand homme était d'une
phisionomie prévenante, et d'une conversation
vive et enjouée. Il cultivait tous les arts
agréables. Les excellens poëtes de sa nation
lui étaient familiers. Il savait de mémoire les
plus beaux morceaux de l'Arioste et du
Tasse. Il comparait le premier à une melo-
nière, où il faut chercher pour trouver un
fruit excellent; mais qui vous dédommage
bien par son odeur et son goût, des peines
que vous avez prises. Il comparait le second
à une orangerie, dont tous les fruits sont
à peu près égaux. Il aimait beaucoup l'ar-
chitecture et la peinture, et il dessinait assez
bien. L'agriculture avait des charmes pour
lui. Sensible à l'amitié, il sut l'inspirer.
Qu'on en juge par l'attachement que con-
serva pour lui le célèbre Viviani. « Ce Mathé-
« maticien, » dit Fontenelle, « fut trois ans
« avec Galilée, depuis dix-sept ans jusqu'à
« vingt. Heureusement né pour les sciences,

« plein de cette vigueur d'esprit que donne
« la première jeunesse, il n'est pas étonnant
« qu'il ait extrêmement profité des leçons
« d'un si excellent maître ; mais il l'est beau-
« coup plus que, malgré l'extrême dispro-
« portion d'âge, il ait pris pour Galilée une
« tendresse vive et une espèce de passion.
« Partout il se nomme le *disciple* et *le der-*
« *nier disciple du* GRAND GALILÉE ; car il a
« beaucoup survécu à Torricelli son collègue.
« Jamais il ne met son nom à un titre d'ou-
« vrage, sans l'accompagner de cette qualité ;
« jamais il ne manque aucune occasion de
« parler de Galilée ; et quelquefois même, ce
« qui fait encore mieux l'éloge de son cœur,
« il en parle sans beaucoup de nécessité. Ja-
« mais il ne répéta le nom de Galilée, sans
« lui rendre un hommage, et l'on sent bien
« que ce n'est point pour s'associer en quel-
« que sorte au mérite de ce grand homme,
« et en faire rejaillir une partie sur lui. »
Dès que Galilée excitait une telle sensibilité
dans le cœur de ses disciples, il fallait qu'il
eût toutes les qualités qu'exige l'amitié. Considéré comme philosophe, il était supérieur
à son siècle et à son pays. Si cette supério-
rité lui inspira une présomption qui fut en
partie la source des inquiétudes qu'il éprouva
pendant sa vie, elle a été le principe de sa

gloire après sa mort. On le regarde comme un des pères de la phisique nouvelle. La géographie lui doit beaucoup, pour les observations astronomiques ; et la mécanique, pour la théorie de l'accélération du mouvement. Peut être ne connut-il jamais ni Leucippe, ni sa doctrine : mais les admirateurs des anciens les veulent retrouver, à quelque prix que ce soit, dans les plus illustres modernes, et peut être n'ont-ils pas toujours tort. Les ouvrages de cet homme célèbre ont été recueillis à Florence en 1718, en 3 vol. in-4°. Il y en a quelques-uns en latin, et plusieurs en italien ; tous annoncent un homme capable de changer la face de la philosophie, et de faire goûter ses changemens, non seulement par la force de la vérité, mais par les agrémens que son imagination savait lui prêter. Il écrit aussi élégamment que Platon ; et il eut presque toujours sur le philosophe grec, l'avantage de ne dire que des choses certaines et intelligibles. A un savoir très-étendu, il joignait la clarté et la profondeur: deux qualités qui forment le caractère d'homme de génie. L'édition de ses ouvrages est ornée d'une vie curieuse et intéressante de ce grand homme. Plusieurs de ses écrits, quoiqu'ils n'offensassent en rien la religion, ont été malheureusement perdus pour la postérité : l'un de ses neveux, très-peu philosophe, les donna à son confesseur pour les livrer aux flammes (1).

4. DESCARTES.

René Descartes naquit le 3 avril 1596 à La Haie en Touraine, d'une famille noble et ancienne. Son père, Joachim Descartes, conseiller au parlement de Bretagne, lui donna le surnom de Du Perron, petite seigneurie dans le Poitou. Le jeune René fit ses études au collège de la Flèche. La logique de ses maîtres lui parut chargée d'une foule de préceptes inutiles ou même dangereux. « Il s'oc-« cupait à l'en séparer ; comme le sta-« tunire, « dit-il lui-même, » travaille à « tirer une Minerve d'un bloc de marbre in-« forme ». Au lieu d'apprendre des inutili-tés, il doutait, et l'on commençait déjà à l'appeler le philosophe. Le recteur lui per-mettait, tant à cause de la délicatesse de sa santé, que de son penchant à la méditation, de demeurer longtems au lit. Le jeune phi-losophe prit tellement cette habitude, qu'il s'en fit une manière d'étudier pour toute sa vie. C'est en partie aux matinées qu'il passait

____

(1) *Id.* p. 319 et 320.

dans son lit, livré à la plus grande obscurité, que nous sommes redevables de ce que son génie a produit de plus important. Engagé par son inclination , autant que par sa naissance , à porter les armes, il servit en qualité de volontaire au siège de la Rochelle , et en Hollande sous le prince Maurice. Il était en garnison à Bréda , lorsque parut le fameux problème de mathématique d'Isaac Beecman, principal du collége de Dort : il en donna la solution. Après s'être trouvé à différens sièges , il vint à Paris, pour s'adonner à la philosophie , à la morale et aux mathématiques. Il ne voulut plus lire que dans ce qu'il appelait LE GRAND LIVRE DU MONDE et s'occupa entièrement à recueillir des expériences et des réflexions. Descartes avait fait auparavant un voyage à la capitale ; mais il ne s'y était guère fait connaître dans le monde, que par une passion excessive pour le jeu. Cette passion s'étant éteinte, la philosophie en profita. Il avait tout ce qu'il fallait pour en changer la face : une imagination brillante et forte , qui en fit un homme singulier dans sa vie privée , ainsi que dans sa manière de raisonner ; un esprit très-conséquent ; des connaissances puisées dans lui-même plutôt que dans les livres ; beaucoup de courage pour combattre les préjugés. La

philosophie péripatéticienne triomphait alors
en France : il était dangereux de l'attaquer.
Descartes se remit à voyager. Le Jubilé de
1625 lui fournit une occasion de satisfaire
l'envie qu'il avait depuis long-tems de voir
l'Italie. Après avoir demeuré quelques mois
à Rome, il en partit au printems, et parcourut les principales villes de la Toscane. Il vi-
sitait tous les savans qui se trouvaient sur
son passage ; et il est étonnant qu'il ne vit
point à Florence le fameux Galilée, dont il
ne paraît pas avoir trop connu les ouvrages.
Enfin, après différentes courses, il se retira
l'an 1630, en Hollande, pour n'avoir aucune espèce de dépendance qui le forçât à
ménager la vieille idole du Péripatétisme.
La fortune lui avait été, de bonne heure,
indifférente. Il n'eut qu'environ 7000 livres
de patrimoine ; mais il estimait plus mille
francs venant de sa famille, que dix mille
qu'il aurait obtenus d'ailleurs. Jamais il ne
voulut accepter de secours d'aucun particulier. Le comte d'Avaux lui envoya une somme
considérable en Hollande ; il la refusa. Plusieurs personnes de marque lui firent les
mêmes offres ; il les remercia, et se chargea
de la reconnaissance, sans se charger du bien-
fait. « C'est au public, » disait-il « , à payer
« ce que je fais pour le public ». Il se fesait

riche en diminuant sa dépense : son habillement était très-philosophique, et sa table très-frugale. Du moment qu'il fut retiré en Hollande, il fut toujours vêtu d'un simple drap noir. Il préférait à table, comme le bon Plutarque, les légumes et les fruits, à la chair sanglante des animaux. Ses après-dînées étaient partagées entre la conversation de ses amis et la culture de son jardin : après avoir, le matin, observé une planète, il allait le soir cultiver une fleur. Sa santé était faible ; mais il en prenait soin, sans en être esclave. L'importance de conserver ce premier des biens temporels, était telle à ses ieux, qu'il écrivait au père Mersenne : « Je « n'ai jamais eu tant de soin de me conser-« ver, que maintenant ; et au lieu que je « pensais autrefois que la mort ne peut « m'ôter que 3o ou 4o ans tout au plus, elle « ne saurait désormais me surprendre sans « qu'elle m'ôte l'espérance de plus d'un « siècle ; car il me semble voir évidemment « que si nous nous gardions seulement de certaines fautes que nous avons coutume de « commettre au régime de notre vie, nous « pourrions, sans autre invention, parvenir « à une vieillesse beaucoup plus longue et ' « plus heureuse ». On sait combien les passions influent sur la santé ; Descartes, qui le

savait, s'appliqua sans cesse à les régler.
C'est ainsi que Fontenelle est parvenu à vivre
près d'un siècle. Il faut avouer que ce régime ne réussit pas si bien à Descartes, parce
qu'il s'en écartait quelquefois. « Mais, « écri-
vait-il un jour, « au lieu de trouver le moyen
« de conserver la vie, j'en ai trouvé un autre
« bien plus sûr ; c'est celui de ne pas crain-
« dre la mort ». Pendant un séjour de vingt
ans qu'il fit dans différens endroits des Pro-
vinces-Unies, il médita beaucoup, se fit
quelques partisans enthousiastes et plusieurs
ennemis. Le chevalier Digbi, philosophe
anglais, quitta sa patrie et vint en Hollande,
dans la seule intention d'y voir Descartes et
d'y converser avec lui. On dit qu'il lui con-
seilla de quitter les spéculations de la philosophie pour méditer sur l'homme et sur les
moyens de prolonger son existence, et que
c'est d'après ce conseil que Descartes commença ses Recherches anatomiques et son
Traité de l'homme. L'université d'Utrecht
fut cartésienne dès sa fondation, par le zèle
de Renneri et de Régius, tous deux disciples
de Descartes, et dignes de l'être : le premier
l'appelait *mea lux, meus sol, mihi semper
Deus;* le second le regardait « comme ex-
« traordinairement suscité pour conduire la
« raison des autres hommes ». Mais un

nommé Voëtius, brouillon orgueilleux, en-
têté des chimères scolastiques, ayant été fait
recteur de l'université d'Utrecht, y défendit
d'enseigner les principes du philosophe français. En vain Descartes avait épuisé son génie
à rassembler les preuves de l'existence de
Dieu, et à en chercher de nouvelles; il fut
accusé de la nier par cet ennemi du sens commun. Sa philosophie ne trouva pas moins
d'obstacles en Angleterre, et ce fut ce qui
l'empêcha de s'y fixer dans un voyage qu'il
y fit. Il vint quelque tems après à Paris.
Louis XIII et le cardinal de Richelieu es-
sayèrent inutilement de l'attirer à la cour:
sa philosophie n'était pas faite pour elle. On
lui assigna pourtant une pension de 3ooo
livres, dont il eut le brevet sans en rien tou-
cher; ce qui lui fit dire en riant, « que ja-
« mais parchemin ne lui avait tant coûté ».
La reine Christine souhaitait depuis long-
tems de voir ce grand homme. Elle voulut
l'approcher de son trône. Chanut, ambas-
sadeur de France en Suède, fut chargé de
cette négociation, dans laquelle il eut d'a-
bord de la peine à réussir. « Un homme né
« dans les jardins de la Touraine, » écrivait
Descartes au négociateur, « et retiré dans
« une terre où il y a moins de miel à la
« vérité, mais peut-être plus de lait que dans

« la terre promise aux Israélites, ne peut pas
« aisément se résoudre à la quitter pour al-
« ler vivre au pays des ours entre des ro-
« chers et des glaces ». — « Je mets, » dit-il,
ailleurs, « ma liberté à si haut prix, que tous
« les rois du monde ne pourraient me l'ache-
« ter ». Il céda cependant aux sollicitations,
et se rendit à Stockholm, résolu de ne rien
déguiser de ses sentimens à cette princesse, ou
de s'en retourner philosopher dans sa soli-
tude. Christine lui fit un accueil tel qu'il le
méritait, et le dispensa de tous les assujétis-
semens des courtisans. Elle le pria de l'en-
tretenir tous les jours à cinq heures du matin dans sa bibliothèque. Elle voulut le faire
directeur d'une académie qu'elle songeait à
établir, avec une pension de 3000 écus.
Enfin, elle lui marqua tant de considération, que lorsqu'il mourut, en 1650, on
prétendit que les grammairiens de Stockholm,
jaloux de la préférence qu'elle donnait à la
philosophie sur les langues, avaient avancé,
par le poison, la mort du philosophe. Le
véritable poison était un mauvais régime,
une manière de vivre nouvelle, et un climat
différent de celui de sa patrie. Descartes avait
dressé, au commencement de 1650, les sta-
tuts d'une académie qu'on devait établir à
Stockholm, et il les porta à la reine le 1er

février. Ce fut le dernier de sa vie qu'il vit cette princesse. Il sentit, à son retour du palais, les pressentimens d'une maladie qui devait terminer ses jours, et il fut attaqué, le lendemain, d'une fièvre continue avec inflammation du poumon. Chanut, qui sortait d'une maladie semblable, voulut le faire traiter comme lui ; mais sa tête était si embarrassée, qu'on ne put lui faire entendre raison, et qu'il refusa opiniâtrement la saignée, disant, lorsqu'on lui en parlait : « Messieurs, épargnez le sang français » ! Il consentit cependant à la fin qu'elle se fît ; mais il était trop tard, et le mal augmentait insensiblement : il mourut le 11 février 1650, dans sa 54e année. La reine avait dessein de le faire enterrer auprès des rois de Suède, avec une pompe convenable, et de lui dresser un mausolée de marbre ; mais Chanut obtint d'elle qu'il fût enterré avec plus de simplicité dans le cimetière de l'hôpital des orphelins, suivant l'usage des catholiques. Son corps demeura à Stockholm jusqu'à l'année 1666. Il fut enlevé alors par les soins de Dalibert, trésorier de France, pour être porté à Paris, où il fut enterré de nouveau en grande pompe, le 24 juin 1667, dans l'église de Sainte-Geneviève-du-Mont. On mit, dans la même église, son buste, avec cette inscription en vers français, par Fieubet :

> Descartes, dont tu vois ici la sépulture,
> A dessillé les ieux des aveugles mortels,
> Et, gardant le respect que l'on doit aux autels,
> Leur a du monde entier démontré la structure.
> Son nom, par mille écrits, se rendit glorieux ;
> Son esprit, mesurant et la terre et les cieux,
> En pénétra l'abîme, en perça les nuages.
> Cependant, comme un autre, il cède aux lois du sort,
> Lui qui vivrait autant que ses divins ouvrages,
> Si le sage pouvait s'affranchir de la mort.

Descartes était d'une taille un peu au-dessus de la médiocre, mais assez fine et bien proportionnée. Il avait la tête grosse, le front large et avancé, le teint pâle, la bouche assez fendue, le nez bien fait, les cheveux noirs, les ieux gris-noirs, la vue agréable, le visage toujours serein et le ton de voix fort doux. Louis XVI a fait faire sa statue en marbre, par M. Pajou, en 1777. Cet homme illustre méritait bien cet honneur. Si Descartes eut quelques-unes des faiblesses de l'humanité, il eut aussi les principales vertus du philosophe. Sobre, tempérant, ami de la liberté et de la retraite, reconnaissant, libéral, sensible à l'amitié, tendre, compatissant, il ne connaissait que les passions douces, et savait résister aux violentes. « Quand on me fait offense, » disait-il, « je tâche d'élever mon ame si

« haut, que l'offense ne parvienne pas jus-
« qu'à elle ». L'ambition ne l'agita pas plus
que la vengeance. Il disait comme Ovide :
« Vivre caché, c'est vivre heureux ». Il
pensait avec Sénèque le tragique, « qu'il est
« malheureux de mourir trop connu des au-
« tres, sans s'être connu soi-même ». Dans
un moment de dépit, occasionné par les
tracasseries qu'on lui avait suscitées, il avait résolu de ne plus rien faire imprimer, pas même
les Méditations métaphisiques , celui de
tous ses ouvrages qu'il estimait le plus. « J'au-
« rais, » dit-il, « une vingtaine d'approbateurs
« et des milliers d'ennemis. Ne vaut-il pas
« mieux me taire et m'instruire en silence » ?
Cependant il ne put résister à l'amour pa-
ternel ; mais avant de produire son ouvrage,
il le communiqua aux plus savans hommes
de l'Europe, et à plusieurs théologiens. « Je
« veux, » dit-il, « m'appuyer de l'autorité,
« puisque la vérité est si peu de chose quand
« elle est seule ». Quoique Descartes n'eût
pas ce ton léger de la conversation du grand
monde, il avait, dans le commerce, une
politesse douce, qui était encore plus dans
ses sentimens que dans ses manières. Son
ame était très-sensible et très-humaine. Il
traitait ses domestiques comme des amis malheureux, qu'il était chargé de consoler. Sa

maison était pour eux une école de mœurs,
et elle devint , pour plusieurs , une école de
mathématiques et de science (1). On cite ,
pour exemple , Gillot , domestique de Descartes, qui voulut bien aussi être son premier maître, et n'eut pas lieu de s'en repen-
tir. Ce Gillot, devenu un mathématicien
habile , quitta son bienfaiteur pour étendre
ses principes et sa doctrine. Il passa en Angleterre , et de là en Hollande , où il se mit
à enseigner les mathématiques à divers offi-
ciers de l'armée du prince d'Orange. Descartes l'envoya ensuite à Paris , comme un
homme capable d'enseigner sa méthode en
général , et sa géométrie en particulier : car
Gillot entendait l'une et l'autre mieux qu'aucun des mathématiciens de son tems. Il était
d'ailleurs d'un très-bon esprit , et d'un naturel fort aimable. Quoiqu'il n'eût jamais été
au collége et n'eût point appris de belles-
lettres , il ne laissait pas d'entendre un peu
de latin et d'anglais. Il savait le français
comme s'il ne fût jamais sorti de son pays ,
et le flamand comme s'il eût toujours demeuré dans les Pays-Bas. Il possédait par

---

(1) Nouveau Dictionnaire historique, par Chaudon et
Delandine , Lyon 1784 , t. 4 , p. 230—234 , art. Descartes.

R 5

faitement l'arithmétique et la géométrie, et il enseignait ces sciences avec beaucoup de clarté et de méthode (1). Il était digne en un un mot d'être l'interprète de Descartes.

Ce grand Géomètre devait aisément trouver de tels disciples. On rapporte qu'il instruisait ses domestiques avec la bonté d'un père; et quand ils n'avaient plus besoin de secours, il les rendait à la société. Un jour un d'eux voulait le remercier. « Que faites« vous? » lui dit-il : « Vous êtes mon égal. « J'acquitte une dette. » (2).

Ce philosophe laissa un grand nombre d'ouvrages. Les principaux sont : Ses Principes, in-12; ses Méditations, 2 vol. in-12; sa Méthode, 2 vol. in-12; le Traité des passions, in-12; celui de la Géométrie, in-12; le Traité de l'homme, in-12; et un grand Recueil de lettres, en 6 vol. in-12; en tout 14 (3) vol. in-12. Descartes en avait composé quelques-uns en latin, et les autres en français; mais ses amis les ont traduits réciproquement en ces deux langues. L'édition latine, imprimée en Hollande, forme 6 vol. in-4.º On trouve parmi ses lettres, un petit ouvrage

---

(1) *Id.* t. 5, p. 437, *art.* Gillot.
(2) *Id.* t. 4, p. 234, *art.* Descartes.
(3) L'imprimé dit 13, mais on voit qu'il y en a 14.

latin, intitulé : *Censura quarumdam episto-
larum Balzacii* : « Jugement sur quelques
« lettres de Balzac. » Cet écrit est un chef-
d'œuvre de goût, suivant l'abbé Trublet.
Descartes n'eut pas été moins capable qu'A-
ristote, de donner des règles d'éloquence et
de poésie. Mais ce qui immortalise ce grand
homme, c'est l'application qu'il a su faire
de l'algèbre à la géométrie : idée qui sera
toujours la clé des plus profondes recherches de la géométrie sublime et de toutes les
sciences phisico-mathématiques. C'est la partie la plus solide et la moins contestée de sa
gloire (1). Les Anglais toujours nos rivaux ont
cependant voulu la lui enlever en affirmant que
ce qu'il avait écrit sur l'algèbre était copié d'un
livre publié en latin à Londres, par Thomas Harriot, sous ce titre : « Pratique de
« l'art analitique, pour réduire les équa-
« tions algébriques ». Cet ouvrage est en
effet plein de découvertes intéressantes : il
apprend à dégager les termes algébriques ; il
donne aux équations une forme plus commode pour les opérations ; il montre combien une équation peut contenir de racines
fausses et de racines véritables. C'est à cause

---

(1) Nouveau Dictionnaire historique, par Chaudon
et Delandine, Lyon 1804, t. 4, p. 234, *art.* De scartes

de ce livre que les Anglais donnent l'honneur de l'invention à leur compatriote; mais presque tous les étrangers le leur refusent. On peut voir sur ce différend les ouvrages de Wallis (1). L'*Artis analyticæ praxis* de Harriot parut dès 1620. Cet ouvrage contient tout ce qui avait été écrit de plus important sur l'algèbre, et plusieurs nouveautés qui appartiennent à l'auteur. D'abord Harriot simplifia les notations de Viète, en substituant les lettres minuscules à la place des majuscules, et de nouveaux signes pour abréger le discours. Quelques personnes attacheront peut-être un mérite bien mince à ces changemens; ceux qui savent que la simplicité d'un algorithme a souvent produit des découvertes remarquables, porteront un autre jugement. Harriot est le premier qui ait imaginé de mettre d'un même côté tous les termes d'une équation, et qui par là ait vu distinctement ce que Viète n'avait fait qu'indiquer d'une manière confuse, que dans toute équation le coëfficient du second terme est la somme des racines prises avec des signes contraires; que le coëfficient du troisième est la somme des produits des racines prises deux à deux; que le coëfficient du qua-

---

(1) *Id.* t. 6, p. 91, *art.* Harriot.

trième est la somme des produits des racines
prises trois à trois avec des signes contraires;
ainsi de suite, jusqu'au dernier terme qui
est le produit de toutes les racines prises avec
des signes contraires. On lui doit d'avoir
observé que toutes les équations qui passent
le premier degré, peuvent être regardées
comme produites par la multiplication d'é-
quations du premier degré : De sorte que
substituant à la place de l'inconnue l'une des
valeurs données par ces équations composantes, la totalité des termes de l'équation
proposée devient égale à zéro. Ces théorêmes
ont facilité la solution complète de quelques
équations particulières, et d'autres recherches (1).

Tel est le mérite que l'on doit accorder à
Th. Harriot, né en 1560, mort en 1621 (2).
Mais personne n'a plus contribué que notre
illustre Descartes à l'avancement général de
la science analitique. La nature lui avait donné
le génie et l'audace nécessaires pour remuer
toutes les bornes des connaissances humaines. Il apprit aux hommes dans sa MÉTHODE,

____

(1) Essai sur l'histoire générale des mathématiques,
par Charles Bossut, Paris 1802, t. 1, p. 274 et 275.
(2) Le 2 juillet, à Londres. *A new and general Bio-
graphical dictionary. London* 1798, t. 7, p. 335, *art.*
Harriot.

l'art de chercher la vérité ; il joignit l'exemple au précepte dans ses ouvrages de mathématiques. La gloire que ces ouvrages lui ont acquise ne périra jamais, parceque les vérités qu'il a découvertes sont de tous les tems. On ne peut pas dissimuler que la plupart de ses sistêmes philosophiques, enfantés par l'imagination et contredits par la nature, ont déjà disparu, et n'ont produit d'autre avantage que d'abolir la tirannie du péripatétisme : mais l'algèbre lui doit plusieurs découvertes importantes. Il introduisit dans les multiplications réitérées d'une même lettre, la notation des puissances par les exposans, ce qui simplifie le calcul, et ce qui a été le germe de la méthode pour développer les quantités radicales en séries. Les analistes qui l'avaient précédé ne connaissaient point l'usage des racines négatives dans les équations, et ils les rejetaient comme inutiles ; il fit voir qu'elles sont tout aussi réelles, tout aussi propres à résoudre une question, que les racines positives, la distinction que l'on doit mettre entre les unes et les autres n'ayant d'autre fondement que la différente manière d'envisager les quantités dont elles sont les simboles. Il enseigna à discerner dans une équation qui ne contient que des racines réelles, le nombre des racines positives, et celui des racines négatives, par la combinaison des signes qui précèdent les termes de l'équation. La méthode des *indéterminées*, entrevue par Viète, fut développée par Descartes, qui en fit une application claire et distincte aux équations du quatrième degré : il feint que l'équation générale de ce degré est le produit de deux équations du second qu'il affecte de coëfficiens indéterminés ; et, par la comparaison des termes de ce produit avec ceux de l'équation proposée, il parvient à une équation réductible au troisième degré, laquelle donne les coëfficiens inconnus. Cette méthode s'applique à une infinité de problèmes dans toutes les parties des mathématiques (1).

Descartes n'a pas été aussi loin que ses sectateurs l'ont cru, dit un homme d'esprit ; mais il s'en faut de beaucoup que les sciences lui doivent aussi peu que le prétendent ses adversaires. Sa méthode seule aurait suffi pour le rendre immortel. Les principes établis dans cet excellent livre, sont ceux-ci : « Voulez-vous trouver la vérité? Formez « votre esprit, rendez-le capable de bien « juger. Pour y parvenir, ne l'appliquez

____

(1) *Id.* p. 274—277.

« d'abord qu'à ce qu'il peut bien connaître
« par lui-même. Pour bien connaître, ne
« cherchez pas ce qu'on a écrit ou pensé
« avant vous ; mais sachez vous en tenir à ce
« que vous reconnaissez vous-même pour évi-
« dent. Vous ne trouverez point la vérité
« sans méthode. La méthode consiste dans
« l'ordre. L'ordre consiste à réduire les pro-
« positions complexes à des propositions
« simples, et à vous élever par degrés des
« unes aux autres. Pour vous perfectionner
« dans une science, parcourez-en toutes les
« questions, enchaînant toujours vos pen-
« sées les unes aux autres. Quand votre esprit
« ne conçoit pas, sachez vous arrêter. Exa-
« minez long-tems les choses les plus faciles ;
« vous vous accoutumerez ainsi à regarder
« souvent la vérité et à la reconnaître. Vou-
« lez-vous aiguiser votre esprit, et le prépa-
« rer à découvrir un jour par lui même ?
« Exercez-le d'abord sur ce qui a été inventé
« par d'autres. Suivez surtout les découver-
« tes où il y a de l'ordre et un enchaînement
« d'idées ; et quand il aura examiné beaucoup
« de propositions simples, qu'il s'essaie peu à
« peu à embrasser distinctement plusieurs
« objets à la fois ; bientôt il acquerra de la
« force et de l'étendue. Enfin mettez à profit

« tous les secours de l'entendement, de l'ima-
« gination, de la mémoire et des sens, pour
« comparer ce qui est déjà connu avec ce qui
« ne l'est pas et découvrir l'un par l'autre ».
La DIOPTRIQUE de Descartes, non moins esti-
mée que sa MÉTHODE, est la plus grande
et la plus belle application qu'on eût faite
encore de la géométrie à la phisique. Sa
MÉTAPHISIQUE a jeté les fondemens de la
bonne phisique et de la saine morale.
Par elle, il a solidement prouvé l'existence de Dieu, la distinction du corps et de
l'ame, l'immatérialité des esprits. On voit
enfin dans ses ouvrages, même les moins lus,
briller partout le génie inventeur. Ceux qui
ont traité ses sistèmes de romans, n'en auraient pas fait d'aussi ingénieux; aussi a-t-on
dit que de tous les hommes c'était Descartes
qui avait rêvé le mieux. Forcé de créer une
phisique nouvelle, il ne pouvait la donner
meilleure. L'édifice est vaste, noble et bien
entendu; c'est dommage que le siècle où il
vivait ne lui ait pas fourni de meilleurs maté-
riaux. Il osa du moins montrer aux bons
esprits, à secouer le joug de la scolastique,
de l'opinion, de l'autorité, des préjugés et
de la barbarie. Avant lui on n'avait point de
fil dans le labirinte de la philosophie; du
moins il en donna un, dont on se servit après

qu'il se fut égaré. S'il n'a pas payé en bonne monnaie, dit un écrivain, c'est beaucoup d'avoir décrié la fausse (1).

La philosophie de Descartes qui, durant sa vie, avait eu une nuée d'antagonistes, essuya, après sa mort, les plus grandes contradictions en France. On mit tout en usage pour l'anéantir, ou du moins pour la bannir des universités et des écoles. Il y eut une vive querelle dans celle d'Angers, pendant plusieurs années. Le célèbre père Lami, de l'oratoire, qui enseignait alors dans cette ville, fut la victime de son attachement au cartésianisme; on l'exila à Saint-Martin de Miseré, au diocèse de Grenoble. Le général de l'oratoire défendit à tous les professeurs de sa congrégation, d'enseigner cette nouvelle philosophie; tant celle d'Aristote, quoique ridicule et absurde, non sans doute en elle-même, mais par la manière dont on l'enseignait, avait jeté de profondes racines! Cette querelle fit naître plusieurs écrits, oubliés à présent, à l'exception de la « requête « de nosseigneurs du mont Parnasse ». Elle fut dressée par Bernier, pour se moquer de

---

(1) Nouveau Dictionnaire historique, par Chaudon et Delandine, Lyon 1804, t. 4, p. 234 et 235, *art.* Descartes.

celle que l'université de Paris voulait pré-
senter au parlement, pour empêcher qu'on
n'enseignât la philosophie de Descartes,
comme capable de bouleverser le royaume.
On se souvient encore de « l'arrêt burlesque
« dressé en la grand'chambre du Parnasse,
« en faveur des maîtres-ès-arts, médecins et
« professeurs de l'université stagire au pays des
« chimères, pour le maintien de la doctrine
« d'Aristote ». Cette dernière pièce, qui ne
manque pas de sel, se trouve dans les OEuvres
de Despréaux (1), qui la composa de concert avec Dongeois son neveu, Racine et Bernier. Malgré les contradictions qu'éprouva
d'abord le cartésianisme en France, il eut
des sectateurs illustres. On peut mettre à la
tête le père Malebranche, qui ne l'a cependant pas suivi en tout. Les autres ont été
Rohaut, Régius, Fontenelle, Privat de Mo-
lières, etc. A peine les universités s'étaient-
elles soumises à la doctrine de Descartes,
auquel elles n'avaient pas voulu d'abord sa-
crifier Aristote, qu'il a fallu l'abandonner
pour Neuton. Ce fut vers l'an 1760 qu'il
s'éleva en France des partisans du philosophe anglais, tels que Maupertuis, Vol-

______

(1) Et non *Descartes* comme le dit Chaudon.

taire, etc. Ils eurent beaucoup de peine à faire recevoir ses idées; enfin, elles se firent jour dans toutes les académies, et tous les professeurs des universités enseignent aujourd'hui la philosophie anglaise, soit que la mode influe sur les opinions de l'école, soit plutôt que le neutonianisme ait des fondemens plus solides que le cartésianisme. Le lecteur voudra bien que nous le renvoyons à l'éloge de René Descartes, par M. Thomas, discours éloquent qui a emporté le prix de l'académie française en 1765. Voyez aussi sa vie, par Baillet. On publia à Paris, en 1695, *in*-12, « l'Histoire de la conjuration « faite à Stockholm contre Descartes ». Cette histoire n'est qu'un roman assez plaisant. Les *qualités*, les *accidens* et les *formes substantielles* que Descartes avait rejetées de sa philosophie, sont les terribles ennemis qui conjurent sa perte. La *chaleur* se charge d'exécuter leur projet contre ce novateur. Elle agit avec tant de violence dans le corps du philosophe, qu'elle y excita une fièvre avec le transport au cerveau, qui le mit en peu de jours au cercueil. Quatre ans avant cette plaisanterie, le père Daniel avait mis au jour son « Voyage au monde de Des- « cartes »; c'est une réfutation de son sistême, qui eut beaucoup de succès, mais

qu'on lit peu depuis que les nombreux partisans de Descartes ont disparu, et qu'il n'y
a presqu'aucun cartésien à combattre (1). J'ai
parlé de lui à l'*art.* 388.

5. FERMAT.

Pierre Fermat, conseiller au parlement
de Toulouse, naquit en 1590, et mourut en
1664, à 74 ans. Il cultiva la jurisprudence,
la poésie, les mathématiques. Descartes, Pas-
cal, Roberval, Huighens et Careavi furent
liés avec lui. Ses ouvrages furent publiés à
Toulouse, sous le titre d'*Opera mathematica*, en deux volumes *in-folio* (2). Voyez
l'*art.* 382.

6. HUIGHENS.

Chrétien Huyghens, dont le nom se prononce Huighens, vit le jour à La Haie, en
1629, et fit de grandes découvertes dans
les mathématiques. Il fut fixé à Paris par
une forte pension que Colbert lui fit donner, et par une place à l'académie des
sciences : il découvrit, le premier, un an-

---

(1) Nouveau Dictionnaire historique, par Chaudon
et Delandine, Lyon 1804, t. 4, p. 236 et 237, *art.*
Descartes.

(2) *Id.* t. 5, p. 80, *art.* Fermat.

neau et un quatrième satellite autour de Saturne. On lui doit encore des télescopes plus parfaits que ceux qu'on avait vus avant lui. Cet habile homme mourut à La Haie, le 8 juin 1695, à 66 ans (1). Voyez l'*art.* 579.

7. RICHER.

N. Richer fut membre de l'académie des sciences, dans la classe des mathématiques. Il fut envoyé par cette compagnie à Caïenne, où il arriva en 1672, et y fit des observations exactes sur la parallaxe du soleil, de la lune et des autres planètes, et sur l'obliquité de l'écliptique. Ce savant astronome fut le premier qui observa le raccourcissement du pendule. Il mourut en 1696 (4). Voyez l'*art.* 376.

8. NEUTON.

Isaac Neuton (les Anglais écrivent Newton), né le jour de Noël 1642, d'une famille noble, à Volstrop, dans le comté de Lincoln, s'adonna de bonne heure à la géométrie et aux mathématiques. On prétend qu'il avait fait, à vingt-quatre ans,

____

(1) *Id.* t. 6, p. 352, *art.* Huyghens.
(2) *Id.* t. 10, p. 474, *art.* Richer.

ses grandes découvertes en géométrie, et posé les fondemens de ses deux célèbres ouvrages, les *Principes* et l'Optique. Il posséda , jusqu'à quatre-vingts ans, une santé égale : circonstance essentielle du rare bonheur dont il a joui. Alors il commença d'être incommodé de la pierre; et le mal , devenu incurable, l'enleva aux sciences, le 20 mars 1727, à 85 ans. On connaît son épitaphe, traduite ainsi par Dorat :

> L'épaisse nuit régnait sur le monde encor brut ;
> Dieu dit : Que Neuton soit ... soudain le jour parut.
> Pour second créateur tout l'univers le nomme.
> Interrogez le ciel , la nature , le tems ;
> C'est un dieu, diront-ils, il ne craint rien des ans...
> Hélas ! ce marbre seul atteste qu'il fut homme.

On a de lui un Abrégé de chronologie (1) qui porte sur des bases fausses , ainsi que Fréret l'a démontré. Voyez l'*art.* 379.

9. Jean BERNOULLI.

Jean Bernoulli, né en 1667 , à Bâle , fut professeur de mathématiques dans cette ville , et membre des académies des sciences de Paris , de Londres , de Berlin et de Pétersbourg. On a publié, en 1742, à Lausanne , le Recueil de tous ses ouvrages, en

---

(1) *Id.* t. 9, p. 37—41 , *art.* Newton.

4 vol. *in-4°.* Il vint à Paris en 1690, et mourut à Bâle en 1748 (1). Voyez l'*art.* 386.

10. MAUPERTUIS.

Pierre-Louis Moreau de Maupertuis, né à Saint-Malo, en 1698, d'une famille noble, montra, dès sa jeunesse, beaucoup de penchant pour les mathématiques et pour la guerre. Il entra dans les mousquetaires en 1718, et obtint une place à l'académie des sciences en 1723. Sa réputation et ses talens le firent choisir, en 1736, pour être à la tête des académiciens que Louis XV envoya dans le Nord pour déterminer la figure de la terre. Il fut président de l'académie de Berlin, et mourut à Bâle, le 27 juillet 1759 (2). Voyez l'*art.* 382.

11. CHOMPRÉ.

Pierre Chompré, né à Nanci, diocèse de Châlons-sur-Marne, vint de bonne heure à Paris; il y ouvrit une pension pour laquelle il a composé plusieurs ouvrages élémentaires. Il mourut dans cette capitale, le 18 juillet

---

(1) *Id.* t. 2, p. 258 et 259, *art.* J. Bernoulli.
(2) *Id.* t. 8, p. 139—143, *art.* Maupertuis.

1760 (1). J'ai fait beaucoup d'usage dans cet ouvrage, de ses Leçons de mathématiques. Voyez l'*art.* 194.

12. CLAIRAUT.

Alexis-Claude Clairaut, né à Paris, le 7 mai 1713, apprit à lire dans les Élémens d'Euclides. L'académie des sciences lui ouvrit son sein à 18 ans. Il mourut le 17 mai 1765 (2). J'ai composé son article pour la France littéraire, publiée par des Essarts. Voyez l'*art.* 387.

13. EULER.

Léonard Euler, né à Bâle, le 15 avril 1707, fut membre des académies de Paris, de Pétersbourg et de Londres, et ne cessa de travailler qu'à sa mort, arrivée le 7 septembre 1783, dans la 77me année de son âge (3). Voyez l'*art.* 382.

14. BORDA.

Jean-Charles Borda, né à Dax, le 4 mai 1733, se distingua par ses découvertes en

---

(1) *Id.* t. 3, p. 387, *art.* Chompré.
(2) *Id.* p. 431, *art.* Clairaut.
(3) *Id.* t. 4, p. 620, *art.* Euler.

S

mathématiques. Elles lui méritèrent une place à l'académie des sciences, ensuite à l'institut. Il mourut à Paris, le 2 ventose de l'an 7 (1), 20 février 1799. Voyez l'*art.* 376.

15. LA PLACE.

M. le comte La Place, chancelier du sénat français, né en 1749, a son article au tome V, p. 201 du Dictionnaire de M. des Essarts. Je lui dois presqu'en entier le quatrième livre de cet ouvrage.

Nota. J'ai cité aussi à l'article 382, M. le comte de Lagrange, nommé Sénateur le 4 nivose an 8, 25 décembre 1799, un jour après M. de la Place. Tous deux sont membres de l'Institut impérial, première classe et première section, qui est celle de la géométrie.

---

(1) *Id.* t. 2, p. 406, *art.* Borda.

TABLE ALFABÉTIQUE
DES MATIÈRES

Contenues dans les Principes des Sciences mathématiques.

Les chiffres désignent le numéro des articles, et les numéros ceux de l'histoire des Mathématiciens. La page est marquée ensuite.

Observation importante sur Zoroastre.

J'ai dit , page 355 , que M. de Volney avait toujours

cru les institutions de Moïse postérieures à celles de Zoroastre. Ayant communiqué cette note à M. de Volney, il a écrit au bas : « Je ne sache pas avoir rien dit « ou indiqué de tel ; les ordonnances de Moïse ne m'offrent rien qui autorise cette opinion. Quant à Pline, « ses autorités sont contradictoires ; on ne peut en employer une indépendamment de l'autre ».

RÉPONSE. M. de Volney ayant cru Zoroastre contemporain de Ninus, et Ninus étant antérieur à Moïse, même selon Jules Africain et Eusèbe, j'avais cru qu'il en résultait que Zoroastre avait paru avant Moïse dans le sistême de cet habile et ingénieux écrivain : mais dans son ouvrage sur la chronologie, il a cru devoir diminuer la longueur du royaume d'Assirie, d'après un passage où Hérodote s'exprime un peu obscurément, et c'est ce qui fait que dans son sistême, Zoroastre est postérieur à Ninus.

Je ne vois pas la moindre obscurité ni la moindre contradiction dans le texte de Pline, expliqué comme je l'ai entendu. A la vérité, Suidas et Xanthos de Lidie, cités par Diogènes Laërce, ne paraissent pas d'accord avec lui ; mais j'ai très-simplement concilié ces deux auteurs avec Pline, dont le témoignage est confirmé par Diogènes Laërce et Plutarque. Le témoignage de ce dernier auteur n'est pas moins formel que celui des deux autres auxquels il est antérieur. C'est dans son Traité d'Isis et d'Osiris qu'il dit que Zoroastre vivait cinq mille ans avant la guerre de Troie (1).

La comparaison des sistêmes de Zoroastre et de Moïse exigerait un examen plus approfondi que je ne puis le faire ici dans une simple note. D'ailleurs on doit sentir que cette matière est purement conjecturale, et qu'il faut subordonner aux faits positifs que je viens d'établir.

---

(1) OEuvres morales de Plutarque, traduites en français, par Ricard. Paris, an 3, t. 16, p. 113.

TABLE

DES MATIÈRES

Contenues dans ce volume.

Art.

Art.

T

F I N.

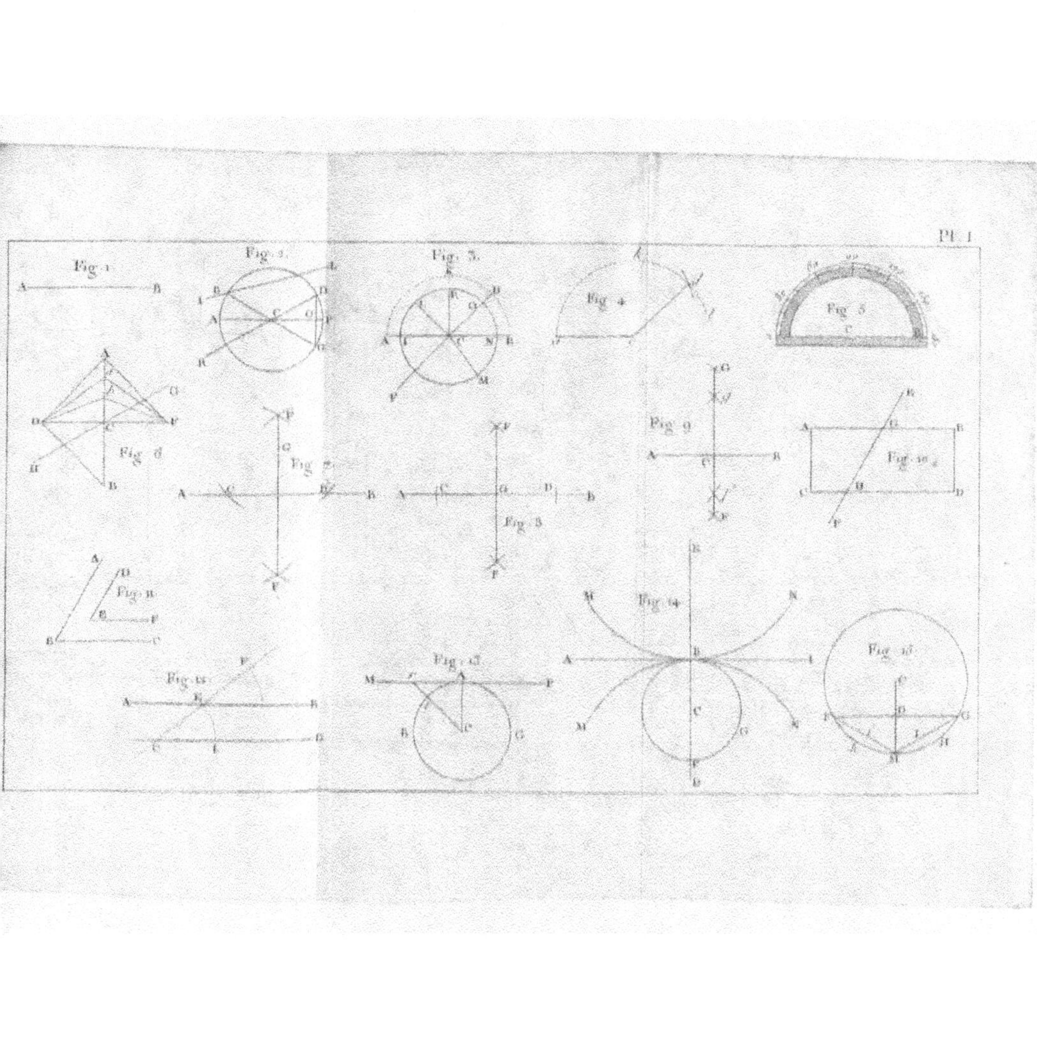
Fig. 1
Fig. 2
Fig. 3
Fig. 4
Fig. 5
Fig. 6
Fig. 7
Fig. 8
Fig. 9
Fig. 10
Fig. 11
Fig. 12
Fig. 13
Fig. 14
Fig. 15
Fig. 16

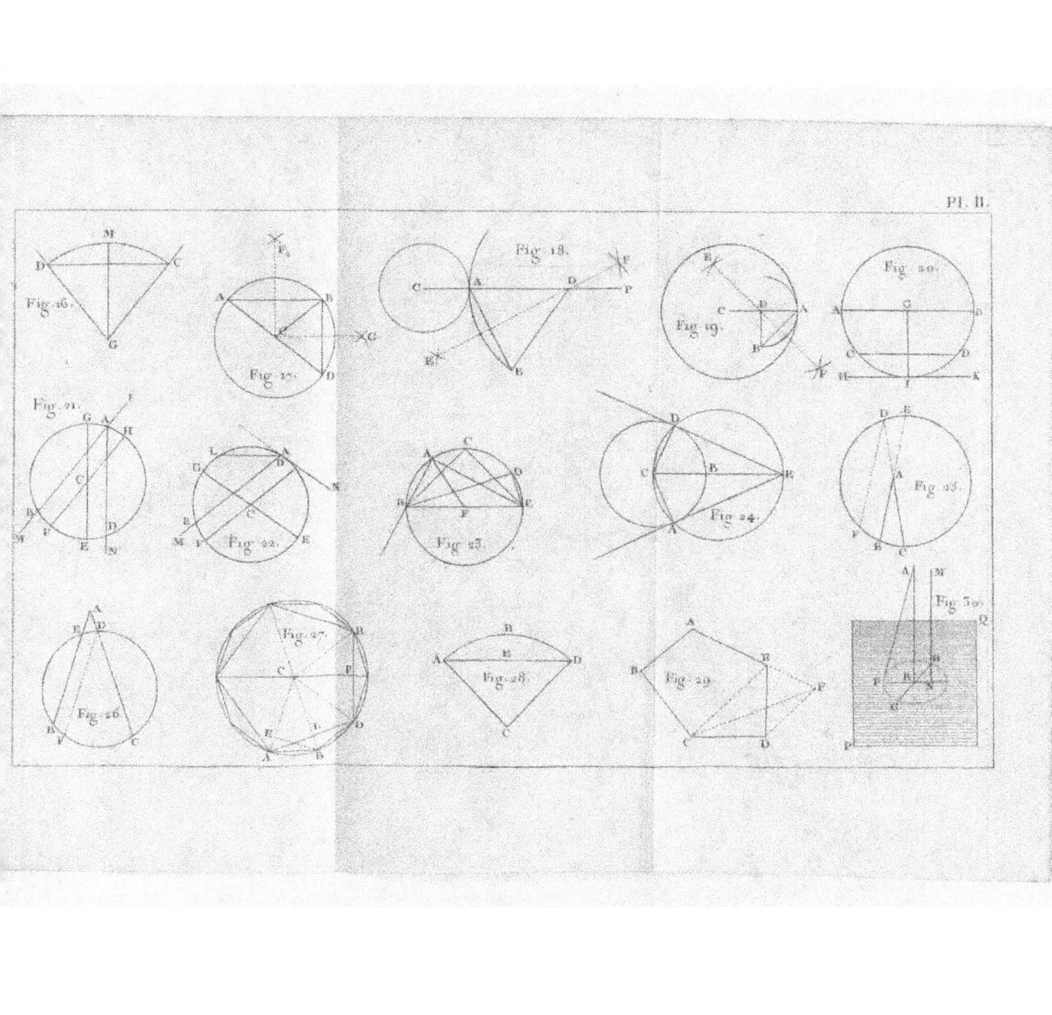
Fig. 16.
Fig. 17.
Fig. 18.
Fig. 19.
Fig. 20.
Fig. 21.
Fig. 22.
Fig. 23.
Fig. 24.
Fig. 25.
Fig. 26.
Fig. 27.
Fig. 28.
Fig. 29.
Fig. 30.

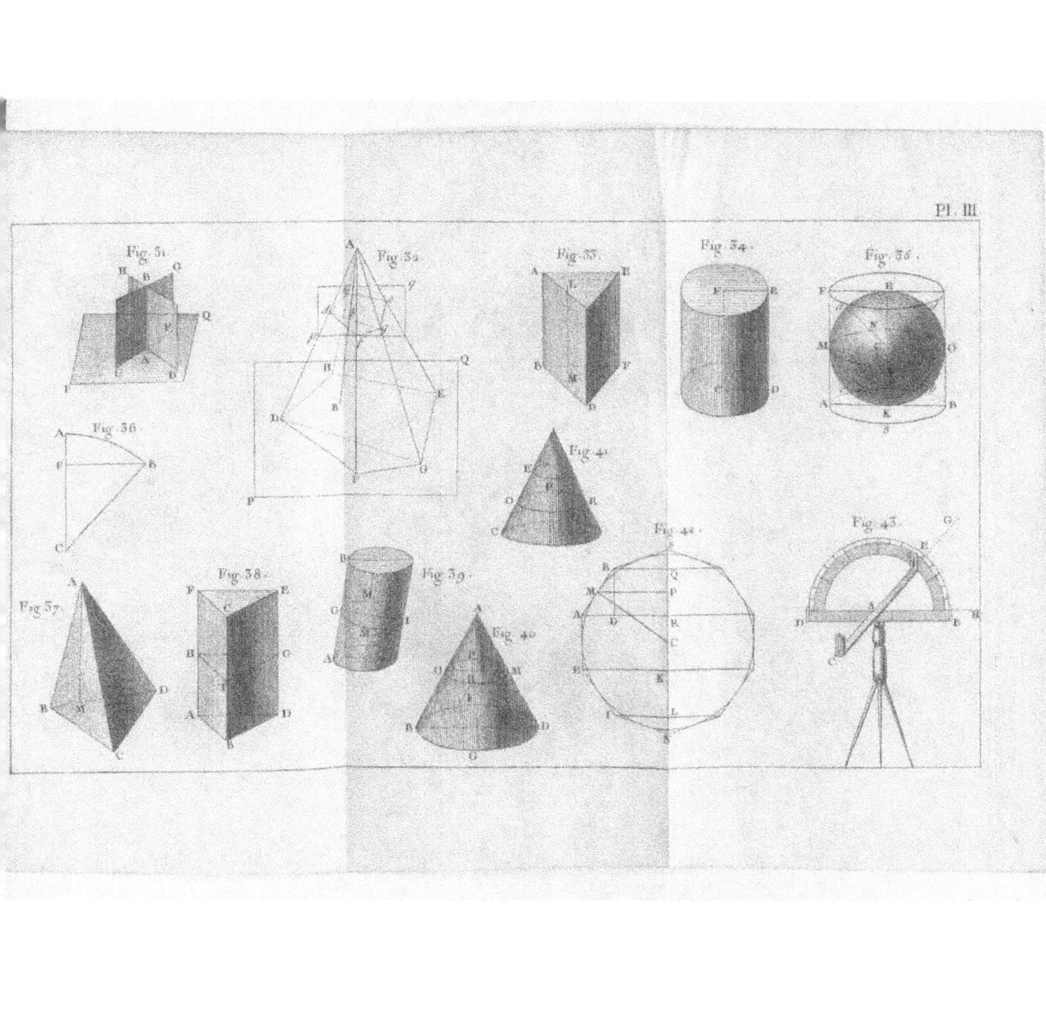

Pl. III
Fig. 31.
Fig. 32.
Fig. 33.
Fig. 34.
Fig. 35.
Fig. 36.
Fig. 41.
Fig. 44.
Fig. 43.
Fig. 38.
Fig. 39.
Fig. 40.
Fig. 37.